U0352096

国家科学技术学术著作出版基金资助出版

# 矿　尘　学

# Mine Dusts

王德明　著

科　学　出　版　社

北　京

# 内 容 简 介

本书系统总结矿尘学的发展历程及内容体系,阐述矿尘灾害及其防治的原理、方法和技术,包括尘肺病和煤尘爆炸灾害特性、煤层注水减尘、通风排尘与控尘、除尘器除尘、喷雾降尘、泡沫降尘、个体防尘、矿尘检测与监测等内容。

本书可供矿业工程、安全工程等相关专业的高等院校师生和科研院所的研究人员及企业的技术管理干部参考使用。

**图书在版编目(CIP)数据**

矿尘学＝Mine Dusts/王德明著．—北京:科学出版社,2015
ISBN 978-7-03-043282-7

Ⅰ.①矿… Ⅱ.①王… Ⅲ.①矽尘-除尘-研究 Ⅳ.①TD714

中国版本图书馆 CIP 数据核字(2015)第 021003 号

责任编辑:耿建业 / 责任校对:桂伟利
责任印制:徐晓晨 / 封面设计:耕者设计工作室

科学出版社出版
北京东黄城根北街 16 号
邮政编码:100717
http://www.sciencep.com

北京厚诚则铭印刷科技有限公司 印刷
科学出版社发行 各地新华书店经销
*
2015 年 1 月第 一 版 开本:787×1092 1/16
2019 年 3 月第二次印刷 印张:16 1/2
字数:390 000
**定价:88.00 元**
(如有印装质量问题,我社负责调换)

# 序

  矿尘是矿井生产过程中产生的固体物质细微颗粒的总称,是煤矿重大灾害之一,也是导致尘肺病发生的根源。据统计,新中国成立以来发生的 25 起死亡百人以上特大事故中 14 起为煤尘爆炸事故或瓦斯煤尘爆炸事故;2013 年,全国共报告尘肺病新增病例 2.3 万例,其中煤矿尘肺病 1.4 万例,占全国新增病例的 60%;另据相关分析,我国煤矿尘肺病死亡人数相当于当年煤矿事故死亡人数的 62% 左右,煤矿防尘降尘和尘肺病防治任务十分艰巨。

  依靠科技进步,从源头上控制粉尘浓度,是预防尘肺病和煤尘爆炸的根本途径。我国自 20 世纪 50 年代后期以来,在湿式作业、煤层注水、喷雾降尘、通风除尘等技术领域进行了大量的研究与实践,矿尘防治技术有了长足的发展,特别是近年来取得了许多具有较大实用价值的成果,但由于缺乏关于这些最新成果的全面分析和系统总结,导致这些技术在应用中存在较大的盲目性,未能发挥其应有的作用。特别是近年来,随着综采放顶煤、综采一次采全高和大断面岩巷综掘等现代化开采技术的普遍推广和矿井开采强度及开采深度的增加,采掘作业场所的总产尘量及呼吸性粉尘比重迅速增加,传统的防尘技术已不能满足煤矿现场的迫切需要。因此,不断研发高效的防尘技术是提高矿尘防治科学化水平的必由之路。

  在这样的背景下,王德明教授带领中国矿业大学通风防灭火与防尘团队,在国家"211 工程""985 优势学科创新平台""江苏省优势学科建设工程"等专项资金的支持下,自 2003 年以来,在矿尘防治理论与技术方向上进行了富有成效的研究,较为准确地掌握了国内外煤矿粉尘防治的研究动态和发展趋势,构建了国内领先水平的矿尘防治理论与实验研究平台,开发了以泡沫抑尘为代表的高效防尘新技术,培养出一批该方向的优秀博士后、博士和硕士;相关研究成果获授权发明专利 10 项,发表学术论文 30 余篇;在全国十多个矿区的几十个煤矿获成功应用,取得了较显著的社会、经济和环境效益;获中国职业安全健康协会科学技术一等奖 1 项、江苏省科学技术二等奖 1 项。在这些研究工作的基础上,再通过系统性地总结、凝练和修改完善,完成了《矿尘学》这本专著。

  该书选材广泛、内容新颖,系统总结和阐述了国内外矿尘防治领域的专业知识和最新研究成果,对具有原创性的泡沫抑尘技术进行了深入阐述,对提高我国矿尘灾害防治水平、推动煤矿安全科技进步具有重要的学术价值和应用价值。希望该书的出版对推动煤矿防尘降尘技术进步,提高煤矿安全保障能力和职业健康水平起到积极的作用。

中国煤炭工业协会会长<br>
中国煤矿尘肺病防治基金会理事长

# 前　言

矿尘能导致尘肺病和发生爆炸,严重威胁矿工的职业健康与矿井的安全生产,是矿山开采面临的主要自然灾害之一。近年来,我国矿山安全生产形势持续稳定好转、重特大灾害事故的数量明显减少,但粉尘灾害依然十分严重,尘肺病发病率和发病人数居高不下,大多数煤矿还面临煤尘爆炸的严重威胁,我国矿尘防治工作责任重大,任务艰巨。

矿尘学就是研究矿井粉尘发生、扩散、运移规律及其防治的一门科学。早在 1911 年,原美国矿山局乔治·莱斯就编写出版了 Coal-dust explosions(《煤尘爆炸》)一书。1920年,苏联科学院斯科钦斯基(Skochinski)院士在列宁格勒矿业学院首次将"矿尘防治"作为一章列入矿井通风教程中。1973 年,波兰学者茨布尔斯基(Cybulski)出版了 Wybuchy pylu weglowego i ich zwalczanie(《煤尘爆炸及其防治》),较系统地介绍了煤尘爆炸及其防治技术。我国在矿尘防治领域的专门研究始于 20 世纪 50 年代。1960 年,煤炭工业部抚顺科学研究所编写了一本《煤尘爆炸与煤矽肺病预防》的小册子,介绍了煤尘爆炸性及其影响因素、撒布岩粉隔爆和长钻孔预先湿润煤体的注水技术等内容。之后,国内在该领域陆续出版了 10 余部著作与教材。近些年来,随着矿业科技的快速发展,综采放顶煤和综采一次采全高、大断面岩巷综掘等现代开采技术广泛应用和矿井开采强度大幅增加,采掘作业场所的产尘量大幅增加,现有的矿尘防治技术已不能满足矿业发展的迫切需要,现有的著作与教材已不能反映矿尘灾害的现状、防治需求和最新研究成果。

作者作为中国矿业大学"安全科学与工程"学科的带头人,长期从事矿井通风与安全的科研与教学工作,在亲历我国矿业发展的过程中,认识到我国矿业安全工作的重点必将由防治重大安全生产事故向保障矿工生命安全与健康转变,矿尘防治是矿山职业健康与安全工作的重中之重,也是矿业安全科技工作者的主要使命之一。针对现有的矿井防尘喷雾易堵塞和雾化环境不利工人作业、除尘风机在高瓦斯和突出矿井使用不安全、煤层注水降尘率低等现有降尘技术的不足,自 2003 年起,作者带领中国矿业大学通风防灭火与防尘团队系统开展了泡沫降尘理论与技术的研究。在中国矿业大学安全技术及工程国家重点学科"211 工程"项目、"985 优势学科创新平台"项目和"江苏高校优势学科建设工程"等项目的支持下,建成了国内领先水平的矿用泡沫降尘试验系统。针对井下采掘工作空间狭小和安全条件差的特点,发明了集风水联动控制、发泡剂自动添加、无运动部件的发泡装置和专用喷射泡沫喷头等性能于一体的高效泡沫降尘技术。该技术充分发挥泡沫比水雾表面积大、湿润性和黏附性强的抑尘和捕尘优势,降尘效率较普通喷雾提高 30 个百分点以上,而耗水量降低 60%～80%,已在国内几十个煤矿获成功应用。这些年来,作者还指导研究生和博士后在矿尘防治方向完成了 4 篇博士论文、13 篇硕士论文和 1 篇博士后报告。

为总结国内外在该领域的最新研究成果,作者到我国防尘技术先进的神东、潞安、淮南、淮北、枣庄、开滦、平朔、大屯等矿区进行了调研,也赴美国、澳大利亚、波兰、南非等这些世界采矿技术先进的国家进行了考察。在广泛调研、考察与深入研究的基础上,作者对国内外矿尘防治知识、技术及原理,包括本团队的原创性成果等进行了系统总结、归纳与凝练,完成了本书的写作。全书共 10 章。第 1~4 章介绍矿尘学基础知识,包括研究背景、矿尘防治技术发展概况、矿尘的产生及性质、矿尘的危害(尘肺病与煤尘爆炸)等基础内容。第 5~8 章介绍矿尘防治关键技术及原理,包括煤尘注水、通风除尘、喷雾降尘、泡沫降尘等核心内容,这些是本书的重点。第 9~10 章介绍个体防尘和矿尘的检测与监测。

应当指出的是,本书是作者所领导的学术团队多年潜心研究、集体智慧的结晶,凝聚了团队成员的艰苦劳动和心血,没有他们的努力,本书不可能完成。参与研究工作的有:王和堂、王庆国、朱小龙、沈威、姜家兴、陆新晓、汤研、刘建安、李永生、韩方伟、陈贵、鲍庆国、徐超航、曹凯、任万兴、何飞、张祎、汤笑飞、黄本斌、巫斌伟、王兵兵、高庆丛、张义坤、郭新安、胡方坤、贾志强等博士和硕士研究生。这些研究生们常常为研究工作废寝忘食,为现场试验工作长期深入煤矿第一线,为完成本书付出了艰辛的劳动,值本书完成之际,向他们表示衷心的感谢。

中国煤炭工业协会会长、中国煤矿尘肺病防治基金会理事长王显政长期以来特别关心矿工的职业健康与安全,特别重视矿尘的防治工作,当他得知本书完成,非常高兴,欣然为本书作序,使作者及团队人员深受鼓舞,在此特别感谢王显政会长。

本书出版得到了 2014 年度国家科学技术学术著作出版基金(2014-E-089)和国家自然科学基金项目(51474216)的资助,在此表示感谢。科学出版社在本书出版过程中给予了大力支持,编辑在排版、校稿等过程中付出了大量的劳动,在此一并敬致谢忱。

王德明

2014 年 10 月于中国矿业大学南湖校区

# 目 录

# 第1章 绪 论

矿业是国民经济的基础产业,但矿井建设及生产过程产生的矿尘对矿山从业人员的健康和生命安全造成严重危害及威胁。为防治矿尘灾害,实现矿业安全健康发展,国内外科技工作者进行了长期而卓有成效的研究,不断推出矿尘防治的研究成果,使矿尘防治的理论和技术得到不断完善和成熟,形成了一套较完整的反映矿尘产生、危害及其防治的科学与技术体系,作者对此进行了系统总结与概括,编写了本书,以进一步推动矿尘防治的科技进步。本章简要介绍矿尘的危害、矿尘防治技术的发展及本书的主要内容与特色。

## 1.1 矿尘的危害

矿尘是矿山开采中的最主要职业危害与自然灾害之一。矿尘的危害主要体现在两个方面:一方面,矿山工人长期吸入高浓度的呼吸性粉尘,可导致其肺部组织发生不可治愈性的纤维性病变(即尘肺病),使其终生痛苦不堪,甚至因尘肺病而丧失生命;另一方面,具有爆炸危险性的煤尘在一定条件下可发生煤尘爆炸,造成重大人员伤亡。尘肺病和煤尘爆炸造成的经济损失都是十分巨大的,并带来极其不良的社会影响。

### 1.1.1 尘肺病

#### 1. 人类认识尘肺的过程

1866 年,德国学者曾克尔(Zenker)首先提出了"尘肺"这一名词,用以概括因吸入粉尘所致的肺部疾病[1],从而使尘肺作为一种独立疾病列入了肺疾病的分类之中。1896年,德国物理学家威廉·康拉德·伦琴发明了 X 光机,为识别尘肺病提供了手段。1930年,在南非约翰内斯堡召开的第一届国际尘肺会议上,将尘肺定义为"吸入游离 $SiO_2$ 所致的肺部疾病状态"[2],以后认识到其他粉尘亦能引起尘肺病,尘肺病被定义为"吸入粉尘而发生的以肺组织纤维化为主的疾病"。

#### 2. 矿山尘肺病现状

尘肺病是矿山最主要、最严重的职业病。与安全生产事故相比,尘肺病更具普遍性,广泛存在于世界各主要产煤国。例如,美国井工煤矿工龄在 25 年以上的工人的尘肺病检出率高达 8%,1970~2004 年因尘肺病死亡 69 337 人,远多于同时期煤矿事故死亡人数总和;此外,1980~2005 年因尘肺病造成直接经济损失超过 390 亿美元[3]。英国煤矿 1996~2011 年新增尘肺病 7800 例,1993~2010 年因尘肺病死亡 3741 人,即平均每年有约 208 人死于尘肺病[4],而该国 1993 年以来每年因煤矿事故死亡的人数一直在 20 人以内[5]。

我国是世界上接触粉尘和患尘肺患者数最多的国家[6],接尘工人超过 2000 万人[7],

据卫生部通报数据,截至 2012 年年底,全国累计报告尘肺病 727 148 例,死亡149 110 例,其中 2012 年共报告尘肺病新病例 24 206 例,占 2012 年职业病报告总例数的 88.28%;2013 年共报告尘肺病新病例 23 152 例。与其他行业比较,煤炭行业的尘肺病问题最为严重,全国煤矿有数百万名接尘矿工,患尘肺患者数占全国尘肺病患者总人数的 50% 左右[8]。当前,我国煤矿每年因尘肺病死亡人数已超过各类事故死亡人数的总和,如 2012 年煤矿事故死亡人数已控制在 1400 人以下,但尘肺病死亡人数则高达 1800 人,尘肺病防治形势日趋严峻[9]。

### 1.1.2　煤尘爆炸

#### 1. 人类认识煤尘爆炸的过程

1803 年,英国沃尔德逊煤矿发生的一起煤尘爆炸事故,是世界上有记载的第一起煤尘爆炸事故。1880 年,英国化学家弗雷德里克·亚伯(Frederick Abel)对英国锡厄姆(Seaham)发生一起导致 164 人死亡的爆炸事故进行调查,对煤尘的爆炸性进行了试验并确认了煤尘的爆炸性。1906 年,在法国考瑞尔斯矿(Courriers mine)发生了一起煤尘爆炸事故,导致 1096 人死亡,这次事故震惊了全世界,自此各国加快了研究煤尘爆炸防治理论与技术的步伐[10,11]。

#### 2. 煤尘爆炸的灾难性

煤尘爆炸是煤矿中致灾性最严重的灾害。与瓦斯爆炸相比,煤尘爆炸的强度和致灾范围更大、破坏性更强,造成的灾难更为严重。在世界煤炭开采史上,死亡人数最多的矿难几乎都是煤尘或瓦斯煤尘爆炸事故。如表 1.1 所列,世界上有记载的 18 起死亡 300 人以上煤矿特大事故中,16 起为煤尘爆炸或瓦斯煤尘爆炸事故[12],事故起数占 88.9%,死亡人数占 91.6%。

**表 1.1　世界煤矿死亡 300 人以上的特大事故**

| 序号 | 时间 | 煤矿 | 事故类型 | 死亡人数 | 备注 |
|---|---|---|---|---|---|
| 1 | 1942.04.26 | 中国辽宁本溪湖煤矿 | 瓦斯煤尘爆炸 | 1549 | 世界最大矿难 |
| 2 | 1906.03.10 | 法国 Courrières 煤矿 | 煤尘爆炸 | 1099 | 法国最大矿难 |
| 3 | 1914.12.15 | 日本九州 Mitsubishi Hojyo 煤矿 | 瓦斯煤尘爆炸 | 687 | 日本最大矿难 |
| 4 | 1960.05.09 | 中国山西老白洞煤矿 | 煤尘爆炸 | 684 | 中国 1949 年以来最大矿难 |
| 5 | 1972.06.06 | 津巴布韦 Wankie 二矿 | 煤尘爆炸 | 472 | 津巴布韦最大矿难 |
| 6 | 1963.11.09 | 日本九州 Mitsui Miike 煤矿 | 煤尘爆炸 | 458 | |
| 7 | 1913.10.14 | 英国威尔士 Senghenydd 煤矿 | 瓦斯煤尘爆炸 | 439 | 英国最大矿难 |
| 8 | 1960.01.21 | 南非 Coalbrook 煤矿 | 顶板岩石冒顶 | 437 | 南非最大矿难 |
| 9 | 1914.11.28 | 日本北海道 New Yubari 煤矿 | 煤尘爆炸 | 422 | |
| 10 | 1946.02.20 | 德国 Grimberg 3/4 煤矿 | 煤尘爆炸 | 405 | 德国最大矿难 |
| 11 | 1917.12.21 | 日本九州 Onoura 煤矿 | 瓦斯煤尘爆炸 | 376 | |
| 12 | 1965.05.28 | 印度比哈尔邦 Dhori 煤矿 | 火灾 | 375 | 印度最大矿难 |

| 序号 | 时间 | 煤矿 | 事故类型 | 死亡人数 | 备注 |
|---|---|---|---|---|---|
| 13 | 1975.12.27 | 印度比哈尔邦 Sudamdih 煤矿 | 煤尘爆炸 | 372 | |
| 14 | 1907.07.20 | 日本九州 Hokoku 煤矿 | 煤尘爆炸 | 365 | |
| 15 | 1907.12.06 | 美国西弗吉尼亚州 Monongah 煤矿 | 煤尘爆炸 | 362 | 美国最大矿难 |
| 16 | 1866.12.12 | 英国约克郡 Oaks 煤矿 | 煤尘爆炸 | 361 | |
| 17 | 1908.11.12 | 德国 Radbod Schacht 1/2 煤矿 | 瓦斯煤尘爆炸 | 348 | |
| 18 | 1910.12.21 | 英国 Pretoria Pit 煤矿 | 瓦斯煤尘爆炸 | 344 | |

我国的煤尘爆炸灾害十分严重,国有重点煤矿中有 532 处煤矿的煤尘具有爆炸危险性,占 87.37%,具有煤尘强爆炸性的煤矿占 60% 以上[13]。1949～2013 年全国煤矿发生死亡百人以上特大事故 25 起[14],死亡 3953 人,其中 14 起为煤尘爆炸事故或瓦斯煤尘爆炸事故,死亡 2359 人,事故起数占 56%,死亡人数占 59.7%,见表 1.2。

表 1.2 全国煤矿死亡百人以上的特大事故(1949～2013 年)

| 序号 | 时间 | 煤矿 | 事故类型 | 死亡人数 |
|---|---|---|---|---|
| 1 | 1950.02.27 | 河南省宜洛煤矿 | 瓦斯爆炸 | 187 |
| 2 | 1954.12.06 | 内蒙古包头矿务局大发煤矿 | 瓦斯煤尘爆炸 | 104 |
| 3 | 1960.03.16 | 辽宁抚顺矿务局胜利煤矿 | 火灾 | 113 |
| 4 | 1960.05.09 | 山西大同矿务局老白洞煤矿 | 煤尘爆炸 | 684 |
| 5 | 1960.05.14 | 重庆松藻矿务局同华煤矿 | 煤与瓦斯突出 | 125 |
| 6 | 1960.11.28 | 河南平顶山矿务局龙山庙煤矿 | 瓦斯煤尘爆炸 | 187 |
| 7 | 1960.12.15 | 重庆中梁山煤矿南井 | 瓦斯煤尘爆炸 | 124 |
| 8 | 1968.10.24 | 山东新汶矿务局华丰煤矿 | 煤尘爆炸 | 108 |
| 9 | 1969.04.04 | 山东新汶矿务局潘西煤矿 | 煤尘爆炸 | 115 |
| 10 | 1975.05.11 | 陕西铜川矿务局焦坪煤矿前卫斜井 | 瓦斯煤尘爆炸 | 101 |
| 11 | 1977.02.24 | 江西丰城矿务局坪湖煤矿 | 瓦斯爆炸 | 114 |
| 12 | 1981.12.24 | 河南平顶山矿务局五矿 | 瓦斯煤尘爆炸 | 133 |
| 13 | 1991.04.21 | 山西洪洞县三交河煤矿 | 瓦斯煤尘爆炸 | 147 |
| 14 | 1996.11.27 | 山西大同市新荣区郭家窑乡东村煤矿 | 瓦斯煤尘爆炸 | 110 |
| 15 | 2000.09.27 | 贵州省水城矿务局木冲沟煤矿 | 瓦斯煤尘爆炸 | 162 |
| 16 | 2002.06.20 | 黑龙江鸡西矿业集团公司城子河煤矿 | 瓦斯爆炸 | 124 |
| 17 | 2004.10.20 | 河南郑州矿务局大平煤矿 | 煤与瓦斯突出引发瓦斯爆炸 | 148 |
| 18 | 2004.11.28 | 陕西省铜川矿务局陈家山煤矿 | 瓦斯爆炸 | 166 |
| 19 | 2005.02.14 | 辽宁阜新矿业(集团)公司孙家湾煤矿 | 瓦斯爆炸 | 214 |
| 20 | 2005.08.07 | 广东省梅州市兴宁市黄槐镇大兴煤矿 | 透水 | 123 |
| 21 | 2005.11.27 | 黑龙江龙煤集团七台河分公司东风煤矿 | 煤尘爆炸 | 171 |
| 22 | 2005.12.07 | 河北唐山市开平区刘官屯煤矿 | 瓦斯煤尘爆炸 | 108 |
| 23 | 2007.08.07 | 山东新泰华源煤矿 | 灌水 | 172 |
| 24 | 2007.12.05 | 山西临汾洪洞县瑞之源煤业公司新窑煤矿 | 瓦斯煤尘爆炸 | 105 |
| 25 | 2009.11.21 | 黑龙江鹤岗新兴煤矿 | 煤与瓦斯突出引发瓦斯爆炸 | 108 |

# 1.2 矿尘防治技术的发展

### 1.2.1 世界矿尘防治技术的发展

自 1803 年英国发生有史记载的最早一起煤尘爆炸事故和 1866 年德国学者提出"尘肺"概念以来,世界各采矿国家为防治矿尘灾害进行了艰苦卓绝的探索,经过上百年的发展,国际上已经形成了涵盖煤层注水减尘、通风除尘、喷雾降尘、泡沫降尘、个体防尘、阻隔爆技术、矿尘检测与监测等技术的综合防尘技术体系。

#### 1. 煤层注水减尘

20 世纪 40 年代,苏联为解决由于机械化采煤中的粉尘问题,首次开展了煤层注水减尘的试验并取得较显著效果,煤层注水技术被列入了煤矿作业规程[15]。德国于 1943 年在鲁尔区开始短钻孔注水试验,1948 年在该煤田所有矿井推广。自 20 世纪 50 年代起,波兰、英国、比利时和美国等主要产煤国都开展了煤层注水试验研究与推广[16],煤层注水成为采煤工作面的一项基本防尘措施。为提高煤层注水的减尘效果,苏联研制出能自动调节注水参数的注水泵[17],德国研制出注水恒定流量控制阀和动压多孔注水控制技术,美国矿业局研制出一种高效和低成本的注水钻孔封孔器[18,19]。经过半个多世纪的发展,煤层注水现已成为世界上采煤国家适宜注水煤层广泛采用的一项成熟技术。

#### 2. 通风除尘

通风除尘包括通风排尘、通风控尘与除尘器除尘。通风排尘是矿井通风最基本的任务之一。德国人格奥尔格·阿格里科拉(Georgius Agricola)在 1556 年完成第一部涉及采矿的著作 De Re Metallica(《矿冶全书》)中,首次对通风排尘作用进行了描述[20],以后经过不断发展,形成了较完善的矿井通风理论。自 20 世纪 50 年代起,除尘器开始在煤矿获得应用,主要用于当通风排尘不能满足要求的地点。除尘器除尘包括干式除尘器和湿式除尘器[21~23]。湿式除尘器分为湿式过滤、湿式洗涤以及湿式旋流除尘器,70 年代中期,英国、美国分别研制出在连采机上使用的小型湿式过滤除尘器,因其体积小、能耗低、运行可靠,对呼吸性粉尘除尘效率高,后成为煤矿中使用最为普遍的除尘设备[24]。干式除尘器分为重力、旋风以及袋式除尘器,其中重力除尘器与旋风除尘器用于多级除尘的预处理,干式除尘器以袋式除尘器为主要代表,可用于大型掘进巷道的除尘,目前在矿井应用较少。通风控尘是配合通风排尘和除尘器使用的控风设施,包括附壁风筒、风幕和挡尘帘等。附壁风筒是在 60 年代由德国学者克·雷内尔提出的一种利用对流附壁效应的风筒,用于改变掘进面的风流状态,现主要与除尘器配合使用,以保障含尘风流能有效进入到除尘器中[25,26]。

#### 3. 喷雾降尘与泡沫降尘

人类对喷雾捕尘的认识始于雨滴洗涤大气中的尘埃。早在 1911～1925 年,英国、美国等国家开始利用喷雾、洒水等措施进行降尘[27]。20 世纪 30~40 年代中期,雾化方式以直射雾化为主,50 年代后,离心雾化、旋转雾化、撞击雾化等方式开始出现。喷雾降尘的作用主要是通过对水的雾化,利用雾滴捕尘,但效率不高,美国矿业局测定的结果为 20%~60%,平均降尘率为 30%。70 年代,各国大力研究高压水射流辅助截割技术,美国矿业局匹茨堡研究中心在研究中发现,当工作水压达到 12.7MPa 时,可以显著降低割煤时的呼吸性粉尘产生量,此后苏联、德国、英国、澳大利亚等国也陆续开始了高压喷雾降尘技术的研究[28]。70 年代,美国提出了内喷雾技术,最初是为预防采掘机械产生摩擦火花,防止瓦斯燃烧与爆炸,随后研究表明内喷雾能在煤尘未进入空气中之前将其润湿,可避免大量浮尘的产生,显著降低采煤工作面的粉尘浓度。由于密封和堵塞问题难以解决,直到 90 年代初,美国才开始强制使用内喷雾系统[29],目前内喷雾技术在世界范围内受到广泛关注,被认为是能够大幅降低呼吸性粉尘的浓度的关键技术。

为提高降尘率,20 世纪 40 年代后期,英国最先进行矿山泡沫降尘的研究,之后苏联、匈牙利、美国、比利时、德国、日本围绕井下采掘主要产尘地点的泡沫降尘技术进行了研究,在应用中也取得了高效降尘的效果,但因面临泡沫制备技术复杂和运行成本高的问题,导致泡沫降尘技术的发展和应用受到制约。

4. 个体防尘

矿井的一些重点产尘环节,尽管采取了防尘措施,但也难以使粉尘浓度达到卫生标准,有时还严重超标,所以,个体防护是综合防尘工作中的最后一个关口。20 世纪初期,欧洲的一些工业化程度较高的国家为了保障工人的身体健康,率先采用海绵防尘口罩作为个体防尘护具;50 年代,欧洲、美国开始采用纱布口罩作为自吸过滤式的防尘护具,但是纱布口罩只能过滤 5$\mu$m 以上的颗粒;70 年代后期,美国研究出一种直径 5$\mu$m 以下的气流喷射法纺的超细纤维,近年来又研制出熔喷布的纤维,以聚丙烯为主要原料,纤维直径可达 0.5~0.1$\mu$m,成为个体防护装备主要的过滤材料。美国、法国等在 80 年代研发出电动送风正压防尘口罩和电动送风防尘头盔,克服了自吸过滤式呼吸阻力偏高的缺点,缓解了阻尘率与呼吸阻力之间的矛盾,但也存在造价高和较笨重的不足。

5. 阻隔爆技术

1910 年,法国人塔法内尔(Taffanel)设计出了世界上第一个以搁板式粉尘隔爆棚[30]。此后,德国又提出了水槽棚的隔爆措施,至今这两种方式仍为煤矿阻隔爆的必备手段。现在使用最广泛的隔爆棚是波兰提出的搁板式岩粉隔爆棚和德国提出的水槽棚。为解决搁板式岩粉防潮湿的难题,南非提出了吊挂式岩粉隔爆袋。世界各国还广泛采用在煤矿井下开采具有煤尘爆炸危险性的地点撒布岩粉作为预防煤尘爆炸的措施,也是防止事故扩大的有效方法。近年来,南非、波兰、澳大利亚等发达采矿国家已研制出主动(自动)抑爆装置,并在一定范围内进行了试验应用。随着科技的不断进步,自动抑爆装置将会得到更多应用。

6. 矿尘检测与监测

20 世纪中叶,英国医学研究委员会(BMRC)和美国原子能委员会(AEC)分别提出了粉尘采样标准曲线,并于1959年在南非国际尘肺会议上得到承认。该会议期间同时确定了以计重法表示粉尘浓度。此后,矿尘浓度检测与监测仪器即依据上述粉尘采样标准曲线进行研制和校验。矿尘浓度监测仪器经历了由单纯采样向采样兼实时测定等功能的发展,其采样方式经历了由短时到长时、单点到多点、个体采样与定点采样相结合的转变。目前国内外矿山企业使用较多的矿尘浓度监测仪器为个体采样器和基于光散射和β射线吸收等原理的矿尘直读仪以及矿尘浓度传感器。矿尘中游离 $SiO_2$ 含量检测技术经历了由化学方法(焦磷酸重量法)向物理方法(X射线衍射法和红外分光光度法)的转变。国际常用的矿尘分散度检测技术有安德逊移液管法、滤膜溶解涂片法和激光粒度分析法等。

### 1.2.2 我国矿尘防治技术的发展

新中国成立以来,我国在矿尘防治技术方面进行了长期而艰辛的探索与实践,经历了一个从无到有、从单一手段到综合防尘、从常规手段到新兴技术不断涌现的发展过程。

新中国成立初期,我国煤矿井下基本没有防尘措施,普遍采用干式作业,作业场所岩尘浓度平均高达 $120\sim180\text{mg/m}^3$、煤尘浓度平均高达 $400\sim1000\text{mg/m}^3$[31],粉尘危害逐步显现出来,引起了党和国家的高度重视。1956年,国务院发布了《关于防止厂、矿企业中矽尘危害的决定》,明确规定:矿山应采用湿式凿岩和机械通风;厂矿企业工作地点,游离 $SiO_2$ 含量超过10%的粉尘,浓度必须降到 $2\text{mg/m}^3$ 以下[32]。1956~1957年,煤炭部抚顺科学研究院在本溪彩屯矿进行了国内第一次长钻孔煤层注水的试验[33]。从1958年起,国有重点煤矿绝大多数全岩及半煤岩掘进工作面实现了湿式凿岩。从1963年起开始在岩巷掘进面采用加强通风、湿式凿岩、放炮喷雾、装岩洒水、冲洗岩帮等综合防尘措施[32],该五项措施加上水封爆破后来纳入"岩巷掘进十六项经验"和"煤巷半煤岩巷掘进十五项经验",从而形成了煤矿掘进综合防尘经验,并在开滦、资兴、鹤壁等多个矿区得到了推广[34]。对于采煤工作面的防尘,20世纪60~70年代,抚顺、石炭井、本溪、阳泉、新汶、开滦、萍乡等多个矿区试验了煤层注水和采空区灌水预湿煤体技术,有效降低了工作面浮尘浓度,从而使得该技术成为我国采煤工作面的一项积极、有效的防尘措施[35]。

20世纪70年代末至80年代,党中央发布了《认真做好劳动保护工作的通知》(1978年),国务院发布了《关于加强防尘防毒工作的决定》(1984年)、颁布了《中华人民共和国尘肺病防治条例》(1987年),矿尘防治工作受到高度重视,有力推动了防尘工作。这一时期,煤炭科学研究总院重庆研究院(简称"重庆煤科院")等科研院所及石炭井焦煤公司、阳泉矿务局等企业开展了煤层注水工艺及配套设备的研究,研制出用于动压注水的注水泵、高压水表、封孔器和分流器及注水专用钻机,实现了用一台注水泵向多孔等量注水、自动封孔和注水量的自动记录,使煤层注水技术得到进一步发展和推广[36~41]。重庆煤科院等单位研制了标准化的喷雾用喷嘴、用于转载运输系统的自动喷雾控制器及降尘装置[42~45],进行了采煤机内外喷雾装置及高压水喷雾的试验与应用[46~49],有力促进了我国喷雾降尘技术的发展。东北大学、重庆煤科院以及双鸭山矿务局、兖州矿务局、淮南矿务局、徐州矿务局、阳泉矿务局等单位进行了掘进面通风排尘、掘进机除尘器、水射流除尘风机、湿式除尘风机、掘进巷道抽压混合式通风除尘系统的研究及应用,推动了我国煤矿通风除尘技术的发展[50~58]。在个体防护方面,研制了送风式防尘口罩和防尘安全帽以及适用于锚喷作业场所使用的压风呼吸器[59~62]。在防隔爆方面,建成了大型瓦斯煤尘爆炸试验巷道[63],初步形成了煤尘爆炸危险性鉴定方法,研制成功的被动式隔爆水槽棚和水袋棚得到推广应用[64~68],此外还研制出可近距离自动喷射灭火剂的自动隔爆装置[69],推动了我国煤矿防隔爆技术的发展。至此,我国煤矿基本形成了一套相对完整的综合防尘技术措施,很大程度上改变了我国矿尘防治技术的落后局面。

20世纪90年代以来,随着现代化采掘技术的大力推行,产尘强度也随之增大,给防尘工作带来了新的挑战,全国也因此兴起了研发、应用新型防尘技术的热潮。在煤层注水方面,兖州矿区先后探索出了提高注水渗透率的"工作面超前动压区长钻孔双巷静压注水"技术,使煤体内水分增加率达到1.8%左右,缓解了低孔隙率煤层注水困难的问题[70,71];重庆煤科院、北京科技大学等单位进行了添加湿润剂或渗透棒以及磁化水注水的研究,以提高煤层注水效果[72~76]。在通风除尘方面,新汶等矿区研制并应用了湿式振弦除尘风机[77,78]。在喷雾降尘方面,重庆煤科院等研究机构,兖州、新汶、平顶山、潞安、晋城等矿区,北京科技大学、西安科技大学等院校进行了高压喷雾降尘技术的研究,并在综采、综掘工作面得到了应用,取得了较好的降尘效果[79~91];兖矿集团与中国矿业大学合作开发出综放工作面采煤机二次负压降尘技术,之后该技术在新汶、潞安、淮南等矿区得到了进一步拓展与应用[92~96];重庆煤科院等单位试验了声波雾化喷雾降尘技术、磁化水喷雾降尘技术和预荷电喷雾降尘技术[97~101],山东科技大学等单位还探索了湿润剂喷雾降尘技术[102,103]。

进入21世纪以来,针对现有防尘降尘技术的不足,作者带领中国矿业大学矿尘防治团队进行科技攻关,研发出了一套适于煤矿井下的高效泡沫降尘技术,包括开发出一种具有高发泡性和润湿能力的绿色环保发泡剂,发明了射流负压式旋流发泡装置和紧密包裹尘源的弧扇形泡沫喷头与可调节安装支架。应用该技术实现了小流量发泡剂的低比例准确添加、泡沫的低阻高效发泡和泡沫对尘源的有效包裹与抑尘,提高了泡沫制备的可靠性并降低了使用成本,在煤矿现场已获得广泛应用,对总粉尘和呼吸性粉尘的平均降尘效率分别达到85%和80%以上,较喷雾降尘提高30个百分点以上,而耗水量降低60%~80%,成为矿井降尘的一项高效关键技术。

我国矿尘防治技术虽然有了长足的发展,但从总体上看,矿尘问题仍然比较突出,对矿工的健康和矿井的安全构成了严重的威胁,与其他主要产煤国家相比还存在很大的差距。澳大利亚、美国、德国、英国等国都已有效地控制了矿尘危害,如澳大利亚煤矿尘肺病发病率已长期低于0.5%以下[104]、美国也仅为2.8%[105],而我国煤矿的尘肺病发病率逐年上升,病死率已超过20%[88];美国、英国、澳大利亚、南非、波兰等国家已基本避免了重特大煤尘爆炸事故[106,107],而我国重特大煤尘爆炸事故还时有发生,2005年黑龙江七台河东风煤矿发生一起煤尘爆炸,造成172人死亡;2007年山西临汾新窑煤矿发生一起瓦斯煤尘爆炸,造成102人死亡。

近年来,随着综采放顶煤技术、综采一次采全高技术、大断面岩巷综掘技术等现代化开采技术的普遍推广和矿井开采强度及开采深度的增加,采掘作业场所的产尘量及呼吸性粉尘比重迅速增加,仅仅依靠传统的防尘技术已不能满足矿尘防治的现实需要。因此,进一步加强对矿尘发生、运移及致灾规律的研究,既充分挖掘现有防尘技术的潜能,又不断发展先进、实用的矿尘防治新技术,对于促进我国矿尘防治形势的根本好转具有重要意义。

# 1.3　本书的内容与特色

### 1.3.1　本书主要内容

矿尘导致的尘肺病与爆炸事故是矿井开采中最严重的职业病与灾害事故,要预防尘肺病及煤尘爆炸事故的发生,必须依靠科技进步,创新、发展和运用先进的矿尘防治理论与技术,将作业场所粉尘浓度控制在规定的限值之内,确保矿山职工的健康与安全,这是一项十分重要而紧迫的任务,也是煤矿安全科技工作者的重要责任。为推动矿尘防治科技的发展,适应新时期矿尘防治工作的需要,作者撰写了本书。

全书共 10 章。第 1~4 章为矿尘学基础。第 1 章为绪论,介绍研究背景、国内外矿尘防治技术发展现状及本书的内容及特色;第 2 章介绍矿尘的定义、成因、产尘量影响因素及矿尘的性质等基础知识;第 3~4 章介绍矿尘的危害,主要包括人类对尘肺病与煤尘爆炸灾害的认识过程及相关基础知识,为后续各章的防治技术奠定基础。第 5~8 章介绍矿尘防治理论与技术。第 5 章介绍煤层注水减尘原理与技术,这是预防煤矿生产时产尘的治本措施之一,主要包括煤层注水过程中水的流动及湿润煤体特性、煤层注水方法及工艺;第 6 章介绍通风除尘,包括通风排尘、通风控尘及除尘器除尘等内容,重点对不同通风条件下含尘风流的分布及运移特性,附壁风筒等控尘设施的原理及应用,各类除尘器的工作原理、性能特点、适用条件及现场应用等进行了较系统的阐述;第 7 章介绍喷雾降尘,重点对喷雾的抑尘、捕尘作用的降尘机理,雾化方法及原理,影响雾化效果的主要因素,矿用喷雾降尘技术及应用等进行了较全面和深入的阐述;第 8 章介绍泡沫降尘,重点对泡沫的高效抑尘特性、泡沫降尘系统的组成、降尘发泡剂的特性,以及低比例发泡剂的定量添加、发泡器的高效低阻发泡特性及定向包裹尘源的泡沫喷射装置等关键技术进行较深入阐述,并结合实例介绍该技术在煤矿井下的应用情况;第 9 章介绍个体防尘,主要涉及各类个体防护用具及其原理;第 10 章介绍矿尘的检测与监测,阐释矿尘浓度检测、分散度和游离二氧化硅含量的检测原理和方法,并介绍粉尘浓度连续监测的原理、方法和应用情况。

### 1.3.2　本书主要特色

本书坚持理论紧密联系实际,在选材及撰写过程中努力做到系统性、科学性、先进性和实用性,力求叙述准确、严谨,注重图文并茂,尽量采用朴实的语言,深入浅出地介绍矿尘基础知识与理论、防治技术与原理,以更好地传播相关知识和提高矿尘防治的科技水平。本书与国内外的同类书籍相比,主要具有以下特色:

(1) 系统总结了矿尘学的内容体系及发展历程。人们从最初认识矿尘的危害到形成较完善的防治理论与技术体系历经了数百年,本书追溯了这一发展历程,从"尘肺"概念的产生到防治尘肺病的系列技术、管理法规和治疗方法,从世界上发生的第一起煤尘爆炸事故及对其爆炸性的探索到提出煤尘爆炸机理和防隔爆技术,从通风排尘、洒水降尘到注水减尘、喷雾降尘,再到泡沫降尘、除尘器除尘的防尘降尘技术的不断发展,从自吸过滤式个体防尘口罩到电动送风正压呼吸器、电动送风头盔的个体防尘技术发展,从粉尘的个体检测到连续监测的粉尘测定技术,本书都进行了较全面的阐述和系统的总结,从而构建了矿尘学的较完整内容体系。

（2）深入阐述了矿尘学的基本规律、原理与方法。矿尘学是一门综合性的应用学科,其基础涉及流体力学、燃烧学、病理学和表面化学等学科,本书避免仅从表象和具体个例介绍相关问题,而是注重从基本规律、原理和方法的角度,对矿尘学中的问题进行较深入的阐述,如对矿尘的产生及运移规律、各类防尘技术措施的基本原理与方法等都尽量进行总结与提炼,以便更深入地认识其本质。本书对喷雾和泡沫降尘技术中的雾化与产泡原理、抑尘与捕尘作用机理,矿用除尘器的负压抽尘和除尘原理,矿尘检测与监测的基本原理等都进行了重点阐述,从而提高了矿尘学内容的科学性。

（3）全面反映了矿尘学的最新研究成果。随着矿业的发展与科技的进步,矿尘防治的理论与技术也在不断创新,如作者首次系统介绍了泡沫高效降尘技术,包括泡沫特性及其降尘机理、绿色高效降尘发泡剂的研制、降尘泡沫制备及喷射新技术等。此外,本书还对采掘设备的内喷雾和高压喷雾技术、综掘工作面除尘器与控风设备（附壁风筒）的联用技术、回采工作面采煤机的吸尘滚筒技术、个体防尘的送风正压过滤式和隔绝压风式技术、粉尘浓度的连续监测技术等新成果都进行了介绍,丰富和发展了矿尘学的技术体系。

## 参 考 文 献

[1] 邢国长. 尘肺防治研究进展. 职业医学,1985,12(2):43-47

[2] Orenstein A J. The history of pneumoconiosis. S. A. Medical Journal,1957,(10):797-802

[3] Jay F C,James P R,Jeffrey M L,et al. Best practices for dust control in coal mining. Department of health and human services,centers for Disease Control and Prevention,National Institute for Occupational Safety and Health, 2010,http://www. cdc. gov/niosh. [2014-05-10]

[4] Health and Safety Executive of UK. Coal worker's pneumoconiosis and silicosis. http://www. hse. gov. uk/statistics/causdis/pneumoconiosis/index. htm. [2013-01-16]

[5] 艺宣. 煤矿死亡率最低的国家. 煤炭科技,1994,(3):24

[6] Chen W H,Liu Y W,Wang H J,et al. Long-term exposure to silica dust and risk of total and cause-specific mortality in chinese workers:a cohort study. PLoS Med,2012,9(4):e1001206

[7] 刘秉慈,陈卫红,Wallace W E. 粉尘致病性科研成果急需与粉尘防治相结合. 中华劳动卫生职业病杂志,2008,26 (1):1

[8] 赵铁锤. 我国煤炭行业尘肺病病例约占全国尘肺病患者总数的 50%. http://news. xinhuanet. com/fortune/2010-10/03/c_12628329. htm. [2013-01-15]

[9] 王显政. 在中国煤矿尘肺病防治基金会理事会会议上的讲话. Available:http://info. china. alibaba. com/detail/ 1096117871. html. [2013-01-20]

[10] Rice G S. The explosibity of coal dust. US Bureau of Mines Bulletin No. 20,1911

[11] Hertberg C. Industrial dust explosions. ASTM STP958,1987:324

[12] 司荣军. 瓦斯煤尘爆炸研究现状及发展趋势. 矿业安全与环保,2014,01:72-75

[13] 中华人民共和国国家发展和改革委员会. 煤矿瓦斯治理与利用总体方案. http://bgt. ndrc. gov. cn/2cfb/200507/ t200507/14_499543. html. [2014-10-06]

[14] 国家煤矿安全监察局. 建国以来煤矿百人以上事故案例汇编. 徐州:中国矿业大学出版社,2007:1-20

[15] 煤炭部情报研究所译. 苏联煤矿安全与开采作业规程. 内部资料,1984

[16] 刘新强,王耀明,刘崇友. 联邦德国测尘和防尘技术现状(二). 煤矿安全技术,1985,(3):24-30

[17] Карагодин Л Н，ГИщук И，景耀光. 苏联各煤矿防尘的科技现状. 川煤科技，1981，(1)：41-55

[18] Joseph C，Albert S，Eugene B. Water Infusion -An Effective and Economical Longwall Dust Control. Bureau of Mines Report of Investigations 8838，1983：4，5

[19] Sainato A，Cervik J，Prosser L J (assigned to U. S. Department ofthe Interior ). Flexible Continuous Grout Filled Packer for Use With a Water Infusion System. U S Pat. 4，300，631，Nov. 17，1981

[20] Jerry C. Tien Practical Mine Ventilation Engineering. Chicago：Intertec Publishing Corporation，1999

[21] Kissell F N. Handbook for dust control in mining. US Department of Health and Human Services，Public Health Service，Centers for Disease Control and Prevention，National Institute for Occupational Safety and Health，Pittsburgh Research Laboratory，2003

[22] 煤炭部安全监察局. 国内外煤矿粉尘防治技术资料选编. 北京：煤炭部安全检查局，1986，(10)：106-112

[23] 栾昌才，陈荣策. 国内外矿用湿式除尘器发展概况. 煤矿安全，1994，(6)：36-40

[24] Cecala A B，O'brien A D，Schall J，et al. Dust control handbook for industrial minerals mining and processing. Department of Health and Services，Centers for Disease Control and Prevention，National Institute for Occupational Safety and Health. 2012. http：//www. cdc. gov/niosh. [2014-05-10]

[25] 李剑锋. 对西德 SRM—330 型掘进机除尘设备的剖析. 煤矿机械与电气，1981，(2)：26-33

[26] 赵艾叶. 附壁风筒和除尘器在混合式通风系统中的使用. 中州煤炭，1998，(1)：41-42

[27] 煤炭科学研究院重庆研究所编译. 矿井粉尘译文集. 北京：煤炭工业出版社，1981：1-19

[28] 鲍含诚，胡秀云，李庆海，等. 矿山粉尘与相关疾病. 北京：煤炭工业出版社，1999

[29] Phillips H R. To establish the current status of research，development and operational experience of wet head cutting drums for the prevention of frictional ignitions. Johannesburg：Safety in Mine Research Advisory Committee (SIMRAC)，Report COL 426，1997

[30] Taffanel J，Le Floch G. Sur la combustion des melangesgazeux it les retards al'inflammation. Comptrend，1913，(156)：1544

[31] 李学诚，王省身. 中国通风安全工程图集. 徐州：中国矿业大学出版社，2007：1-20，587-618

[32] 中华人民共和国国务院. 关于防止厂、矿企业中矽尘危害的决定. 1956-05-31. http：//www. fc110. gov. cn/zcfg/bwfg/200909/25913. html. [2013-01-31]

[33] 煤炭工业部抚顺科学研究院. 煤尘爆炸与煤矿矽肺病预防. 北京：煤炭工业出版社，1960：68-77

[34] 煤炭工业部基本建设局. 岩巷掘进十六项经验. 2 版. 北京：煤炭工业出版社，1977：14-35

[35] 煤炭工业部生产司. 煤巷半煤岩巷掘进十五项经验. 北京：煤炭工业出版社，1977：125-134

[36] 李崇训. 煤层注水及采空区灌水防尘. 北京：煤炭工业出版社，1981：39-48

[37] 刘新强. 煤层注水配套设备与装置研制成功. 煤矿安全技术，1983，(2)：74

[38] 曹道鑫. 5BZ—1.5/80 型煤层注水泵结构及摆动盘运动的规律. 煤矿机电，1983，(1)：22-26

[39] 重庆煤炭研究所第一研究室. YPA 型煤层注水封孔器的研究. 矿业安全与环保，1983，(4)：15-20

[40] 重庆煤炭科学研究所粉尘研究室. DC-2/160 型煤层注水水表. 矿业安全与环保，1983，(3)：5-8，25

[41] 阳泉矿务局四矿通风区技术组. 阳泉 15～# 煤层长孔动压注水试验. 煤炭工程师，1987，(6)：9-14

[42] 河北煤研所煤层注水课题组. 煤层注水有关参数的研究. 河北煤炭，1987，(1)：20-25

[43] 朱竞夫，许开方. ZPF 型胶带运输机自动喷雾降尘装置. 煤矿安全，1984，(11)：24，25

[44] 龙兆鹏，郭顺初. 介绍几种自动喷雾降尘装置. 煤炭工程师，1986，(2)：46-49

[45] 煤炭科学研究总院重庆分院. ZP-1 型自动喷雾降尘装置及其配套系统. 国家科技成果，1989-12-01

[46] 诸建国. 降尘喷嘴的性能与选择. 煤矿机电，1986，(3)：51-53

[47] 郑桂英. 采煤机内喷雾密封的研制试验. 煤矿机械与电气，1981，(5)：28-31＋16

[48] 王宗贤. 采煤机的内喷雾监测系统. 煤矿机械，1985，(1)：26-29

[49] 宁仲良，方慎权. 采煤机喷雾降尘主要参数选择的研究. 西安矿业学院学报，1984，(1)：94-112

[50] 黄崇龄. 采煤机的高压水喷雾降尘. 煤矿机电，1986，(1)：57-58

[51] 陈宝智，关绍宗，陈荣策. 掘进巷道压入式通风的风流结构及排尘作用的研究. 东北工学院学报，1981，(3)：

97-105

[52] 煤炭研究院重庆煤研所掘进通风课题组. 掘进混合式通风排尘试验. 煤炭科学技术,1984,(12):6-10,56

[53] 严昌炽. 除尘器在我国机械化掘进工作面中的应用. 煤矿安全,1985,(4):24-27

[54] 重庆煤炭研究所,淮南局孔集煤矿. 掘进巷道通风排尘的研究及其应用. 煤矿安全,1985,(5):1-7

[55] 煤科院重庆所掘进机除尘器课题组. KGC-Ⅰ型掘进机除尘器的研究. 煤炭工程师,1986,(4):1-13

[56] 刘崇友. 矿用湿式除尘器在我国煤矿中的应用. 煤矿安全,1986,(11):54-57

[57] 吴润书,樊和平,张文瑞. SCF-6 湿式除尘风机井下试用情况. 煤炭工程师,1987,(5):30,31,35

[58] 刘崇友. 煤矿机掘工作面的除尘系统及其合理工艺参数的确定. 煤矿安全,1989,(1):45-48,56

[59] 赵书田. 煤矿抽压混合式通风除尘系统布置方式的选择和技术参数的确定. 工业安全与防尘,1989,(5):35-38,23

[60] 重庆煤炭科学研究所. AFK-1 型送风防尘口罩. 煤矿安全技术,1984,(3):45-47,71

[61] 黄俊臣,许锦茂. 送风式个体防尘口罩:山西,CN2041188. 1989-07-19

[62] 王耀明. AFM-1 型防尘安全帽. 煤矿安全技术,1982,(1):1-7,34

[63] 曾世麟. 隔绝式压风呼吸器. 劳动保护,1984,(8):25,26

[64] 朱群力. 我国第一座煤尘瓦斯爆炸试验站建成. 煤矿设计,1983,(11):49

[65] 煤炭部煤炭科学研究院重庆研究所. 被动式水棚防止煤尘爆炸传播. 国家科技成果,1985-12-01

[66] 周奠邦,陈荣德. 煤矿用隔爆水槽和隔爆水袋通用技术条件. 中华人民共和国煤炭工业部行业标准,1987:1-12

[67] 卢鉴章,周奠邦. 水槽安设方式对隔爆效果的影响. 煤矿安全,1988,(4):42,43

[68] 上官波. 隔爆水槽棚在我局的使用. 煤矿安全,1989,(6):25,26,33

[69] 李华安. 煤矿隔爆水袋. 中州煤炭,1988,(4):36,37

[70] 煤炭部煤炭科学研究院重庆研究所. ZGB-Y 型自动隔爆装置. 国家科技成果,1987-05-01

[71] 兖矿集团有限公司. 兖州矿区矿井通风安全技术. 煤炭工业出版社,2001:208-224

[72] 王振平,李世峰,王洪权. 兖州矿区综采放顶煤粉尘综合防治的实践与认识. 煤炭工程师,1997,1:33-36,48

[73] 张延松. 湿润剂提高煤层注水效果的机理及应用. 力学与实践,1995,17(3):54-57

[74] 章惠敏,张连福. 添加渗透棒煤层注水防尘技术的应用. 煤矿安全,2006,(5):41-43

[75] 程燕,蒋仲安,陈仲秋,等. 煤层注水中添加表面活性剂的研究. 煤矿安全,2006,(3):9-12

[76] 赵振保. 磁化水的理化特性及其煤层注水增注机制. 辽宁工程技术大学学报(自然科学版),2008,02:192-195

[77] 霍灵军,田彦武,郝军. 表面活性剂在煤层注水中的应用与实践. 煤炭技术,2011,30(5):106-108

[78] 刘锴,李哲,纪之磊. 煤矿用湿式振弦除尘风机的研制与应用. 山东煤炭科技,2007,(6):76,78

[79] 彭泽刚. 矿用湿式振弦除尘风机在综掘作业线中的应用. 中州煤炭,2011,(6):91,92

[80] 张设计,罗茂蜀. 采煤机应用高压喷雾除尘的尝试. 煤矿安全,1993,(10):14-16,49

[81] 张延松. 高压喷雾及其在煤矿井下粉尘防治中的应用. 重庆环境科学,1994,(6):32-36

[82] 张安明. 高压喷雾降尘技术在采煤机上的应用. 工业安全与防尘,1997,(5):7-8,11

[83] 张安明,郭科社. 高压喷雾降尘的原理及其应用. 煤矿安全,1998,(4):2-5

[84] 曹宏伟. 采煤机机载高压喷雾降尘技术及应用. 煤矿安全,2000,(12):23,24

[85] 钱尊兴,李玉元. 采煤机高压喷雾及负压二次降尘技术. 山东煤炭科技,2001,(3):31,32

[86] 张永红,赵红兵,李继春. 高压喷雾降尘机理分析. 煤,2003,(3):38,39

[87] 陈星明,夏紧. 采煤机高压外喷雾降尘技术应用研究. 中州煤炭,2009,(7):25,93

[88] 宋建国. 综采面高压外喷雾降尘技术及其应用研究. 煤炭工程,2010,(10):43-45

[89] 李喜乐,杜富山. 综采工作面安装高压外喷雾降尘装置. 煤,2000,(2):39,40

[90] 张俊威,安君德. 高压喷雾降尘技术在综掘工作面的应用. 煤,2004,(4):36,37,51

[91] 马胜利,刘亚力. 掘进工作面高压喷雾降尘的机理分析. 煤矿机械,2009,(8):88-90

[92] 陶廷云,姜学云,金泰,等. 滚筒采煤机高压水雾吸尘装置:山东,CN2396179[P]. 2000-09-13

[93] 兖矿集团有限公司鲍店煤矿,中国矿业大学. 综放面负压二次降尘技术及装置的研究. 鉴定日期:2000-11-23

[94] 钱尊兴,李玉元,李丛峰. 采煤机高压喷雾及负压二次降尘技术的试验与应用. 工业安全与环保,2001,(10):7,8

[95] 李继民,戚险峰,杨欣,等. 采煤机负压二次降尘器在综采工作面的应用. 煤矿安全,2007,(9):12,13

［96］秦占法,王永珍,韩三锋.采煤机负压二次降尘技术的研究与应用.煤,2008,(10):59,78

［97］卢鉴章.我国煤矿粉尘防治技术的新进展.煤炭科学技术,1996,24(7):1-6

［98］胡传斌,张文仲,刘东.超声雾化除尘装置在鲍店煤矿选煤厂的研制与应用.选煤技术,2007,4:48-50

［99］陈卓楷,陈凡植,周炜煌,等.超声雾化水雾在除尘试验中的应用.广东化工,2006,33(10):48-50

［100］李德文.预荷电喷雾降尘技术的研究煤.煤炭工程师,1994,6:8-13

［101］张兆华.磁化水喷雾降尘技术在煤矿中的应用研究.煤矿环境保护,1996,10(2):38,39

［102］程卫民,周刚,聂文,等.一种湿润型降尘剂组合物及其使用方法:山东,CN101712861A.2010-05-26

［103］Joy G J,Colinet J F,Landen D D. Coal workers' pneumoconiosis prevalence disparity between Australia and the United States. http://www.cdc.gov/niosh/mining/UserFiles/Works/pdfs/cwppd.pdf. ［2013-02-02］

［104］National Institute for Occupational Safety and Health（NIOSH）. Pneumoconiosis Prevalence Among Working Coal Miners Examined in Federal Chest Radiograph Surveillance Programs. http://www.cdc.gov/mmwr/preview/mmwrhtml/mm5215a3.htm. ［2013-02-02］

［105］工人日报.数据显示尘肺病发病率高居职业病之首. http://news.xinhuanet.com/health/2013-01/c_12424324.htm. ［2013-02-02］

［106］国家煤矿安全监察局事故调查司,国家安监总局国际交流合作中心.美国煤矿的安全监管与典型事故(1).劳动保护,2011,(2):118,119

［107］国家煤矿安全监察局事故调查司,国家安监总局国际交流合作中心.美国煤矿的安全监管与典型事故(2).劳动保护,2011,(3):113-115

# 第 2 章　矿尘的性质及产生特性

在矿山建设和生产过程中所产生的并能够较长时间悬浮在空气中的各种固体微粒，如井下煤岩破碎过程产生的煤岩微粒、爆破或柴油内燃机车等产生的烟尘、锚喷作业等产生的水泥粉尘等统称为矿井粉尘，简称矿尘。矿尘在空气中的运动规律既与其本身的特性有关，又与空气的物理特性密切相关。了解矿尘的产生特性对于有针对性研发和采取控制粉尘的技术措施有着重要的意义。本章将对矿尘的基本性质、空气动力学特性及矿尘的产生及影响因素等内容进行介绍。

## 2.1　矿尘的基本性质

### 2.1.1　矿尘的粒径

粒径是描述矿尘粒子的最基本参数。矿尘粒径在 $0.1\sim100\mu m$ 的范围，形状通常不规则[1]。为区分不同矿尘在空气中的受力、运动情况，可将矿尘根据粒径分为粗尘、细尘和微尘和超微尘。其中粒径大于 $40\mu m$ 的矿尘为粗尘，相当于一般筛分的最小颗粒，极易沉降；粒径为 $10\sim40\mu m$ 的矿尘为细尘，肉眼可见，在静止空气中呈加速沉降；粒径为 $0.25\sim10\mu m$ 的矿尘为微尘，肉眼不可见，用光学显微镜可以观察到，在静止空气中呈等速沉降；粒径小于 $0.25\mu m$ 的矿尘为超微尘，要用电子显微镜才能观察到，能长时间悬浮于空气中，并能随空气分子做布朗运动[2]。

对于球形粒子，可以简单地用几何直径表示，而矿山建设和生产过程中产生的固体颗粒物通常是非球形的。对于不规则粒子的形状可概括为块状、板状、针状三大类。大多数矿尘粒子接近于块状[1]。不规则粒子的大小可用等效径（又称当量径）表示。表示粒径的定义有很多，合适的粒径定义主要取决于测定方法：如用光学显微镜测得的粒径称为光学直径；用多级旋风分离器或串级冲击分离器得到的粒径数据称为空气动力径，对于 $0.5\mu m$ 以下的粒子采用扩散分离法称为扩散粒径，用沉降法所得到的粒径称为斯托克斯径。表 2.1 列出了一些主要的等效径表示方法（图 2.1）[1]。

**表 2.1　不规则形状粒子的等效直径**

| 等效直径 | 定义 | 计算式 |
|---|---|---|
| 长度径 | 在一给定方向上测量的直径 | $d_p = l$ |
| 平均径 | 在多个方向上测量的直径 | $d_p = \dfrac{1}{n}\sum\limits_{i=1}^{n} d_i$ |
| 周长径 | 有与粒子同样周长 $P$ 的圆的直径 | $d_p = P/\pi$ |
| 投影面积径 | 有与粒子同样投影面积 $A_p$ 的圆的直径 | $d_p = \sqrt{4A_p/\pi}$ |
| 表面积径 | 有与粒子同样表面积 $A_s$ 的球的直径 | $d_p = \sqrt{A_s/\pi}$ |

| 等效直径 | 定义 | 计算式 |
|---|---|---|
| 体积径 | 有与粒子同样体积 $V_p$ 的球的直径 | $d_p = \sqrt[3]{6V_p/\pi}$ |
| 斯托克斯径 | 有与粒子相同密度 $\rho$ 和沉降速度 $v$ 的球的直径 | $d_p = \sqrt{\dfrac{18\mu v}{(\rho_p - \rho_a)g}}$ |
| 空气动力径 | 有与粒子相同质量、标准密度（1000kg/m³）的球形粒子的直径 | $d_a = d_E\sqrt{\rho_p/1000}$ |

由表 2.1，密度为 2000kg/m³ 的 5μm 球形粒子的空气动力径

$$d_a = d_E\sqrt{\rho_p/1000} = 5\sqrt{2000/1000} = 7.07\mu m$$

这说明直径为 7.07μm，标准密度（1000kg/m³）粒子的重力沉降速度与直径为 5μm 的 2000kg/m³ 的高密度粒子的重力沉降速度相同。

图 2.1　非球形颗粒的投影面积径

粒子的形状可能很复杂，如凝聚体是由多个小粒子聚合到一起的大粒子，其内部有大量空隙。对于这种情况，不宜用光学直径表示，而应该用斯托克斯径或空气动力学径表示，因为通过粒子沉降法或空气动力学方法测定的粒径，更适合于描述不规则粒子形态（包括凝聚体）的运动行为。此外，表面积径主要应用于表面吸附等的研究，体积径主要应用于煤粉燃烧、水雾蒸发、气-固两相流动等的研究，空气动力径主要用于研究粉尘的运移、沉降规律，呼吸性粉尘的概念就是由空气动力径定义的[3~6]。

空气动力学直径小于 10μm 的粉尘称为可吸入颗粒物（PM₁₀），颗粒物的空气动力学直径越小，进入呼吸道的部位就越深。空气动力学直径为 10μm 以上的颗粒物通常沉积在上呼吸道，小于 5μm 的颗粒 50% 可进入呼吸道的深部并沉积在肺泡内导致尘肺病，2μm 以下的可 100% 深入到细支气管和肺泡。空气动力学直径小于 2.5μm 的粉尘为当前人们熟知的 PM₂.₅，又称为细颗粒物。细颗粒物能较长时间悬浮于空气中，其在空气中含量浓度越高，就代表空气污染越严重。细颗粒物面积大，活性强，易附带有毒、有害物质（如重金属、微生物等），且在大气中的停留时间长、输送距离远，对人体危害最大，会对包括神经系统、肺、心脏、血管在内的器官造成损害[7]。

PM₁₀、PM₂.₅ 粉尘的粒径因太小，肉眼看不见单个微粒。为便于从形象上了解不同微粒粒径的大小，采用人的头发丝作为对比参照物。头发丝的平均直径大约为 60μm。头发丝与 PM₁₀、PM₂.₅ 微粒粒径的比较如图 2.2 所示[8]。在该图中，也对日常生活中常涉及的各种微粒的粒径进行了图示对比，这些微粒的粒径范围见表 2.2。

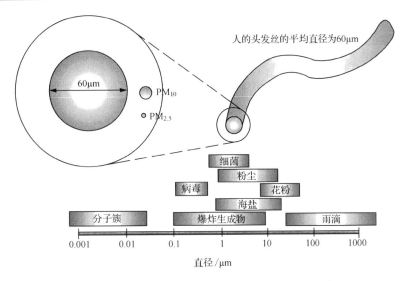

图 2.2 $PM_{10}$、$PM_{2.5}$ 和人的平均头发丝直径对比示意图

表 2.2 常见微粒的粒径范围

| 颗粒类型 | 粒径范围/$\mu m$ | |
| --- | --- | --- |
| | 下限 | 上限 |
| 分子簇 | 0.0006 | 0.04 |
| 病毒 | 0.1 | 0.7 |
| 细菌 | 0.7 | 6 |
| 爆炸生成物 | 0.1 | 10 |
| 花粉 | 8 | 70 |
| 海盐 | 0.8 | 30 |
| 雨滴 | 30 | 1300 |

## 2.1.2 矿尘的粒径分布

矿尘是由各种不同粒径的粒子组成的集合体,各个颗粒的形状、大小都有很大的差异。单纯用平均粒径来表征这种集合体不能充分反映粒子群的组成特征。因此需要用粒径分布表示粒子群粒径的分散程度。所以,粒径分布又称为频率分布,是指在不同粒径范围内颗粒所含的数量分数或质量分数。

矿尘频率分布是衡量矿尘颗粒大小构成的一个重要指标。矿尘总量中微细颗粒多,所占比例大时,称为高频率分布矿尘;反之,如果矿尘中粗大颗粒多,所占比例大,则称为低频率分布矿尘。即使是同一矿尘,用不同方法计算的频率分布,在数值上也不尽相同,甚至相差很大,故必须说明。矿业领域多采用数量频率分布将矿尘划分为 4 个粒径区间,见表 2.3[2,9]。

表 2.3 矿尘粒径区间划分

| | 1 级 | 2 级 | 3 级 | 4 级 |
| --- | --- | --- | --- | --- |
| 粒径/$\mu m$ | <2 | 2~5 | 5~10 | >10 |

矿尘频率分布的常用表示方法有表格法、图形法和函数法等,下面以测定数据的整理过程说明以上表示方法[1]。

## 1. 频率分布

表 2.4 列出了粒径 $d_p$ 在 $0 \sim 30 \mu m$ 范围内粒子数量的实测值。

表 2.4 粒子频率分布计算表

| 项目 | 区间编号 | | | | |
|---|---|---|---|---|---|
| | 1 | 2 | 3 | 4 | 5 |
| 粒径范围/$\mu m$ | $0 \sim 2$ | $2 \sim 5$ | $5 \sim 10$ | $10 \sim 20$ | $20 \sim 30$ |
| 平均粒径/$\mu m$ | 1 | 3.5 | 7.5 | 15 | 25 |
| 粒子数目/个 | 50 | 110 | 150 | 120 | 70 |
| 数量频率分布/$q_n$ | 0.1 | 0.22 | 0.3 | 0.24 | 0.14 |
| 质量频率分布/$q_m$ | $3.2 \times 10^{-5}$ | $3.0 \times 10^{-3}$ | $4.0 \times 10^{-2}$ | 0.258 | 0.698 |
| 数量密度分布/$f_n$ | 0.05 | 0.073 | 0.06 | 0.024 | 0.014 |
| 质量密度分布/$f_m$ | $1.5 \times 10^{-5}$ | $9.9 \times 10^{-4}$ | $8.0 \times 10^{-3}$ | 0.026 | 0.070 |
| 数量筛下累计分布/$F_n$ | 0.1 | 0.32 | 0.62 | 0.86 | 1.0 |
| 质量筛下累计分布/$F_m$ | $3.2 \times 10^{-5}$ | $3.03 \times 10^{-3}$ | 0.043 | 0.302 | 1 |

根据粒径范围和粒子数目,可作直方图 2.3。

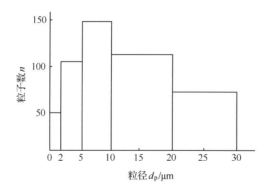

图 2.3 粒径分布直方图

质量频率分布是指某粒级矿尘的质量占矿尘总质量的百分比,用公式表示为

$$P_{W_i} = \frac{W_i}{\sum W_i} \times 100\% \tag{2.1}$$

式中,$W_i$ 为某物级尘粒的质量,mg;$P_{W_i}$ 为矿尘的质量频率分布,%。

数量频率分布是指某粒级的矿尘颗粒数占矿尘总颗粒数的百分比。用公式表示为

$$P_{n_i} = \frac{n_i}{\sum n_i} \times 100\% \tag{2.2}$$

式中,$n_i$ 为某粒级尘粒的颗粒数,颗;$P_{n_i}$ 为矿尘的数量频率分布,%。

如果粉尘是均质的,可用下式来换算质量频率分布与数量频率分布:

$$P_{W_i} = \frac{n_i d_i^3}{\sum n_i d_i^3} \times 100\% \tag{2.3}$$

式中,$d_i$ 为某粒级尘粒的代表粒径。

频率分布的计算结果见表 2.4。

### 2. 密度分布

数量密度分布 $f_n$ 和质量密度分布 $f_m$ 分别定义为

$$f_n = \frac{q_n}{\Delta d_p} = \frac{dF_n}{dd_p} \tag{2.4}$$

$$f_m = \frac{q_m}{\Delta d_p} = \frac{dF_m}{dd_p} \tag{2.5}$$

式中,$F_n$ 为数量筛下累积分布;$F_m$ 为质量筛下累积分布。

各区间的密度分布计算结果列于表 2.4 中。由此结果可绘出密度分布图 2.4。

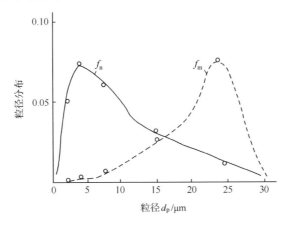

图 2.4　数量密度分布 $f_n$ 和质量密度分布 $f_m$ 图

### 3. 累积分布

矿尘的粒径分布可用筛下累积分布或筛上累积分布表示,通常采用筛下累积分布表示。筛下累积分布是指小于某一粒径 $d_p$ 的所有粒子的质量(或数量)占总质量(或总数量)的分数。其定义为

$$F_{m,n} = \sum_{i=1}^{i} q_{m,n} = \int_0^{d_p} f_{m,n} dd_p \tag{2.6}$$

根据已有数据,可得数量或质量筛下累积分布 $F_n$ 和 $F_m$,分别见表 2.4 和图 2.5。

累积分布为 50% 的地方称为中位径 $d_{p50}$。由图 2.5 可近似读出数量中位径 NMD 为 $8.5\mu m$,质量中位径 MMD 为 $22\mu m$。

矿尘的粒径分布直接影响着它的比表面积大小,是研究矿尘性质与危害的一个重要参数。矿尘的频率分布越高,则其比表面积越大。随着矿尘颗粒比表面积的增大,它的溶解性、化学活性及吸附能力等都将大大增加。如石英粒子的大小由 $75\mu m$ 减小到 $50\mu m$,

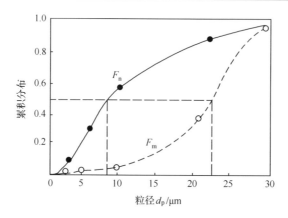

图 2.5 数量筛下累积分布 $F_n$ 或质量筛下累积分布 $F_m$ 图

它在碱溶液中的含量由 2.3％上升到 6.7％,这对尘肺病的发病机理起着重要的作用[2]。随着矿尘颗粒比表面积的增大,矿尘对周围介质(空气)的吸附能力也明显增加,由于充分吸附气体的结果,微细颗粒表面形成的气膜现象也随之增强,从而大大提高了微细颗粒的悬浮性[10]。尘粒周围气膜的增强,阻碍了微细颗粒间的相互结合,使尘粒的凝聚性和吸湿性都明显下降,不利于粉尘的沉降。由于微细尘粒吸附能力的增强,井下爆破后尘粒表面还能吸附某些气体化合物,如一氧化碳、氮氧化合物等[2]。煤尘比表面积愈大,它们与空气中的氧气反应就愈剧烈,成为引起煤尘自燃和爆炸的因素之一。

### 2.1.3 矿尘中游离 $SiO_2$ 含量

硅约占地壳总质量的 25.7％,仅次于氧。在自然界中,硅均以含氧化合物形式存在,其中最简单的是硅和氧的化合物硅石 $SiO_2$。$SiO_2$ 是许多种岩石和矿物的重要组成部分,它以两种状态存在:一种是结合状态的 $SiO_2$,即硅酸盐矿物,如长石($K_2O \cdot Al_2O_3 \cdot 6SiO_2$)、滑石($3MgO \cdot 4SiO_2 \cdot H_2O$)等,对人体危害不大;另一种是游离状态的 $SiO_2$,主要是石英,在自然界分布很广,常见的煤岩系沉积岩(如页岩、砂岩、砾岩、石灰岩等)都含有不同数量游离状态的 $SiO_2$。

矿尘按其中游离 $SiO_2$ 的含量可分为硅尘和非硅尘,硅尘是指游离 $SiO_2$ 含量在 10％以上的矿尘,而非硅尘的游离 $SiO_2$ 含量在 10％以下[2]。一般情况下,在煤矿的岩层中游离 $SiO_2$ 含量为 20％～50％,煤尘中游离 $SiO_2$ 的含量一般不超过 5％;在冶金矿矿尘中,一般游离 $SiO_2$ 的含量为 30％～70％,有的高达 90％以上[11]。某煤田各类岩石游离 $SiO_2$ 的含量见表 2.5[12]。

表 2.5 各类岩石游离 $SiO_2$ 含量

| 岩石种类 | 样品数 | 游离 $SiO_2$ 含量/% | | |
| --- | --- | --- | --- | --- |
| | | 最大 | 最小 | 平均 |
| 页岩 | 8 | 23.0 | 14.0 | 19.6 |
| 砂页岩 | 6 | 28.0 | 16.0 | 23.5 |
| 砂岩 | 7 | 54.0 | 34.2 | 42.7 |

| 岩石种类 | 样品数 | 游离 SiO$_2$ 含量/% | | |
|---|---|---|---|---|
| | | 最大 | 最小 | 平均 |
| 粗砂岩 | 10 | 54.5 | 38.9 | 46.9 |
| 砾岩 | 12 | 52.1 | 15.1 | 35.7 |
| 砂砾岩 | 5 | 68.1 | 54.2 | 60.1 |
| 花岗岩 | 14 | 65.0 | 25.0 | 45.0 |
| 云英岩 | 6 | 75.0 | 35.0 | 55.0 |
| 石英岩 | 16 | 92.0 | 57.0 | 74.5 |
| 砂质石灰岩 | 5 | 37.0 | 15.0 | 26.0 |
| 云母岩片 | 8 | 25.0 | 50.0 | 37.5 |
| 煤 | 6 | 11.0 | 9.0 | 10.0 |

煤矿岩巷掘进过程所产生的粉尘游离 SiO$_2$ 含量明显高于煤层开采过程所产生的粉尘中游离 SiO$_2$ 含量,其原因有以下两点:①煤矿巷道顶板和底板岩层中的游离 SiO$_2$ 含量比煤层高;②游离 SiO$_2$ 含量越高的岩石硬度越大且较脆,因此其破碎时会比煤粉碎时产生更多更细的粉尘,而越细的粉尘越容易被气流携带。

矿尘中的游离 SiO$_2$ 含量一般都比其在原矿石中的含量低,其原因在于石英的硬度远高于其他矿物,石英晶体更趋向于在晶界线上发生破碎,因此破碎后产生的粉尘,尤其是呼吸性粉尘中完整的石英颗粒较少[13]。

矿尘中的游离 SiO$_2$ 是引起并促进尘肺病及病程发展的主要因素。在含有游离 SiO$_2$ 的细粉尘进入到人体肺泡中被肺泡巨噬细胞吞噬后,肺泡巨噬细胞由于 SiO$_2$ 的作用而反复遭受损伤和死亡,在此过程中,肺泡巨噬细胞分泌大量致纤维化因子使肺部组织逐渐纤维化,最终导致尘肺病的发生[14]。矿尘中游离 SiO$_2$ 的含量越大,越易致尘肺病发生,故国内外对生产场所中的粉尘允许浓度的相关标准制定一般都要考虑粉尘中的游离 SiO$_2$ 含量。

### 2.1.4 矿尘的密度

#### 1. 真密度

单位体积矿尘的质量称为粉尘的密度,单位为 kg/m$^3$。由于矿尘的产生或实验条件不同,其获得的矿尘密度值亦不相同。因此,一般将矿尘的密度分为真密度、堆积密度和物质密度[2]。真密度指的是不包括矿尘之间的空隙时,单位体积矿尘的质量,用 $\rho_p$ 表示为

$$\rho_p = \frac{m}{V_d} \tag{2.7}$$

式中,$m$ 为粉尘的质量,kg;$V_d$ 为粉尘本身(不含气体介质)所占的体积,m$^3$。

堆积密度指的是矿尘呈自然扩散状态时,单位容积矿尘的质量,用 $\rho_b$ 表示为

$$\rho_b = \frac{m}{V_t} \tag{2.8}$$

式中，$m$ 为粉尘的质量，kg；$V_t$ 为粉尘分散体（包含气体介质）所占的体积，m³。

矿尘的真密度 $\rho_p$ 与堆积密度 $\rho_b$ 之间存在如下关系

$$\rho_b = (1-\varepsilon)\rho_p \tag{2.9}$$

式中，$\varepsilon$ 为矿尘粒子的空间体积与包含空间的粉尘的总体积之比，称为空隙率。

矿尘的真密度 $\rho_p$ 与组成此种粉尘的物质密度是不同的，因为粉尘在形成过程中，其表面甚至其内部可能形成某些孔隙，只有表面光滑又密实的粉尘的真密度才与其物质密度相同。通常粉尘的物质密度比其真密度大 20%～50%。粉尘的真密度在通风除尘中有广泛用途，许多除尘设备的选择不仅要考虑粉尘的粒径大小，而且要考虑粉尘的真密度。例如，对于粗颗粒、真密度大的粉尘可以选用沉降室或旋风除尘器；对于真密度小的粉尘，即使是粗颗粒也不宜采用这种类型的除尘器。粉尘的堆积密度对通风除尘有重要意义，如灰斗容积的设计，所依据的不是粉尘的真密度或物质密度，而是粉尘的堆积密度。在粉尘的气力输送中也要考虑粉尘的堆积密度。

**2. 相对密度**

矿尘相对密度是指矿尘的质量与同体积标准物质的质量之比，为无因次量。通常采用压力为 $1.013\times10^5$ Pa 和温度为 4℃时的纯水作为标准物质。由于在这种状态下 1cm³ 水的质量为 1g，因而矿尘的相对密度在数值上就等于其密度。但是相对密度和密度是两个不同的概念。粉尘的密度对通风排尘、除尘器除尘、喷雾降尘等技术的效果有重要影响。

### 2.1.5  矿尘的比表面积

单位质量（或单位体积）粉尘的总表面积称为粉尘的比表面积，单位为 m²/kg 或 cm²/g。假设尘粒为球形时，则比表面积与直径的关系为[10]

$$S_W = \frac{\pi d_p^2}{\frac{1}{6}\pi d_p^3 \rho_p} = \frac{6}{\rho_p d_p} \tag{2.10}$$

$$或\ S_W = \frac{\pi d_p^2}{\frac{1}{6}\pi d_p^3} = \frac{6}{d_p} \tag{2.11}$$

式中，$S_W$ 为矿尘的比表面积，m²/kg 或 cm²/g；$d_p$ 为尘粒的直径，m；$\rho_p$ 为矿尘密度，kg/m³。

由式(2.10)和式(2.11)可知，矿尘的比表面积与直径成反比，粒径越小，比表面积越大。矿尘的许多物理、化学性质实质上与比表面积有很大关系。空气在粉尘表面的吸附量会随着比表面积的增大而增大，这会降低湿式除尘方法的湿润效果；粉尘的生物、化学反应速率同样会随着粉尘比表面积的增大而快速增大，这将导致粉尘的致病力加强、煤尘爆炸危险性增大。

### 2.1.6　矿尘的湿润性

矿尘的湿润性是指矿尘与液体的亲和能力,也称吸湿性。容易被水湿润的矿尘称为亲水性矿尘,不容易被水湿润的矿尘称为疏水性矿尘。亲水或是疏水是通过湿润接触角($\theta$)的大小来区分的,湿润接触角简称为湿润角,如图 2.6 所示[15]。亲水性粉尘(如石英、方解石粉尘)与水的湿润角小于 60°,湿润性差的粉尘(如滑石粉、焦炭粉及经热处理的无烟煤粉等)与水的湿润角为 60°～85°,疏水性粉尘(如炭黑、煤粉等)与水的湿润角大于 90°。

图 2.6　接触角示意图

矿尘的湿润性与粉尘的形状和大小有关,球形粒子的湿润性比不规则形状的粒子要小;粉尘越细,亲水能力越差,因为粉尘的粒径越小比表面积越大、孔隙越发育、表面粗糙度越大,空气会吸附在表面和孔隙中形成气膜阻挡矿尘与水的接触。对于煤尘,粒径的减小会导致颗粒表面憎水基团的增加,降低湿润效果[16]。同时,矿尘的湿润性与温度、气压条件、荷电状态和其成分有关。矿尘的吸湿能力随着温度的上升而下降,随气压的增加而增加。

粉尘的湿润性还可以用液体对试管中粉尘的吸湿速度来表征。通常取吸湿时间为 20min,测出此时的吸湿高度为 $L_{20}$,于是吸湿速度 $u_{20}$ 为[9]

$$u_{20} = \frac{L_{20}}{20} \tag{2.12}$$

以 $u_{20}$ 作为评定粉尘湿润性的指标,可将粉尘分为四类,见表 2.6[9]。

表 2.6　粉尘对水的湿润性

| 项目 | 粉尘类型 | | | |
| --- | --- | --- | --- | --- |
| | A | B | C | D |
| 湿润性 | 绝对憎水 | 憎水 | 中等亲水 | 强亲水 |
| $u_{20}$/(mm/min) | <0.5 | 0.5～2.5 | 2.5～8.0 | >8.0 |

提高矿尘的湿润性对提高防尘措施的有效性有着重要的意义。在除尘技术中,粉尘的湿润性是选用除尘设备的主要依据之一。对于湿润性好的亲水性粉尘(中等亲水、强亲水),可选用湿式除尘器除尘。为了加强液体(水)对粉尘的湿润性,往往要加入某些湿润剂以减小固、液之间的表面张力,增加粉尘的亲水性,提高除尘效率。

### 2.1.7　矿尘的燃烧性和爆炸性

许多固体物质在一般条件下是不易引燃或不能燃烧的,但成为粉尘时,在空气中达到一定浓度,并在外界高温热源的作用下,有可能发生燃烧和爆炸。能发生爆炸的粉尘称为可爆粉尘。爆炸是急剧的氧化燃烧现象,它产生的高温、高压和大量的有毒有害气体,对安全生产有极大的危害,特别是对矿井危害更为严重。有爆炸性的矿尘主要是硫化矿尘和煤尘,尤其是煤尘,爆炸性很强。影响煤尘爆炸的因素很多,如煤中挥发分和水分的含量,灰分、粒度及沼气的存在等[12]。

## 2.2　矿尘的空气动力特性

生产中煤矿的井下通风系统中,很大粒径范围内的矿尘颗粒会受到自身气动特性的影响而产生一系列的运动现象。其中,粒径较小的矿尘颗粒的运移过程与气体非常相似,并且会受到分子间作用力的影响。而粒径较大的矿尘颗粒会受到惯性和自身重力的影响。本小节将对矿尘在空气中的重力沉降和布朗运动等空气动力特性进行介绍。

### 2.2.1　重力沉降

1. 斯托克斯定律和自由沉降速度

矿尘飞扬在层流空气中时,一般受到重力、浮力和阻力三种力的作用,如图 2.7 所示[9,17]。

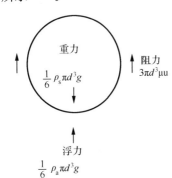

图 2.7　粉尘在空气中的受力分析

设某一矿尘颗粒为球体,直径为 $d$(m),密度为 $\rho_s$(kg/m³),则其所受重力 $G$ 为

$$G = \frac{1}{6}\rho_s\pi d^3 g \tag{2.13}$$

式中,$g$ 为重力加速度,m/s²。

同时,矿尘排开与自己体积相同的空气,因此受到与所排开空气的重力相等的浮力 $F_f$,也就是

$$F_f = \frac{1}{6}\rho_a\pi d^3 g \tag{2.14}$$

式中,$\rho_a$ 为空气的密度,kg/m³。

引起矿尘下降的净作用力是两者的合力:

$$G - F_f = \frac{1}{6}\pi d^3 g(\rho_s - \rho_a) \tag{2.15}$$

如果矿尘在空气中做相对运动,那么由于空气黏性剪切作用,它受到的摩擦阻力可用下式计算:

$$\text{Drag} = C_D A_b \rho_a \frac{u^2}{2} \tag{2.16}$$

式中,Drag 为矿尘沉降运动受到的阻力,N;$C_D$ 为阻力系数(无量纲);$u$ 为矿尘与空气的相对速度,m/s;$A_b$ 为投影域,$A_b = \dfrac{\pi d^2}{4}$,m²。

尘粒在空气中运动时,其流动阻力系数 $C_D$ 与雷诺数 $Re$ 有关,在层流条件下,阻力系数可按下式计算:

$$C_D = \frac{24}{Re} \tag{2.17}$$

因为

$$Re = \frac{\rho_a u d}{\mu_a} \tag{2.18}$$

式中,$\mu_a$ 为空气的动力黏度系数,N·s/m²。

于是有 $C_D = \dfrac{24\mu_a}{\rho_a ud}$，把 $A_b$ 和 $C_D$ 代入方程(2.16)，得

$$\text{Drag} = \frac{24\mu_a}{\rho_a ud} \frac{\pi d^2}{4} \rho_a \frac{u^2}{2} = 3\pi\mu_a du \tag{2.19}$$

随着粉尘加速下沉，它的速度一直增加，直到阻力与由方程(2.16)确定的沉降力 Drag 相等，这时有

$$\frac{1}{6}\pi d^3 g(\rho_s - \rho_a) = 3\pi\mu_a du \tag{2.20}$$

粉尘在空气中因重力作用而下落时，它受到的空气阻力与下落速度成正比。因此，下落速度越大，阻力就越大，直至阻力和重力相等。此时，尘粒沉降速度到达最大值，开始做等速沉降运动。此最大沉降速度即为矿尘自由沉降速度，用 $u_t$ (m/s)表示，则方程整理成

$$u_t = \frac{d^2 g(\rho_s - \rho_a)}{18\mu_a} \tag{2.21}$$

式(2.20)和式(2.21)最早由英国数学家、物理学家斯托克斯(Stokes)推导得出，故称为斯托克斯公式。由斯托克斯公式可知，空气压力和含湿率在一定程度上会影响矿尘的自由沉降速度，其原因在于这些参数会影响空气的密度。例如，当空气密度减小时，会导致自由沉降速度增大。然而，在正常工况下，沉降速度由这些因素产生的变化量不大。

斯托克斯公式是基于层流流动得出的，如果沉降速度充分大，以致形成紊流，那么由粉尘传递到流体的能量就不可以忽略。当空气雷诺数 $Re$ 为 0.1 左右时，仍能适用于斯托克斯定律的为矿尘颗粒的几何当量径上限大约为 $20\mu m$。对于几何当量径在 $20\mu m$ 以上的矿尘，计算其自由沉降速度时阻力系数发生了变化。表 2.7 所示为球形颗粒阻力系数近似值[17]。

**表 2.7 球形颗粒阻力系数近似值**

| 雷诺数 $Re$ | $C_D$ |
| --- | --- |
| $Re < 0.1$ | $\dfrac{24}{Re}$ |
| $0.1 < Re < 2$ | $\dfrac{24}{Re}\left[1 + \dfrac{3}{16}Re + \dfrac{9}{160}Re^2\ln(2Re)\right]$ |
| $2 < Re < 500$ | $\dfrac{24}{Re}(1 + 0.15Re^{0.687})$ |
| $500 < Re < (2\times10^5)$ | 0.44 |

因此，在计算几何当量径在 $20\mu m$ 以上的矿尘的自由沉降速度时，无需将阻力系数 $C_D$ 的表达式代入，即直接通过使式(2.15)和式(2.16)对等计算出其自由沉降速度 $u_t$：

$$u_t = \sqrt{\frac{4}{3}\frac{dg(\rho_s - \rho_a)}{C_D\rho_a}} \tag{2.22}$$

例如，计算直径为 $3\mu m$、密度为 $2100\text{kg/m}^3$ 的尘粒在静止空气中从 6m 高落至地面的时间的过程如下[18]：

自由沉降速度 $u_t = \dfrac{d^2 g(\rho_s - \rho_a)}{18\mu_a} = \dfrac{(3\times10^{-6})^2 \times 9.81 \times (2100 - 1.1)}{18 \times (1.81\times10^{-5})}$

$\qquad = 0.00057\text{m/s}$

则尘粒的沉降时间 $t = \dfrac{L}{u_t} = \dfrac{6}{0.00057} = 10500\text{s}(175\text{min})$

**2. 滑移修正速度**

斯托克斯公式可准确适用于粒径大于 $1\mu m$ 的粉尘而不适用于更小的粉尘,其原因在于更小的粉尘对滑动和分子间作用力较为敏感。为了使斯托克斯定律能够更准确地描述粒径小于 $1\mu m$ 的粉尘,需在计算阻力 Drag 时引入修正系数 $C_c$ 公式为[17]

$$\text{Drag} = \frac{3\pi\mu_a du}{C_c} \tag{2.23}$$

滑移修正系数 $C_c$ 与颗粒粒径 $d$ 之间的关系,见表 2.8[17]。

**表 2.8　空气中矿尘颗粒的滑移修正系数**

| 修正系数 | $d/\mu m$ | | | | | | |
|---|---|---|---|---|---|---|---|
| | 0.01 | 0.05 | 0.1 | 0.5 | 1.0 | 5.0 | 10.0 |
| $C_c$ | 22.7 | 5.06 | 2.91 | 1.337 | 1.168 | 1.034 | 1.017 |

滑移修正系数 $C_c$ 的计算公式为[18]

$$C_c = 1 + \frac{2.52\lambda}{d} \tag{2.24}$$

式中,$d$ 为矿尘颗粒的几何当量径,m;$\lambda$ 为气体分子的平均自由程,空气分子在 20℃ 常压下的平均自由程为 $0.066\mu m$。

经过修正的斯托克斯公式为

$$u_t = \frac{d^2 g(\rho_s - \rho_a)C_c}{18\mu_a} \tag{2.25}$$

式(2.25)适用于几何当量径低至 $0.01\mu m$ 的尘粒。

例如,计算直径为 $0.5\mu m$、密度为 $600 kg/m^3$ 的尘粒在静止空气中从 2m 高落至地面的时间的过程如下[18]:

滑移修正系数 $C_c = 1 + \frac{2.52\lambda}{d} = 1 + \frac{2.52 \times (6.6 \times 10^{-8})}{0.5 \times 10^{-6}} = 1.333$

自由沉降速度 $u_t = \frac{d^2 g(\rho_s - \rho_a)C_c}{18\mu_a} = \frac{(0.5 \times 10^{-6})^2 \times 9.81 \times (600 - 1.1) \times 1.333}{18 \times (1.81 \times 10^{-5})}$

$\qquad\qquad = 6 \times 10^{-6} m/s$

则尘粒的沉降时间 $t = \frac{L}{u_t} = \frac{2}{6 \times 10^{-6} m/s} = 332000s(93.2h)$

依据滑移修正后的斯托克斯公式进行理论计算,静止空气中密度为 $1.31 t/m^3$ 左右的球形煤尘和密度为 $2.5 t/m^3$ 的球形硅尘的沉降速度分别见表 2.9 和表 2.10[9]。

**表 2.9　煤尘在静止空气中的沉降速度**

| 尘粒直径/$\mu m$ | 沉降速度/(mm/s) |
|---|---|
| 100 | 398 |
| 10 | 3.98 |
| 1.0 | 0.0398 |
| 0.1 | 0.000398 |

表 2.10　硅尘在静止空气中的沉降速度

| 尘粒直径/μm | 沉降速度 | |
| --- | --- | --- |
| | cm/s | m/h |
| 1000 | 78.6 | 2829 |
| 50 | 19.7 | 716.4 |
| 10 | 0.786 | 28.29 |
| 5 | 0.197 | 7.16 |
| 1 | 0.00786 | 0.283 |

### 2.2.2　布朗运动

　　粒径非常小的颗粒所受到流体分子对其在各方向上的撞击不再平衡,其结果就是颗粒发生随机和不平稳的位移,被称为布朗运动。这种现象在光学显微镜下可以清楚地观察到。图 2.8 所示为气压为 100kPa、温度为 20℃时,不同粒径和密度的颗粒在静止空气中的自由沉降速度。从图中可以明显看出粒径在 1μm 以下颗粒的自由沉降速度与每秒钟内的布朗位移非常相近,因此受布朗运动的影响很大[17]。对于粒径小于 0.1μm 的颗粒,每秒钟内的布朗位移均大于各不同密度颗粒的自由沉降速度,因此该粒径级范围内的颗粒在空气中的运动基本由布朗运动作用主导。

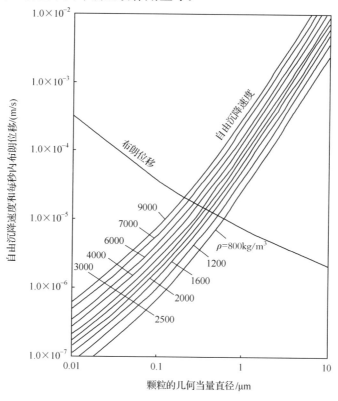

图 2.8　在 20℃时空气中滑移修正后不同密度尘粒的自由沉降速度和布朗位移

布朗位移作用会导致矿尘颗粒从浓度高的区域向浓度低的区域移动,这一过程被称为布朗扩散,如图 2.9 所示[17]。

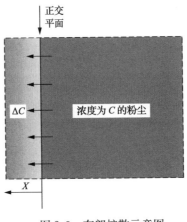

图 2.9　布朗扩散示意图

布朗扩散现象除了可以被用于通过撞击凝聚的方式收集尘粒之外,还被用于帮助了解尘粒在气流中的运移规律,如粒径小于 $0.1\mu m$ 的矿尘微粒在人体呼吸系统中运动过程中,由于受布朗运动的影响,与人体气管内壁和肺内壁发生碰撞并附着于人体呼吸系统的内表面[17],同时,该粒径范围的矿尘微粒可进一步深入人体肺泡并对人体的呼吸系统造成较大的损害。

## 2.3　矿尘的产生及影响因素

矿尘按其存在状态分为浮尘和积尘。浮尘是指悬浮在空气中的矿尘,它与空气共同构成一种分散体系,分散相为固体粒子,分散介质为空气,该分散体系称为气溶胶[19]。浮尘的悬浮时间不仅与尘粒的大小、质量和形状有关,还与空气的速度、湿度有密切关系。浮尘直接威胁矿井的安全生产和井下人员的健康,因此是矿井防尘的主要对象。从空气中沉降下来的矿尘称为积尘,积尘是诱发矿井连续爆炸的最大隐患。浮尘和积尘在不同环境下可以相互转化。

为评价矿井作业环境的劳动卫生状况和防尘技术效果,一般采用矿尘浓度和矿尘沉积量分别作为评价浮尘和积尘的指标。矿尘浓度是指单位体积空气中所含浮尘量,是衡量矿井作业环境的劳动卫生状况和评价防尘技术效果的主要指标。其表示方法有两种:一种为计重表示法,即以单位体积空气中矿尘的质量(mg/m³)表示;另一种是计数表示法,即以单位体积空气中粉尘的颗粒数(粒/m³)表示。矿尘沉积量是指单位时间在巷道表面单位面积上所沉积的矿尘量,单位为 g/(m² · d)。这一指标用来表示巷道中沉积矿尘的强度,是确定岩粉撒布周期的重要依据[2]。

### 2.3.1　矿尘的产生

矿尘的产生通常伴随着矿岩的破碎过程,煤矿井下生产过程中煤岩的破碎作业主要包括采掘作业、支护作业、爆破作业、装载和运输作业等。对于以上产尘作业,一般以产尘强度作为矿尘产生量大小的评价指标。产尘强度又称为绝对产尘强度,是指生产过程中单位时间内的矿尘产生量,单位为 mg/s。与其相对应的是相对产尘强度,是指每采掘 1t 或 1m³ 矿岩所产生的矿尘质量,单位为 mg/t 或 mg/m³[2]。井巷掘进工作面的相对产尘强度也可按每钻进 1m 钻孔或掘进 1m 巷道计算。相对产尘强度使产尘量和生产强度联系起来,便于比较不同生产情况下的产尘量。相关研究表明:对 1t 煤进行粉碎时所产生的粒径小于 7μm 的粉尘约为 5~9kg(为总质量的 0.5%~0.9%),这些粉尘中只有很小一部分会扩散至空气中成为呼吸性粉尘。在煤炭的开采中,开采 1t 煤产生呼吸性粉尘 200~3000mg[9,17]。

### 1. 采掘破碎产尘

采掘工作面采掘机械破碎作业的产尘机理为截割煤岩产尘,即采煤机割煤和掘进机掘进破碎煤岩产生粉尘。截割破煤岩过程都要经过由小碎块到大碎块的过程,其产尘过程可分为三步:①刀头、截齿附近的应力集中点形成破碎区;②宏观裂缝发育并发生切向运动;③切应力导致分裂、破碎进一步发展。

国内外学者对采掘机械截割煤岩过程产尘量的影响因素进行了较为深入的研究后发现:采掘机械截齿形状及排列、截齿穿透煤体的深度、滚筒的转动速度、牵引速度等结构参数和作业参数都直接影响着矿尘的产生量[20]。

目前应用于采掘机械的截齿主要有刀形截齿(图 2.10)和镐形截齿(图 2.11)两种。下面分别介绍这两种截齿的截割产尘过程。

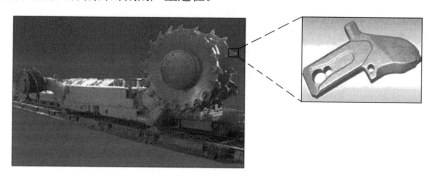

图 2.10　采煤机刀形截齿

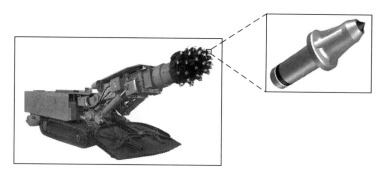

图 2.11　掘进机镐形截齿

如图 2.12(a)所示,刀形截齿与小部分煤岩体接触后,截齿巨大的压力使煤岩体受到的压应力达到抗压强度而被压碎。随着截齿的继续前进,煤岩被压成粉状,从而形成密实核。在截齿前进过程中,粉状区域不断扩大,当对其周围煤体产生的挤压力达到一定值时,在应力集中的地方,特别是沿煤岩体固有的裂隙、层理和节理的方向产生裂纹并向自由面扩展,使大小不等的煤岩块从母体上崩落分离下来,即拉伸断裂。大碎块崩出后解除了密实核的约束状态,密实核本身积聚的能量也突然得到释放,向外高速喷出,即密实核爆裂[21,22]。均匀的脆性煤岩体在拉伸断裂时产生的粉尘很少,但拉伸断裂的爆裂产尘量大,是决定粉尘向空气中的散发量的主要因素。截齿截割深度越大对掘进机转矩的要求越高,截割机械本身可能受到较大的振动和切割头磨损。但是从图 2.12(b)和 2.12(c)可以看出,破碎时产生的煤块度增大,因而破碎单位质量煤产生的粉尘量减少,生产的比能也会随之下降[9,17]。

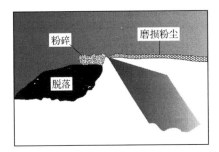

(a) 浅部切割

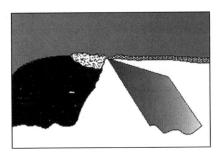

(b) 深部切割

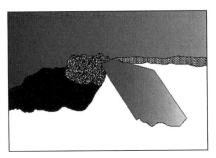

(c) 钝齿切割

图 2.12　刀形截齿破碎产尘

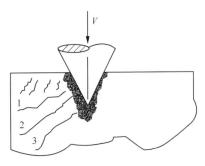

图 2.13　镐形截齿破碎产尘

镐形截齿破煤岩的产尘过程如图 2.13 所示。镐形截齿的齿尖以一定速度楔入煤岩体,在齿尖楔入煤岩体的瞬间,齿尖锥体表面的压力超过煤岩的抗压强度,使其粉碎,被破碎的煤岩体表面为圆锥面。随着镐形截齿继续楔入,截齿周围的煤岩被压成粉状,形成密实核。随着密实核不断扩大,对周围煤岩体的张力也不断增大,截齿一侧煤岩体中的裂隙、层理和节理处出现裂纹并扩展到自由面。煤块就按 1、2、3 的顺序自母体崩落下来,解除了密实核的约束状态,密实核本身积聚的能量也突然得到释放,向外高速喷出,造成粉尘飞扬[22]。

在截割煤岩过程中,截齿与煤岩体的摩擦也是粉尘产生的主要来源。截齿穿透煤岩体时煤岩体产生裂缝,在截齿的挤压下两侧的裂缝不断发展产生裂隙面。截齿进入裂隙面与两侧的裂隙面接触后,与煤岩体发生摩擦并大量产尘;最后当截齿从裂隙内向外运动时,依然与煤岩体发生摩擦作用而产生大量粉尘。截齿离开裂隙面后,将压碎作用和摩擦作用形成的大量粉尘带出,抛向空气中[23]。采掘机械运行一段时间以后,若不及时更换被磨钝的截齿,则在截割时截齿与煤岩的接触由切割变成研磨,这将导致大量细微粉尘的产生,如图 2.12(c)所示。此外,由于切割头的清除角减小,切下的煤碎块不易被移开,因此会和未破坏的煤岩体发生摩擦而产生更多的粉尘。截齿对煤岩的冲击也将产生粉尘,并且冲击力越大所产生的煤岩粉越多,因为冲击力越大,煤岩体受到的振动就越强烈,可使原来的裂隙增加和变大,进而在形成更小的煤岩块的同时产生粉尘[9]。

采煤工作面采煤机割煤作业时,一般对于裂隙较发育的脆性硬煤,镐形截齿比刀形截齿产尘少;对于裂隙不发育的硬煤,刀形齿比镐形齿产尘量少得多。适当减少截齿数量、增大截齿截深,可使采出煤的块煤率增大,因此能够降低浮尘的产生量。就截齿的布置方式而言,切向截齿同径向截齿相比,可使粉尘产生量减少 30%～50%。除了截齿形状外,滚筒的转速对割煤时产尘量的影响也较大,在采煤机牵引速度和截深不变的情况下,降低滚筒转速可使煤尘生成量减少 15%～30%[2]。图 2.14 所示为采煤机不同切割速度和深度与产尘量的关系[9]。

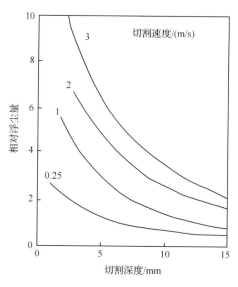

图 2.14　切割速度和深度与产尘量的关系

此外,割煤作业时风流的方向也会对产尘量有影响。割煤作业按采煤工作面风流方向与采煤机推进方向的关系,可分为顺风割煤和逆风割煤。研究结果表明,顺风割煤时的粉尘浓度略高于逆风割煤。对于综采工作面来说,割煤作业的产尘量占综采工作面总产尘量的 60%～80%,综采面干式割煤时粉尘浓度最高可达 3000～8000mg/m³,兖州矿区实测机组割煤时的粉尘浓度,见表 2.11[24]。

**表 2.11　兖州矿区机组割煤粉尘浓度统计值**

| 生产工序 | 测尘点位置 | 平均粉尘浓度/(mg/m³) |
|---|---|---|
| 机组割煤 | 机组回风侧 10m 处 | 1916.3～3346.8 |
| 机组割煤 | 司机处 | 1216.0～2329.0 |

　　机掘工作面的粉尘浓度与掘进机的种类和掘进煤层条件有关。综掘机掘进速度快，煤岩体破碎程度加剧，因而机掘工作面产尘强度大，空气中粉尘浓度高。煤巷和半煤岩巷掘进时的粉尘平均浓度一般为 500～800mg/m³，最高可达数千毫克每立方米。经实测，淮南潘一矿半煤岩巷掘进过程中掘进机司机处的粉尘平均浓度为 758mg/m³；岩巷掘进时的粉尘平均浓度一般为 1000～1500mg/m³，经实测，淮南潘三矿岩巷掘进过程中掘进机司机处的粉尘浓度平均为 1103mg/m³[25]。

　　**2. 钻凿破碎产尘**

　　钻凿破碎产尘指的是使用凿岩机、风镐或煤电钻等机具掏槽打眼的过程中产生粉尘，由于凿岩机、风镐和煤电钻打眼产生粉尘的原理及过程非常相似，这里就以凿岩打眼为例进行说明。凿岩机冲击破岩的工作原理是由高速运动的冲锤等冲击体对钎具施加撞击，然后由钻头刃给岩石以一个集中的冲击载荷，使刃尖垂直岩面侵入岩石，形成破碎坑，再由一个个的破碎坑连接构成孔眼[26]。冲凿破岩产尘的具体过程大致为：①压碎岩面的微小不平；②弹性变形；③在刀具下方形成压实体；④沿着剪切或拉伸应力迹线形成大体积崩裂，或所谓的跃进式破碎，产生粉尘（图 2.15）。

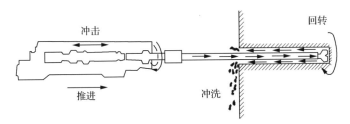

**图 2.15　凿岩机凿岩示意图**

　　凿岩打眼作业主要有干式打眼和湿式打眼两种方式。干式打眼在钻进过程中使用压风冲洗钻孔时产生大量的粉尘，其产尘量占掘进总产尘量的 80%～90%；湿式打眼使用水对碎屑进行湿润，碎屑呈浆状从钻孔中排出，其产尘量占掘进总产尘量的 40%～60%。

　　凿岩打眼作业时粉尘浓度的高低主要与生产强度等因素有关。工作面生产强度越大，则使用的凿岩机台数越多，粉尘的浓度就越高。炮采工作面相对于炮掘工作面钻眼的个数多，消耗的炸药量大，相应的粉尘生成量也高。国外对煤巷钻眼作业粉尘生成量的统计测定表明：在煤层中钻 45mm 直径的孔时，每钻进深度 1m 平均产生煤粉约 1.87kg。此外，对多个煤层的钻孔作业产尘量的统计数据表明：每米长钻孔产生浮游尘量平均为125.8g，产生呼吸性粉尘的平均值达到 32.1g[27]。干法钻眼时的煤尘浓度一般都超过20mg/m³，最高可达 200mg/m³。经实测，岭东矿钻眼时粉尘平均浓度为 68.1mg/m³，双鸭山矿钻眼时粉尘平均浓度为 58.4mg/m³[27]。

### 3. 爆破破碎产尘

爆破煤岩产尘指的是爆破落煤和爆破掘进过程中进行煤岩爆破作业时产生粉尘。由于爆破煤岩时易于通过调整炮眼位置和装药量的方法控制爆破岩石的块皮、限制围岩的破坏范围,因此爆破作业在采煤及掘进特别是硬岩掘进中得到广泛应用[28]。

爆破作业所使用的炸药的爆炸反应是一个高温、高压和高速的过程。炸药爆炸后产生的高温、高压的爆生气体和强大的冲击波,是岩体遭到破坏的外力根源。药包爆炸时,对周围的介质作用一峰值很高的脉冲压力,并在紧靠药包附近的区域激起一股强烈的冲击波[29]。在冲击波的超高压(一般可达几万兆帕)作用下[30~32],介质结构遭到严重破坏并粉碎成微细粒子,从而形成压碎圈或粉碎圈。该作用圈的半径很小,但由于介质遭到强烈粉碎,产生了塑性变形或剪切破坏,消耗能量很大。压碎圈外的岩体产生裂隙,粉碎作用剩余的能量使钻孔附近的岩体内形成辐射状的应力场,在该应力分布区内岩体受到拉应力和剪切应力作用,已经形成的裂隙末端是应力集中点。随着时间推移,新生裂隙会顺着已有的裂隙在岩体内不断发展,应力分布区半径逐渐扩大,能量继续被释放,如图 2.16 所示[33]。压碎作用和裂隙的发展使得以爆破钻孔为中心的岩体受到强烈破坏,在爆破冲击波的作用下大量的煤、岩块被抛出,粉尘被高压气流吹散在空气中。

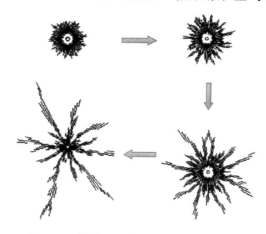

图 2.16　爆破过程中岩体裂隙发展过程图

对于采煤工作面而言,爆破作业的产尘量占整个采煤面的 60%～75%。炮采工作面采用干式爆破作业过程中,工作面粉尘浓度最高时可达 300～500mg/m³。经实测,德国曼斯菲尔德矿爆破开采时粉尘浓度达 483mg/m³[10]。对于掘进工作面而言,相关研究表明,岩巷爆破作业时,每破碎单位体积岩石消耗的炸药量越大,则每次产生的粉尘量也越大;所使用的炸药威力越大,则生成的粉尘浓度也将越高。图 2.17 所示为每放炮一次破碎单位体积岩石与炸药消耗量所生成的粉尘浓度[27]。

现场测定数据同时表明,虽然使用的炸药量随着循环进尺的增加而增加,但破碎每单位体积岩石生成的粉尘浓度却随进尺的增加而下降,循环进尺与粉尘浓度的关系如图 2.18 所示[27]。据实测资料,干式爆破后 1min 内粉尘浓度可高达 400～1500mg/m³;10min 内达 50～100mg/m³;15min 内达 30～50mg/m³。经实测,牛心台矿掘进面爆破

1min 内粉尘平均浓度为 741.2mg/m³,邢台矿掘进爆破 10min 后粉尘平均浓度为 97.2mg/m³[27]。根据计算,干式作业爆破工序产尘量可占掘进总产尘量的 15%～25%。二次爆破会使粉尘浓度剧增,这就要求采用适当的采矿方法尽量减少二次爆破。

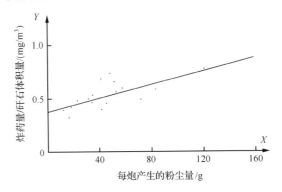

图 2.17　每破碎单位体积岩石所消耗的炸药量与产生粉尘量的关系

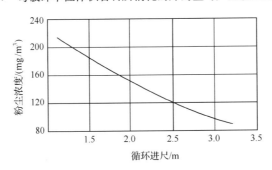

图 2.18　循环进尺与粉尘浓度的关系

### 4. 支护作业产尘

井巷和工作面掘进出空间后,一般都要进行临时支护或永久支护,以防止围岩的破坏。井巷的支护方式主要有金属支架支护、锚杆支护、锚喷支护和混凝土及钢筋支护等;采煤工作面的支护方式主要有液压支架支护和单体支柱支护等。就目前井下实际状况而言,锚喷支护方式在掘进巷道中使用较多,液压支架和单体液压支柱在回采工作面使用较多。

锚喷支护是联合使用锚杆和喷射混凝土或喷浆支护围岩的措施。锚喷支护在加快成巷速度、降低成本、保证质量、安全施工、减轻劳动强度等方面都具有突出的优点,是国内外公认的多快好省的支护方式,但是这种支护方法的产尘问题较突出。

锚喷支护作业的产尘环节主要为打锚杆眼和喷射混凝土。其中,打锚杆眼产尘与采掘过程中冲凿煤岩产尘的原理及过程基本相同。喷射混凝土产尘的过程为:喷射物料时,压缩空气产生高速紊动射流会破坏黏结的混凝土团粒,形成小质量的粉尘颗粒。同时,紊动射流通过强烈的横向掺混和卷吸作用把周围气体带到射流中,与混凝土粉尘颗粒形成物料气体双相流,使得粉尘不断向外部空间扩散;物料在喷射到巷道壁时形成壁面冲击射流,物料与巷道表面或已附着的混凝土发生碰撞,团粒结构破坏、回弹,粉尘也会产生[12]。

支架(柱)支护方式主要指的是液压支架支护和单体支柱支护。其中,液压支架支护是综采工作面及综放工作面的主要支护方式,单体支柱支护是普采工作面和炮采工作面的主要支护方式,安置的支架越多,支架的屈服载荷越大,则产生的粉尘量就越大。在进行液压支架或单体支柱支护作业时,反复的降架、移架和升架过程会形成连续尘源。具体的产尘过程为:①升架过程中,顶板岩层或煤层被挤压破碎;②降架过程中,堆积在支架顶梁上的破碎煤岩落下;③移架过程中,顶梁和掩护梁上的碎矸从架间缝隙中掉下、顶板冒落或碎矸移动导致粉尘的大量产生。支护作业产尘可以通过安装宽网格顶板横梁或减振装置加以改善,用薄片状的柔性材料将临近的顶棚连接起来也可以减少顶板粉尘的产生。

综采工作面移架时粉尘平均浓度一般可达 $100 \sim 600 \text{mg/m}^3$,占综采面总产尘量的 $10\% \sim 15\%$[34]。经实测,鲍店矿综采面移架时移架操作处粉尘平均浓度为 $321.7 \text{mg/m}^3$,南屯矿综采面移架时移架操作处粉尘平均浓度为 $146.0 \text{mg/m}^3$[24]。由移架所产生的呼吸性粉尘占采煤机司机位置的 $31\%$。移架产尘量的大小受多种因素的影响,但最主要的影响因素为直接顶板条件。移架产尘量的多少与顶板强度成反比,与工作面所在采区的上覆顶板岩层厚度、安置支架的数量、支架的屈服载荷成正比。相关测定数据表明,移架过程中每一操作所产生的粉尘量不尽相同。在破碎顶板和稳定顶板条件下,实测浮游粉尘浓度的结果是:当移架、升架与降架时,移架时粉尘浓度分别是升架时和降架时的 2 倍和 8 倍左右[2]。

### 5. 装载运输产尘

煤岩的装载和运输也是煤矿井下主要的产尘工序,煤岩的装载运输过程的主要产尘环节包括装载、传送和转载等。

装载作业的粉尘主要来自采掘过程的岩石堆积物以及装载时粉碎的岩块,装载机在对煤岩体进行装载时与底板的摩擦、铲斗与物料之间的碰撞都是装载过程中的尘源。装岩工序可分为人工装岩和机械装岩两种方式。影响装岩时粉尘生成量的因素除了装岩方式和风量外,还有一些客观条件,例如破碎后岩石的湿度、装料时底板的平整情况、刷帮的工作量以及操作人员的熟练程度等。干燥的煤巷用人工撮煤、铁铲装车,煤尘常达几十毫克甚至几百毫克每立方米。另外,矿车和其他运输机械摩擦振动也可使风流中的粉尘浓度增加 $5 \sim 10 \text{mg/m}^3$[9]。这部分二次飞扬粉尘在干式作业条件下,可占掘进工作面总浮尘量的 $5\% \sim 10\%$[9]。为了控制装载点的产尘量,应确保装载机不受扰动并尽量减少装载机与底板间的摩擦。

传送带运转时,皮带两侧的气流在皮带运动的作用下会随着煤流运动形成牵引风流。但由于气体的黏滞性,皮带上的煤流与牵引风流存在速度梯度,吸附在煤块表面上的粉尘在摩擦力的作用下与煤流产生相对运动从煤流上剥离飞扬,在皮带上方产生一定量的粉尘。当传送带经过滚筒时,传送装置表面的粉尘可能会由于振动而再次进入空气。从传送带上溢出的煤岩块落到传送带底部后,若不及时对其进行清理,就会受到滚筒的碾压而产生粉尘。

井下胶带运输转载点数量很多,是煤矿运输过程中的关键产尘点之一。在各皮带转运点处,由于物料下落而激起的紊乱空气流使得吸附在煤块上的细小煤粉四处飘逸。转载点粉尘来源主要体现在以下几个过程:①物体或块、粒状物料在空气中高速运动时,带动周围空气随其流动,使煤流表面的细小粉尘随其运动,形成煤流的尘化现象;②煤体下落过程中的不连续运动,使得料块之间的孔隙率发生变化,空气逐渐充满孔隙。当煤遇到刚性平面时,由于要恢复原来的堆积状态,疏松的煤流受到下层皮带的挤压作用,物料间隙中的空气被猛烈挤压出来,形成四周向上的剪切气流,当这些气流向外高速运动时,由于气流对粉尘的剪切压缩作用,带动细小粉尘一起逸出[35]。我国部分煤矿运输巷道及转载点测得的运输巷道产尘粉尘浓度值为 $100\sim500\mathrm{mg/m^3}$[36],如岱庄煤矿胶带运输机转载点粉尘浓度达 $180\sim225\mathrm{mg/m^3}$[37,38],中梁山矿北井工作面顺槽刮板输送机转载点粉尘浓度为 $160\sim450\mathrm{mg/m^3}$[27]。

目前,国外煤矿和国内一些较为先进的煤矿越来越多地使用柴油内燃机车进行煤炭运输,柴油不完全燃烧会产生柴油微粒物(DPM),柴油微粒物一般为直径小于 $1\mu\mathrm{m}$ 的圆形颗粒。研究人员使用显微镜对柴油微粒物进行观察和分析时发现,柴油微粒物有时会因为凝聚成簇而呈现葡萄串形。柴油微粒物的基本成分为碳,但柴油微粒物常常会吸附其他化合物,如多环芳香烃(PAHs)等,该物质被认为具有致突变和致癌的嫌疑[8,18]。柴油微粒物因其粒径较小而长期悬浮在空气中并可深入人体肺泡,因此在煤矿井下这种较为封闭的环境中,柴油微粒物对人体造成的危害尤为严重。目前国内外仍尚未颁布煤矿井下柴油机排放的相关法规。

### 2.3.2　产尘量的影响因素

#### 1. 煤岩的物理性质

煤矿井下的粉尘主要来自采掘、运输和装载、锚喷等作业,这一系列作业都伴随着煤岩体的破碎过程,而煤岩的硬度、含水量及脆性等物理性质对煤岩破碎过程中矿尘的产生量有较大的影响。

相关研究人员将从现场获取的不同煤岩样品切成边长均为 5cm 的立方体块并测定出各样品的硬度系数 $f$,然后使用同型号钻机在固定的工作参数下分别破碎多组样品小块,同时对其产尘量进行了测定,测定结果见表 2.12[39]。

**表 2.12　不同硬度系数的煤岩破碎产尘数据**

| 煤岩类型 | 硬度系数 $f$ | 全尘浓度 /(mg/m³) | 呼吸性粉尘浓度 /(mg/m³) | 呼吸性粉尘占全尘比例/% |
| --- | --- | --- | --- | --- |
| 煤 | 1.2～2.2 | 4.45～13.75 | 0.35～2.33 | 6.11～24.52 |
| 半煤岩 | 2.5～3.2 | 9.31～15.48 | 1.00～2.87 | 7.09～30.87 |
| 岩石 | 5.4～6.7 | 17.95～27.94 | 3.97～9.58 | 10.42～46.80 |

从表中数据可以看出,从煤到半煤岩到岩石,硬度系数 $f$ 逐渐增大,破碎时总产尘量越来越大,并且呼吸性粉尘占全尘的比例也越来越大。

对于煤而言,其产尘能力与含水量有很大的关系。相关研究表明,煤的产尘能力随着煤的水分含量的增大而降低,即煤的水分含量越高,煤体内粉尘相互之间的黏结性越大,原生粉尘就越少,煤的产尘能力越低。煤的在其他条件相同的情况下,如果作业环境温度高、湿度低,则煤岩内水分低,煤帮岩壁干燥,由作业产生的矿尘就相对增大,悬浮在空气中的矿尘浓度就越大;反之,环境温度低,空气湿度又较大,则煤岩体相对潮湿,即使作业时产生了大量的矿尘,但因水蒸气和水滴的吸湿作用,矿尘飞扬不起来,悬浮在空气中的矿尘浓度也会相对减少。综合防尘技术中的喷雾洒水等湿式除尘措施就是根据这一点降低产尘量达到防尘的目的。此外,井下生产过程中常采用煤层注水等方法预湿煤体,减少开采过程中的产尘量。

煤是非均质、具有不同孔隙和裂隙的多孔介质,对于变质程度和赋存条件一定的某一煤层而言,其孔隙率和孔表面积是不变的,其吸附水分的能力也是有限的。实验研究表明,每一煤层均存在一个饱和水分含量,一旦煤的水分达到这一指标时,煤样不再吸水,这是由煤的自身性质决定的。一些学者对煤层注水参数做了相关研究,并进行了现场测定,

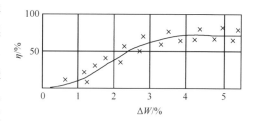

图 2.19　减尘率与煤水分增量的关系

最终得到了减尘率($\eta$)与煤水分增量($\Delta W$)的关系,如图 2.19 所示[9]。

从图 2.19 中可以看出,减尘率随着煤水分的增加而增大。当煤水分增量达到 4% 以后,减尘率不再明显增加,说明煤已经达到了饱和水分含量。为此,可以把煤的饱和水分含量确定为煤的最佳水分含量指标。

由此可以看出,煤岩硬度和含水率对煤岩破碎过程的粉尘产生量有很大影响,而煤岩粉碎后产生的粉尘向空气中的扩散量在很大的程度取决于煤岩的脆性。从某种角度来看,脆性较大的煤岩体碎片本身具有较强的“爆炸性”,这种性质使得脆性较大的煤岩体在破碎过程中会在其表面引发一系列振动,促进了破碎过程中生成的粉尘向空气中扩散;而脆性较小的煤岩体在粉碎时虽然也会产生较多的粉尘,但大部分粉尘都会附着在较大碎片的表面,从而不向空气中扩散,因而在破碎过程中产生的粉尘量相对较少[17]。

### 2. 作业点通风状况

矿尘浓度的大小和作业地点的通风方式、风速及风量密切相关。当井下实行分区通风、风量充足且风速适宜时,矿尘浓度就会降低;反之,如果采用串联通风,含尘污风再次进入下一个作业点或风量不足、风速偏低,矿尘浓度就会逐渐增高。保持产尘点的良好通风状况,关键在于选择既能使矿尘稀释并排出,又能避免落尘重新飞扬的最佳风速。关于最佳风速的选择将在通风除尘一章中进行介绍。此外,风向和风量也对矿尘浓度有影响。在允许的最佳排尘风速中,风量越大,矿尘浓度就越小。为了减少矿尘的飞扬和扩散,在可能的条件下应该尽量使尘流和风流方向保持一致。

### 3. 地质构造及煤层的赋存条件

在地质构造复杂,断层褶曲发育,受地质构造运动破坏强烈的地区,原生粉尘较多,岩石破碎严重,开采时产尘量大,矿尘颗粒细,呼吸性矿尘含量高。此外,若井田内有火成岩侵入,使煤体变脆变酥,坚固性系数增大,则产尘量也将增加。

煤层的倾角、厚度等赋存条件对产尘量有明显影响。在同样的技术条件下,开采急倾斜煤层比开采缓倾斜煤层的产尘量要大,其原因在于急倾斜煤层中开采下来的煤主要是从高处以相当大的速度靠自身重力沿底板滑下,因此在滑落过程中会产生大量的粉尘;开采薄煤层比开采厚煤层矿尘产生量要大,其原因是,在同样的钻眼爆破、装载及运输条件下,薄煤层要比厚煤层工作空间小。

### 4. 开采方法及生产集中和机械化程度

在相同煤层条件下,采煤方法不同其产尘量也不相同。例如,急倾斜煤层采用倒台阶采煤法开采比用水平分层开采的产尘量要大;全部垮落法管理顶板采煤法比充填法管理顶板采煤法产尘量要大得多;其他一些针对具体情况而采取的非正规的采煤方法,例如,高落式采煤方法、斜坡采煤方法,其产尘量更大。就减少产尘量而言,旱采又远不及水采。

生产的集中化使矿井的采掘工作面个数减少、采掘推进速度加快、人和设备集中,其结果是在较小的空间产生较多的矿尘。同时,因采掘集中化要求风量越来越大,使得扬起的矿尘增多,矿尘在井下巷道中浮游时间和距离增大,最终导致空气中矿尘浓度增大。

采掘工作面的产尘量随着采掘机械化程度的提高和开采强度的加大而急剧上升。产尘量除受机械化程度的影响外,还与开采强度(工作面产量)密切相关。一般情况下,无防尘措施时,产生的矿尘量为采煤量的 $1\% \sim 3\%$,有的综采面甚至达到了 $5\%$ 以上[9]。

由于煤矿生产条件比较复杂,井下矿尘的产生量除了受上述因素影响而外,还受到多种偶然因素甚至未知因素的影响。因此必须指出,各个矿井矿尘的产生量是不同的,甚至在同一矿井同一工作面不同地点矿尘产生量也不同。在同样的条件下,同一工序矿尘的产生量大致相同。

### 2.3.3 矿尘浓度标准

为控制煤矿作业环境的粉尘浓度、防止粉尘危害,各国都制定了矿尘浓度标准。由于矿尘中的游离 $SiO_2$ 是引起尘肺的主要病因,是评价粉尘危害性质的主要指标,多数国家、组织的矿尘浓度标准是以游离 $SiO_2$ 含量分档的。表 2.13 为我国和其他主要产煤国的矿尘浓度标准[40,41]。

表 2.13 我国和其他主要产煤国的矿尘浓度标准

| 国家 | 粉尘类型(游离 $SiO_2$ 含量)或地点 | 最高允许浓度/(mg/m³) | |
|---|---|---|---|
| | | 总粉尘 | 呼吸性粉尘 |
| 中国 | $<10\%$ | 10 | 3.5 |
| | $10\% \sim 50\%$ | 2 | 1 |
| | $50\% \sim 80\%$ | 2 | 0.5 |
| | $\geqslant 80$ | 2 | 0.3 |
| 俄罗斯 | $<2\%$ | 10 | — |
| | $2\% \sim 10\%$ | 4 | — |
| | $10\% \sim 70\%$ | 2 | — |

续表

| 国家 | 粉尘类型(游离 SiO₂ 含量)或地点 | 最高允许浓度/(mg/m³) | |
| --- | --- | --- | --- |
| | | 总粉尘 | 呼吸性粉尘 |
| 美国 | <5% | $30/(SiO_2\%\times100+2)$ | 1.5 |
| | >5% | $30/(SiO_2\%\times100+2)$ | $10/(SiO_2\%\times100)$ |
| 澳大利亚 | 石英矿尘 | — | 0.15 |
| | <5% | — | 5 |
| 英国 | 长壁工作面 | — | 7 |
| | 掘进工作面 | — | 3 |
| 德国 | <5% | — | 4 |
| | >5% | — | 0.15 |
| 波兰 | <10% | 4 | 2 |
| | 10%~70% | 2 | 1 |
| | >70% | 1 | 0.3 |
| 日本 | <10% | 2 | 0.5 |
| | >10% | $12/(SiO_2\%\times23+2)$ | $2.9/(SiO_2\%\times23+1)$ |
| 法国 | <5% | — | 5 |
| | >5% | — | $25/(SiO_2\%\times100)$ |
| 印度 | <5% | — | 3 |
| | >5% | — | $15/(SiO_2\%\times100)$ |
| 比利时 | 硅尘 | $30/(SiO_2\%\times100+3)$ | $10/(SiO_2\%\times100+2)$ |
| | <5%的烟煤尘 | $30/(SiO_2\%\times100+3)$ | 2 |
| | >5%的烟煤尘 | $30/(SiO_2\%\times100+3)$ | $10/(SiO_2\%\times100+2)$ |
| 芬兰 | 煤尘 | — | 2 |
| | 石英矿尘 | — | 0.2 |
| | 方石英或鳞石英矿尘 | — | 0.1 |
| 意大利 | <1% | — | 3.33 |
| | >1% | — | $10/(SiO_2\%\times100+3)$ |
| 荷兰 | <5% | — | 2 |
| | 方石英或鳞石英矿尘 | — | 0.075 |
| 瑞典 | 方石英或鳞石英矿尘 | — | 0.05 |
| 南斯拉夫 | 方石英或鳞石英矿尘 | — | 4 |
| | 纯硅尘 | — | 0.07 |

随着对粉尘危害认识的不断深入和科学技术的不断进步,对矿尘浓度标准不断进行修订,其趋势是越来越严格。世界各国的实践已表明,矿尘的治理不仅要靠技术和管理,立法也是提高防尘科技水平的重要手段。美国于 1969 年在联邦煤矿健康安全法案中首次将呼吸性矿尘浓度标准规定为 2.0mg/m³[42],并于 1972 年开始正式实施。在此期间,

煤矿实行当矿尘中游离 $SiO_2$ 的含量不超过 5% 时,呼吸性矿尘浓度标准为 $3.0mg/m^3$,当矿尘中游离 $SiO_2$ 的含量超过 5% 时,矿尘浓度应低于 $2.0mg/m^3$ 的过渡标准[43]。由于矿尘标准被列入联邦法案,煤矿企业开始主动与设备制造商、科研单位等合作,提高防尘技术水平和降低矿尘浓度,并很快在防尘技术上取得了很大进步。到 20 世纪末,除采煤面外,美国煤矿井下矿尘浓度均已达到了标准规定的要求,但该浓度标准仍不能保证煤矿工人的健康和生命安全。据统计,自 1968 年以来,煤工尘肺已导致有超过 75 000 名煤矿工人死亡;自 1970 年以来,美国劳工部因治疗煤矿工人呼吸性疾病已花费 440 亿美元[44]。2010 年 10 月,美国矿山安全和健康管理局(Mine Safety and Health Administration,MSHA)提议将现行的呼吸性矿尘浓度标准从 $2.0mg/m^3$ 降低到 $1.0mg/m^3$[45]。2014 年,美国将粉尘浓度标准由 $2.0mg/m^3$ 降到 $1.5mg/m^3$[46]。尽管该标准会引起煤矿企业的不同意见,但该法案无疑将加速提高美国的矿尘防治技术水平。

# 2.4　本 章 小 结

矿尘主要指在矿山建设和生产过程中所产生的并能够较长时间悬浮在空气中的各种固体微粒。矿尘的基本性质主要包括矿尘的粒径、粒径分布、游离 $SiO_2$ 含量、密度、比表面积、湿润性及燃烧性和爆炸性等。矿尘的运动方式主要为重力沉降和布朗运动。矿尘在空气中的重力沉降规律由斯托克斯定律来描述和计算。布朗运动是指粒径在 $1\mu m$ 以下的矿尘微粒在空气中受到空气分子碰撞而发生不规则运动的现象,粒径小于 $0.1\mu m$ 的微粒在空气中的运动基本由布朗运动起主导作用。

矿尘的产生来源于矿岩的破碎、装载与运输等过程,其中采掘作业的产尘机理为采掘过程中截齿挤压煤岩体所形成密实核的积聚能量释放,产尘量主要由煤岩的物理性质、作业点通风状况、地质构造及煤层的赋存条件、开采方法及生产集中和机械化程度等因素决定。各国为控制粉尘危害均制定了矿尘浓度标准,其趋势是越来越严格。矿尘的治理不仅要靠技术和管理,立法也是提高防尘科技水平的重要手段。

## 参 考 文 献

[1] 向晓东. 气溶胶科学技术基础. 北京:中国环境出版社,2012

[2] 赵益芳. 矿井防尘理论及技术. 北京:煤炭工业出版社,1995

[3] Engelbrecht J P, et al. Controls on mineral dust emissions at four arid locations in the western USA. Aeolian Research,2012,6:52

[4] Berry R D. The effect of flow pulsations on the performance of cyclone personal respirabledust samplers. Journal of Aerosol Science,1991,22(7):887-899

[5] Chung K Y K, Ogden T L, Vaughan N P. Wind effects on personal dust samplers. Journal of Aerosol Science,1987,18(2):159-174

[6] Mercer T. Aerosol Technology in Hazard Evaluation. Elsevier,1973,6(5):191-242

[7] Zheng Y P. A statistical analysis of coal mine accidents caused by coal dust explosions in China. Journal of Loss Prevention in the Process Industries,2009,22(14):528-532

[8] du Plessis J J L. Ventilation and Occupational Environment Engineering in Mines. Mine Ventilation Society of South Africa,2014

[9] 王德明. 矿井通风与安全. 徐州：中国矿业大学出版，2012

[10] 金龙哲. 矿井粉尘防治. 北京：科学出版社，1993

[11] 赵书田. 煤矿粉尘防治技术. 北京：煤炭工业出版社，1987

[12] 金龙哲. 矿井粉尘防治理论. 北京：科学出版社，2010

[13] Howes M J, Wille S. Respireable quartz measurements and allowable limits. Tenth International Mine Ventilation Congress. South Africa：2014，xxxi

[14] Health and Safety Executive of UK. Coal worker's pneumoconiosis and silicosis. http：//www. hse. gov. uk/statistics/causdis/pneumoconiosis/index. htm. [2013-01-16]

[15] Li Qingzhao, Lin Baiquan, Zhao Shuai, et al. Surface physical properties and its effects on the wetting behaviors of respirablecoal mine dust. Powder Technology，2013，233：137-145

[16] 王世荣，李祥高，刘东志. 表面活性剂化学. 第二版. 北京：化学工业出版社，2010

[17] McPherson M J. Subsurface Ventilation and Environmental Engineering. Netherlands：Springer，1993

[18] Hartman H L, Mutmansky J M, Ramani R V, et al. Mine Ventilation and Air Conditioning Third Edition. Canada：A Wiley-Interscience Publication，1997

[19] 国家煤矿安全监察局事故调查司组织. 煤矿粉尘监测必读. 北京：煤炭工业出版社，2007

[20] Wahab Khair A, Reddy N P, Quinn M K. Mechanisms of coal fragmentation by a continuous miner. Mining Science and Technology，1989，8(2)：189-214

[21] 李晓豁. 采煤机截割产尘的研究. //第六届全国采矿学术会议文集. 威海，1999：226-229

[22] 姜健. 掘进工作面截割粉尘及其影响因素的研究. 阜新：辽宁工程技术大学，2001

[23] 李晓豁. 截割粉尘成因与控制方法研究. 徐州：煤炭工业出版社，2003

[24] 兖州煤业股份有限公司. 兖州矿区矿井通风安全技术. 徐州：煤炭工业出版社，2001

[25] 曹学军，陆新晓，曹凯，等. 综掘机泡沫降尘技术研究及其应用. 煤炭工程，2012，11：51，52

[26] 高澜庆. 液压凿岩机理论、设计与应用. 北京：机械工业出版社，1998

[27] 李新东，许波云，田水承. 矿山粉尘防治技术. 西安：陕西科学技术出版社，1995

[28] 肖汉甫. 实用爆破技术. 武汉：中国地质大学出版社，2009：112

[29] Cho S H, Kaneko K. Influence of the applied pressure waveform on the dynamic fracture processes in rock. International Journal of Rock Mechanics & Mining Sciences，2004，41：771-784

[30] Onederra I A, Furtney J K, Sellers E, et al. Modelling blast induced damage from a fully coupled explosive charge. International Journal of Rock Mechanics and Mining Sciences，2013，58：77

[31] Yilmaz O, Unlu T. Three dimensional numerical rock damage analysis under blasting load. Tunnelling and Underground Space Technology，2013，38：266-278

[32] Dehghan Banadaki M M, Mohanty B. Numerical simulation of stress wave induced fractures in rock. International Journal of Impact Engineering，2012，40-41：16-25

[33] Wang Z W, Ren T. Investigation of airflow and respirable dust flow behaviour above an underground bin. Powder Technology，2013，250：103-114

[34] 张设计，刘勇，周润金，等. 掘进工作面粉尘分布规律及控降尘工艺技术试验. 矿业安全与环保，2010，37(2)：30-33

[35] Ren T, Wang Z W, Graeme Cooper, et al. CFD modelling of Ventilation and dust flow behaviour above an underground bin and the design of an innovative dust mitigation system. Tunnelling and Underground Space Technology，2014，41：241-254

[36] 葛少成，邵良杉，齐庆杰. 选煤厂转运点除尘方案模拟优化设计. 辽宁工程技术大学学报，2007，26(6)：805

[37] 崔功刚，史俊伟，谭晓松，等. 胶带转载点煤尘自动监测与喷雾降尘系统. 煤矿安全，2011，42(11)：48-50

[38] 刘纪坤，王翠霞，高忠国，等. 胶带机转载点煤尘自动监测与喷雾降尘系统设计. 煤炭工程，2011(2)：10-12

[39] 黄声树，王晋育，冉文清. 煤的湿润效果与产尘能力的关系研究. 煤炭工程师，1996，(2)：2-5，15

[40] 李德文，马骏，刘何清. 煤矿粉尘及职业病防治技术. 徐州：中国矿业大学出版社，2007：37，38

[41] Tien J C. Practical Mine Ventilation Engineering. USA：Intertec Publishing,1999

[42] 宋马俊. 呼吸性粉尘危害及监测技术. 北京：地震出版社,1994：74-76

[43] U S Government Printing Office，Office of the Federal Register. "Mandatory Health Standards-Underground Coal Mines. Respirable Dust Standard when Quartz is Present," Code of Federal Regulations. http：//www. law. co-mell. edu/cfr/text/30/chapeer-Ⅰ/subchapter-O[2014-10-09]

[44] U S Government Printing Office，Office of the Federal Register. "Mandatory Health Standards-Surface Coal Mines. Respirable Dust Standard when Quartz is Present," Code of Federal Regulations. http：//www. law. co-mell. edu/cfr/text/30/chapeer-Ⅰ/subchapter-O[2014-10-09]

[45] U S Government Accountability Office. Congressional Committees，Subject：MINE SAFETY：Reports and Key Studies Support the Scientific Conclusions Underlying the Proposed Exposure Limit for Respirable Coal Mine Dust. http：//www. gao. gov/products/Gao-12-832R[2014-10-09]

[46] Mine Safety and Health Administration. Lowering Miners'Exposure to Respirable Coal Mine Dust. Including Continuous Rersonal Dust Monitors. http：//www. msha. gov/REGS/FEDREG/PROPOSED/2011PROP/2011-5127. asp[2014-10-09]

# 第3章 尘 肺 病

尘肺是指在生产活动中吸入粉尘而发生的以肺组织纤维化为主的疾病[1],是矿井生产过程中发病患者数最多、危害最为严重的一种职业病[2~4]。我国是世界上接触粉尘和患尘肺患者数最多的国家,与其他行业比较,煤炭行业的尘肺病问题最为严重。我国煤矿每年因尘肺病死亡人数已超过各类事故死亡人数的总和,患尘肺患者数占全国尘肺病患者总人数的 50%左右,尘肺病防治形势日趋严峻[5~9]。本章主要对尘肺的发病机制、影响因素和防治等内容进行阐述。

## 3.1 尘肺病的定义

人类采矿的历史最早可追溯到史前的古希腊和古罗马时期,人们为了获取盐、火石等生活必需品而进行采矿。从那时起,人类已经意识到吸入有毒粉尘会导致疾病,但被误认为是哮喘等呼吸系统疾病[10]。1556 年,德国矿物学家格奥尔格·阿格里科拉(Georgius Agricola)在关于矿业类的第一部学术著作中首次对矿尘的危害进行了描述。1866 年,德国学者曾克尔(Zenker)首先提出了 pneumonokoniosis 一词,用以概括因吸入粉尘所致的肺部疾病,从而使尘肺作为一种独立疾病列入了肺疾病的分类之中,1874 年,普鲁斯特(Proust)将它改为 pneumoconiosis,即尘肺病[11]。1896 年,德国物理学家威廉·康拉德·伦琴(Wilhelm Conrad Röntgen)发明了 X 光机,为识别尘肺病提供了手段,使得人们对肺部疾病的认识取得重要进展。尽管如此,当时的一些工业发达国家仍未重视粉尘导致尘肺病的问题。如美国,直到 20 世纪 30 年代西弗吉尼亚州放水桥地区因掘进一条砂岩巷道导致数百名工人死于矽肺病的惨重事件发生后,美国政府才开始颁布法律保护在含尘场所工作的人员[12]。70 年代,有越来越多的证据表明石棉可以导致肺癌。美国政府颁布了关于石棉粉尘工作场所的浓度标准[13,14]。80 年代,美国研究人员在生物实验中发现空气中的柴油机细颗粒物(diesel particulate matter,DPM)可致癌,为此美国国家职业安全与健康研究院(National Institute for Ocupational Safety and Health,NIOSH)出台了严格控制 DPM 的标准。1987 年,国际癌症研究协会公布了"硅尘可导致患癌风险"的报告[15],尽管后来的研究对这一观点有质疑[16],但硅尘对人体的危害是确定无疑的,降低工作场所的硅尘浓度是十分必要的。

1930 年,在南非约翰内斯堡召开的第一届国际尘肺会议上,国际劳工局(International Labor Office)总结各国的研究资料,将尘肺定义为吸入 $SiO_2$ 所致的肺部疾病状态,并且在发病中必须是游离状态的 $SiO_2$ 到达肺部。1938 年,在日内瓦举行的第二届国际尘肺会议上,大多学者认为只有游离 $SiO_2$ 的粉尘才能引起尘肺,并得出矽肺是尘肺的唯一形式这一结论。因此,这两届会议均定名为矽肺会议。20 世纪 40 年代以后,越来越多的实验研究和临床资料证明,不含游离 $SiO_2$ 的粉尘也可以引起肺部的纤维组织增生。因此在

1950年澳大利亚悉尼召开第三届国际尘肺会议上,尘肺的定义被修改为"尘肺是吸入粉尘所引起的并能诊断的肺部疾患,除硅尘能引起尘肺外,其他粉尘,如铍、滑石、石墨等亦能引起尘肺",这是世界上对尘肺获得共识的一个较完整的定义。1971年,在罗马尼亚布加勒斯特举行的第四届国际尘肺会议上,把尘肺定义为"肺内有粉尘阻留,并有肺组织反应"。针对尘肺病理学的特点,以是否产生胶原性病变而将尘肺分为胶原纤维化为主的尘肺(吸入石英、石棉所致)和非胶原纤维化为主的尘肺(吸入锡、锑、铁、钡等粉尘所致)两大类,该定义和分类现在仍为多数国家(包括我国)所采用[17,18]。

我国关于尘肺病的记载可追溯到我国最早的一部医书《黄帝内经》,里面涉及矿石对人体的致病作用。北宋孔平仲的《谈宛》里也有粉尘致病的记载,"贾谷山,采石人,石末伤肺,肺焦多死",初步指出了尘肺的病原及其对机体的危害[19]。

## 3.2　粉尘与呼吸系统的作用关系

呼吸系统是执行机体和外界气体交换的器官的总称,由负责气体通行的呼吸道和负责气体交换的肺部组成。其中呼吸道由鼻、咽、喉、气管、支气管和肺内的各级支气管分支所组成。从鼻到喉这一段称上呼吸道;从气管、支气管到肺内的各级支气管的分支这一段为下呼吸道,如图3.1所示。呼吸系统的机能主要是与外界的进行气体交换,呼出二氧化碳,吸进氧气,进行新陈代谢。

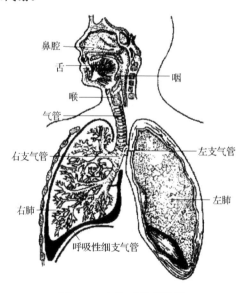

图3.1　人体呼吸系统图

呼吸系统在人体的各种系统中与外环境接触最频繁,接触面积大。成年人在静息状态下,每分钟有约8.3L气体进出于呼吸道;在为适应体力活动需要而加强呼吸时,每分钟通气量可达70L。进入呼吸系统的气体在3亿～7.5亿的肺泡内(总面积约100m²)与肺循环的毛细血管进行气体交换,从外界环境吸取氧,并将二氧化碳排出体外。在呼吸过程中,外界环境中的有害物质(如有害气体、粉尘等)皆可吸入呼吸道肺部引起各种病害。

### 3.2.1 粉尘在呼吸系统的沉积

吸入到呼吸系统的粉尘在呼吸道不同部位的沉积取决于颗粒的大小、形状、质量、空气动力学特性和其他物理性质,其沉积方式有重力沉降、惯性碰撞、扩散作用、拦截作用和静电沉降 5 种,如图 3.2 所示,一般情况下主要为重力沉降、惯性碰撞和扩散作用[20]。

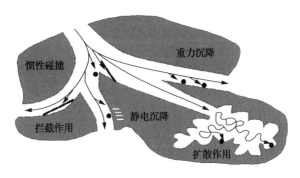

图 3.2 粉尘在呼吸系统内的沉积方式

#### 1. 重力沉降

较大的粉尘颗粒在呼吸道内主要因重力而沉降,因为其自由沉降速度远大于自身的布朗运动速度。在人体呼吸系统模型中,可根据由于重力作用沉降在气管支气管内的颗粒所占总颗粒的百分比,得出相应的数学表达式[21]。例如在倾角为 65° 的支气管内,当气流速度为 $2\times10^{-4}\,\mathrm{m^3/s}$ 时,直径为 $20\mu\mathrm{m}$ 的颗粒的沉积率为 9%(环境温度为 30℃)。

#### 2. 惯性碰撞

吸入的空气在呼吸道内遇到弯曲和分叉会改变原有方向继续前进,但尘粒由于惯性仍按原轨道向前冲击,容易碰撞和黏结到气道的表面而沉积。已有公式表明,当气流以 $7.5\times10^{-3}\,\mathrm{m^3/s}$ 的速度进入直径为 1.54mm,偏离原轨迹 30° 的支气管时,直径为 $4\mu\mathrm{m}$ 的颗粒沉积率为 46%。

#### 3. 扩散作用

直径小于 $0.5\mu\mathrm{m}$ 的微小颗粒因气体分子的不断撞击而做布朗运动,从而导致了颗粒扩散至支气管壁或肺泡壁而沉降。已有公式表明,在韦伯尔(Weibel)人体肺部模型的第 20 个分支支气管内,将有 4.5% 的直径为 $0.05\mu\mathrm{m}$ 的粉尘颗粒因扩散作用为沉降(气流量约为 $0.5\mathrm{mm^3/s}$)[22]。

#### 4. 拦截作用

颗粒尺寸是决定其是否以拦截方式沉积的主要因素。如果颗粒与气道壁的距离小于颗粒半径(或长度),它将与壁面接触并黏结。由于最小的支气管直径约为 $400\mu\mathrm{m}$,因此其拦截 $0\sim10\mu\mathrm{m}$ 的颗粒是可以忽略不计的。

### 5. 静电沉降

电活性高的尘粒,即使没有外界电场作用于胸部,其在呼吸道的附着作用也会加强。带电荷的尘粒在气道表面上诱导的镜像电荷会引起附着作用。

尽管所有的沉降模型都容易受到很多因素的影响而产生错误,比如颗粒的不均匀分布、新鲜空气与残余空气混合不均匀和脉动流等,但颗粒的沉积测量值和公式预测值有很好的吻合性。图3.3所示为在给定空气动力学直径下不同部位沉积颗粒的多样性[23]。

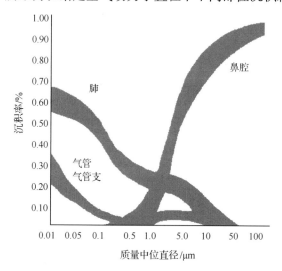

图 3.3　粉尘在不同部位的沉积率(呼吸量为 1~2L/min)

在正常的呼吸环境下,鼻或口的呼吸构造决定了粒径大于 $50\mu m$ 的颗粒一般不会被吸入体内。粒径为 $10\mu m$ 左右的颗粒会被吸入鼻内并因重力沉降和惯性碰撞作用沉积在鼻咽部。粒径在 $5\sim10\mu m$ 的颗粒主要沉积在上呼吸道。只有粒径小于 $5\mu m$ 的颗粒才会进入并沉积在肺泡区。以粒径为 $3\mu m$ 的颗粒为例,约有 $50\%$ 沉积在鼻咽部,$10\%$ 沉积在气管和支气管,剩余 $40\%$ 的颗粒将到达肺泡区,但其中有 $20\%$ 的颗粒将会保持浮游状态而被呼出。粒径为 $0.5\mu m$ 的颗粒在鼻咽部和气管沉积率是非常低的,几乎所有的颗粒都进入肺泡区。对肺内的颗粒残余物研究表明,只有很小的颗粒才会进入肺内。其中粒径小于 $0.5\mu m$ 的颗粒接近占总沉积颗粒的 $50\%$,其余颗粒尺寸大多为 $0.5\sim5\mu m$,粒径大于 $5\mu m$ 的颗粒占总数的比例小于 $0.2\%$,$10\mu m$ 以上的颗粒占总数的比例小于 $0.002\%$[23]。

根据不同尺寸颗粒在肺内的不同沉积效率,在1959年召开的尘肺国际会议上通过了英国医学研究会(British Medical Research Council)提出的呼吸性粉尘采样器的粉尘分离曲线,即BMRC曲线(简称B曲线),如图3.4中曲线1所示。该曲线以粉尘在肺部沉积的主要机理为分离基础,规定的呼吸性粉尘是指空气动力学直径均在 $7\mu m$ 以下,$5\mu m$ 粉尘的沉积效率为 $50\%$ 的粉尘。1961年美国原子能委员会(Atomic Energy Commission)提出了AEC曲线,如图3.4中曲线2所示,将呼吸性粉尘定义为能进入肺泡区的尘粒,最大空气动力学直径定为 $10\mu m$,$3.5\mu m$ 粉尘沉积效率为 $50\%$[24]。1968年美国政府工业卫生学家协会（American Conference of Governmental Industrial Hygienists）对 AEC 曲线稍加修改，即将小于或等于 $2\mu m$ 的粒子的沉积率定为 $75\%$[25]，并提出了 ACGIH 曲线（简称 A 曲线），如图 3.4 中曲线 3 所示，该曲线更加符合上呼吸道系统的沉积机理。曲线 4 反映了不同粒径粉尘在肺泡内的真实沉积率。

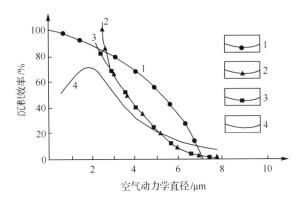

图 3.4　呼吸性粉尘沉积曲线

1. 英国医学委员会（BMRC）曲线；2. 美国原子能委员会（AEC）曲线；

3. 美国政府工业卫生学家协会（ACGIH）曲线；4. 肺泡沉积曲线

　　呼吸性粉尘采样器采集的粉尘即为在肺部沉积的粉尘，不同粒径粉尘的采样百分比符合呼吸性粉尘采样曲线。从两条曲线表示沉积特性来分析，BMRC 曲线比 ACGIH 曲线表示累积的呼吸性粉尘量要大，即呼吸性粉尘占总粉尘的比例大，因此，BMRC 曲线比 ACGIH 曲线更严格[26]。在我国粉尘危害尚很严重的情况下，选取严格些的曲线设计呼吸性粉尘采样器更为适宜，因此，我国选取 BMRC 曲线，符合当前国情。

### 3.2.2　呼吸系统对粉尘的清除作用

　　呼吸系统对粉尘的清除作用大致可分为机械排除作用和肺泡巨噬细胞的吞噬作用两类，下面结合呼吸系统的不同部位进行详细说明。

　　1. 鼻咽

　　鼻咽的外表面由长有毛发的皮肤和黏膜组成，其中黏膜包括表面纤毛和黏液分泌细胞。进入呼吸系统的较大颗粒会被毛发和黏膜阻留，并随着吞咽被纤毛移动到喉部或在呼气时被排出。

　　2. 气管和支气管

　　气管是由大量环状软骨组成的长约 120mm 的空气通道，在肺内分支为左右肺内支气管，直径约 12mm，长约 48mm。支气管在肺内又分支为更小的细支气管。据统计，用于空气通过的细小气管分支的数量达到 8200 万[27]。各级支气管直至终末细支气管都有纤维细胞与分泌细胞。附着在有纤毛的正常气道内的不溶性惰性尘粒，可在一天内被流动着的黏液裹住运送到咽喉部，然后被咳出形成痰或被咽下。一般情况下，可溶性尘粒可经由支气管内的血液循环而被清除,因此其清除速度比不溶性尘粒要快得多。

### 3. 肺泡

肺泡是人体与外界不断进行气体交换的主要部位,主要由间质胶原纤维和网状纤维构成,用来维持呼吸时肺泡壁的扩张和收缩。肺泡的数目很多,有 3 亿~4 亿个,外面缠绕着丰富的毛细血管和弹性纤维。根据 1975 年的 *Encyclopaedia Britannica*(不列颠百科全书),人体内进行气体交换的有效面积约为 $75m^2$。在肺泡壁表面可发现不同类型的细胞,其中最为重要的肺泡巨噬细胞,它们主要位于肺内间质组织和肺泡空间内,呈游离状态,直径一般为 $10\sim50\mu m$。当外来物质(粉尘、细菌等)侵入时,巨噬细胞可以吞噬外来颗粒,净化呼吸系统。已摄取外来物质的巨噬细胞通常会向上移送至细支气管,最终以形成痰或被咽下。通常情况下肺泡巨噬细胞的寿命为一个月或更长,但如果细胞吞噬的颗粒为有毒物质,比如在吞噬了游离 $SiO_2$ 的情况下,巨噬细胞将在数小时或几天内被杀死。因此,这类粉尘不能及时从肺组织中清除最终导致肺部的疾病,惰性粉尘(煤、金属、玻璃等)都不会改变肺泡巨噬细胞的寿命。

## 3.3 尘肺病理学

尘肺是由于沉积在肺部的粉尘颗粒导致肺组织形成纤维化而引发的一种肺部疾病,是矿工肺部功能紊乱最常见的发病形式。

### 3.3.1 尘肺分类

根据导致尘肺的粉尘类型的不同,我国现行职业病名单中将尘肺分为有 13 种类型,分别为矽肺、煤工尘肺、石墨尘肺、炭黑尘肺、石棉肺、滑石尘肺、水泥尘肺、云母尘肺、陶工尘肺、铝尘肺、电焊工尘肺、铸工尘肺和根据《尘肺病诊断标准》和《尘肺病理诊断标准》可以诊断的其他尘肺[28]。根据"职业病危害因素分类目录",分别对应粉尘的 13 种类型:矽尘、煤尘、石墨尘、炭黑尘、石棉尘、滑石尘、水泥尘、云母尘、陶瓷尘、铝尘、电焊烟尘、铸造粉尘和其他粉尘[29]。其中,矽肺和煤工尘肺是煤矿最常见的两种尘肺类型。

矽肺是由于长期吸入含有游离 $SiO_2$ 含量较高的粉尘而引起的以肺部弥漫性纤维化为特征的一种尘肺,这些纤维病变通常由损伤中间部分的胶原纤维和周围的网状纤维组成,是我国目前尘肺病中最常见而且危害最严重、最主要的职业病。矽肺更严重的形式为速发型矽肺,通常是由于短时间内暴露在粉尘浓度极高的环境中导致的肺部蛋白质沉积。

煤工尘肺是指煤矿工人在生产过程中长期吸入煤矿粉尘所致尘肺的总称。由于煤矿工人工种不同,接触矿尘的种类不同,矿尘中 $SiO_2$ 含量不同,因此,所引起的尘肺类型也不同。我国通常将矿工尘肺分为三类,即矽肺、煤矽肺和煤肺。其中矽肺是指岩石掘进工吸入矽尘所引起的尘肺,占 10% 以下;煤肺是指采煤和采煤工人吸入纯煤粉尘所致的尘肺,占 10%;煤矽尘是指吸入煤尘和矽尘等混合性粉尘所引起的尘肺,主要发生在既掘进又采煤的混合工种中,占 80% 以上[30]。煤尘颗粒在肺内导致的损伤主要以网状纤维为主,而非胶原纤维,在肺表面产生的瘢痕也更少[31],这也是煤肺致命性不如矽肺的原因。

### 3.3.2　尘肺的发病机制

1866 年德国学者曾克尔(Zenker)提出矽肺发病的棱角刺激学说,认为任何粉尘进入肺脏时,作为一个强烈的异物刺激,不断刺激肺组织。由于粉尘的刺激长期存在,肺组织和局部淋巴组织发生炎症性变化,损害与修复过程反复交替进行,组织增生明显,形成异物肉芽组织,并分泌过量的肺表面活性物质。肺表面活性物质可以刺激骨髓干细胞,经血运送到肺间质,在间质成熟为肺泡巨噬细胞,并表现出活跃的吞噬粉尘的能力。上述病理变化过程,在"无害"粉尘作用下,可以通过吸收、消除、再生机能而好转。而在"有害"粉尘(含游离 $SiO_2$)作用下,即使不再接触粉尘,在上述病理变化的基础上,疾病仍然进一步继续发展,引起肺组织纤维增生,此时,机械刺激学说已不能解释此现象。在 20 世纪初,德国的加德纳(Gardner)和麦克林(Macklin)等用比石英还坚硬的金刚砂、碳化硅等粉尘做动物实验,吸入体内的质硬尘粒大多停留在终末细支气管和肺泡表面,受肺表面性质的影响,根本不能构成对机体组织的机械损伤,而硬度较低的矽尘在肺中引起典型的矽肺结节病变,进一步表明粉尘的坚硬棱角刺激肺组织而导致尘肺病的学说缺乏依据。

已有研究表明,在巨噬细胞吞噬粉尘颗粒之后,细胞质中的单层膜的吞噬体迅速将其吞噬,不能引起肺损害的粉尘,变为残余体排出细胞之外,吞噬细胞活性不变,仍然保持原来的活动能力。有害粉尘则会使细胞死亡。吞噬细胞死亡崩解之后,一方面释放致纤维化等因子,刺激周围的成纤维细胞合成胶原纤维;另一方面释放抗原物质,为下一阶段免疫反应创造了条件,粉尘颗粒游离出来,被另外的吞噬细胞再吞噬。如此循环往复,破坏一批又一批吞噬细胞,这就是尘肺病变继续发展的原因。

粉尘导致细胞死亡后的崩解产物可作为抗原物质参加免疫反应,由于粉尘长期存在于肺组织,不断地破坏一批又一批的吞噬细胞,使其变性坏死崩解,为持续供应抗原物质创造了条件。抗原—抗体免疫反应不断进行的结果,使大量的免疫球蛋白继续沉积在初期矽结节的纤维体之间,由少积多逐步形成透明玻璃样变组织,即由初期细胞成分所构成的矽结节变成晚期的无细胞成分的玻璃样组织所构成的典型矽结节[32]。

近年来肺纤维化发病机理取得了许多重要进展,特别是肺内多种类型细胞及细胞因子在这一过程中所起的作用引人注目,并提出了肺细胞和细胞因子网络的概念,细胞网络和因子网络相互作用,相互影响,导致肺纤维化的形成[33]。综上所述,尘肺的发病是一个综合过程,各种因素互相影响、互相联系,共同地促使尘肺的发生与发展。

### 3.3.3　尘肺的病理和临床表现

尘肺的病理类型主要有结节型矽肺、弥漫性纤维化型尘肺和尘斑型尘肺三种。结节性尘肺以矽肺为典型代表,病变以尘性胶原纤维结节为主,并伴有其他尘性改变;弥漫性纤维化型尘肺以石棉肺和其他硅酸盐肺以及含矽量较低的混合性尘肺为代表,病变以尘性弥漫性胶原纤维增生为主,并伴有其他尘性改变;尘斑型尘肺以单纯性煤肺和其他碳系尘肺以及部分金属尘肺为主,病变以尘斑伴灶周肺气肿为主,并伴有其他尘性改变[34]。根据肺部 X 射线胸片表现,在尘肺诊断时可将尘肺分为三期,即一期尘肺(Ⅰ)、二期尘肺(Ⅱ)和三期尘肺(Ⅲ)[35],主要区分点为阴影的密度和分布范围不同,密度越大,分布范围越广,尘肺越严重。

由于呼吸器官具有巨大生理功能的储备能力,平时只需 1/20 肺呼吸功能便能维持正常生活,故肺的病理变化,临床上往往不能如实反映;呼吸系统疾病的咳嗽、咳痰、咯血、胸痛、气急等症状缺乏特异性,常被患者及临床医师误为感冒、气管炎等,但随着病程进展,尤其出现并发症后,症状、体征才逐渐明显。最常见的症状是咳嗽、咳痰、胸痛、气短、心悸等,并逐渐加重和增多。此外还有喘息、咯血以及某些全身症状。其中呼吸困难和胸痛是尘肺病的原发症状,而咳嗽、咳痰、咯血等主要取决于有无并发症及何种并发症。

### 3.3.4　尘肺发病的影响因素

尘肺发病的影响因素主要包括矿尘的理化特性、粒度、吸入粉尘量以及个人的机体条件三个方面,下面将分别对以上因素进行阐释。

#### 1. 矿尘的理化特性

影响尘肺发病的矿尘物理特性主要包括颗粒的硬度、形状、溶解度和吸附性等。其中硬度的大小只决定了粉尘对肺泡壁及支气管的局部机械刺激作用的强弱,而不是一个重要的尘肺发病因素,与肺纤维病变的大小不成正比。粉尘颗粒的形状对尘肺发病有一定影响,一般来说,形状不规则的粉尘粒子,表面积和下降时受到的空气阻力都比较大,接触以及沉积在呼吸道的机会较多,进入肺泡的就少,肺部不易发生病变。粉尘的溶解度对尘肺发病的影响与粉尘自身性质有关,引起中毒的粉尘或引起变态反应的粉尘(如铍),其溶解度越大,对人体的危害性就越大;而引起尘肺的粉尘(如石英、石棉等),其致病力与溶解度的关系很小,溶解度大,对机体的刺激性会减少,但只要高浓度长时间的吸入粉尘就会引起病变。就吸附性而言,其吸附的有害气体或病菌会加剧对人体的致病性。

从粉尘引起疾病的危害程度来看,粉尘的化学性质比物理性质的影响更重要。粉尘的化学性质不同,其对人体的危害性大不相同。如铍、锰、砷等粉尘最易引起中毒;游离 $SiO_2$ 最易引起肺部纤维病变,且游离 $SiO_2$ 含量越高,危害越大,病变发展的速度也越快。以游离状态存在的 $SiO_2$ 又可分为结晶型、隐晶型和无定型三类。致纤维化能力排序为结晶型>隐晶型>无定型。对煤尘来讲,煤的变质程度(挥发分含量)直接影响煤肺发生的概率。煤的变质程度越低(挥发分含量高),其粉尘越容易在肺中贮积而引起煤肺。不同煤种的致病能力不同,由弱到强依次为无烟煤、烟煤、褐煤。矿尘分散度不同,对人体的危害性也不同。

#### 2. 矿尘的分散度

分散度的大小决定了矿尘在空气中停留时间的长短,被吸入肺的机会多少和参与人体理化反应的难易。粉尘的分散度越大,在空气中越不易沉降和捕集,造成空气长期污染,吸入人体的机会也增多[36];粉尘的分散度越大,比表面积越大,物理和化学活性也越高,因而越容易参与理化反应,致病快,且病变严重。粉尘的分散度越大,粉尘表面吸附空气中的有害气体、液体以及细菌病毒等微生物的作用越强,其对人体的危害加剧。

#### 3. 吸入矿尘量

尘肺病的发生与进入肺部的矿尘量有直接的关系,在粉尘中游离 $SiO_2$ 含量一定时,吸入矿尘量越多,尘肺病发生的可能性越大。吸入矿尘量主要由粉尘浓度和接尘时间决定。以矽肺为例,国外统计资料表明,在高矿尘浓度的场所工作时,平均 5～10 年就可能导致矽肺病,如若矿尘中的游离 $SiO_2$ 含量达到 80%～90%,短至 1.5～2 年即可发病[37]。

1970 年英国人雅各布森(Jacobsen)等研究证明了工作场所矿尘浓度对尘肺发病的重要性。他们选取英国 25 个煤矿的 3000 名矿工作为研究对象,利用 X 光机对矿工肺部进行定期检查。在这批矿工工作 15 年之后发现,粉尘浓度与尘肺发病呈正比关系,如图 3.5 所示。美国关于煤工尘肺的调查结果也与英国的研究结果类似[38]。

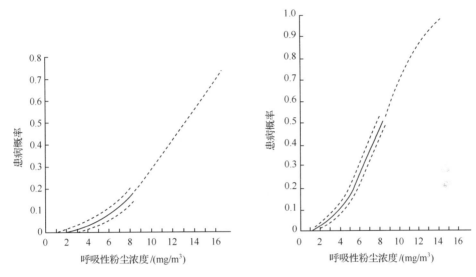

图 3.5　简单尘肺和复杂尘肺患病概率与粉尘浓度的关系

可根据工人工作时的肺通气量 $q$(L/min)、每日工作时间 $t$(h)、环境平均粉尘浓度 $\rho$(mg/m³)和粉尘在肺内的沉积率 $\eta$ 计算矿工每日的吸尘量 $m$(mg)。

$$m = 0.06\eta\rho qt$$

人在进行体力劳动时,肺通气量可达 70L/min,按每日工作时间为 8h,平均粉尘浓度为 10mg/m³,沉积率为 2% 计算,矿工的每日吸尘量为 6.72mg。目前我国尘肺病发病工龄正在缩短,最短接尘时间不足 3 个月。但如果能将空气中的矿尘浓度控制在《规程》规定的标准以下,工作几十年,肺部吸入的矿尘总量仍不足达到致病的程度。

4. 个体因素

矿尘引起尘肺病是通过人体而进行的,所以人的机体条件,如年龄、营养、健康状况、生活习惯、卫生条件等,对尘肺的发生和发展均有一定的影响。

### 3.3.5　尘肺病的防治

1. 尘肺病的预防

尘肺病的预防必须通过采取管理措施、技术措施、个体防护措施和卫生保健措施,使作业场所的粉尘浓度降至国家规定的接触限值以下,通过健康监护、健康促进来保护接尘作业工人的身心健康。

1) 管理措施

根据有关防尘条例和《中华人民共和国职业病防治法》的规定,"用人单位应当为劳动者创造符合国家职业卫生标准和卫生要求的工作环境和条件,并采取措施保障劳动者获得职业卫生保护"。因此,地方政府应加强组织领导和防尘管理,树立"煤矿井下粉尘超限就是事故"的理念,建立健全防尘的规章制度,坚持卫生监督,定期监测工作场所空气中粉尘浓度。企事业单位负责人也应对本单位尘肺病防治工作负有直接的责任,采取措施,不仅要使本单位作业场所粉尘浓度达到国家职业卫生标准,而且要建立健全粉尘监测、安全检查、定期健康监护制度,加强尘肺患者处理、疗养管理和宣传教育等工作[39]。

2) 技术措施

在矿井生产中采取注水和湿式作业减尘、通风排尘、除尘风机除尘、喷雾降尘、泡沫抑尘等措施,是预防煤矿尘肺病最根本的措施。本书后面章节将对各项技术进行详细介绍。

3) 卫生保健措施

从事粉尘作业的工人必须进行就业前和定期健康检查。对上岗(含转岗准备接尘)的职工,必须进行就业前的体检。一方面可建立职工的基础健康资料,另一方面可排除活动性结核、慢性肺支气管疾病、严重的心血管病等职业禁忌证。对在岗和离岗的粉尘作业职工应视不同情况,每年进行一次健康检查,重点是 X 射线胸片检查,以在早期发现尘肺损伤。

**2. 尘肺病的治疗**

由于现有各项预防尘肺病的措施并不能达到消除尘肺病的效果,每年仍有一些矿工饱受尘肺病的困扰,因此必须采取相应措施进行治疗。目前治疗尘肺病的措施主要有药物治疗、合并症的综合治疗、基因治疗、肺移植和大容量肺灌洗等[40]。

1) 药物治疗

药物治疗的主要作用环节是防止粉尘在肺内沉积,增加肺的廓清功能,抵抗肺纤维化,药物有克矽平等;但是各种治疗尘肺病纤维化药物的临床治疗效果还不是很理想,仅有延缓纤维化进展的作用,既不能阻止病情发展,也不能使尘肺消散[41]。

2) 合并症的综合治疗

尘肺病患者是由于长期接触生产性矿物性粉尘,使呼吸系统的清除和防御机能受到严重损害,加之尘肺病慢性进行性的长期病程,患者的抵抗力明显减低,故尘肺病患者常常发生各种不同的并发症。我国尘肺流行病学调查资料显示,尘肺病患者死因构成中,呼吸系统并发症占首位,比例为 51.8%,其中主要是肺结核、肺部感染性疾病和气胸;心血管疾病占第二位,比例为 19.9%,其中,慢性肺源性心脏病为主要致死病因。因此,及时正确地诊断和治疗各种并发症,是抢救患者生命、改善病情、延长寿命、提高患者生活质量的重要内容[42]。

尘肺病的合并症与单纯的疾病在预防、诊断、治疗、预后(指根据经验预测的疾病发展情况)等方面不同,有其特点和规律。积极治疗和控制尘肺的各种合并症可防止病情进展、恶化,减轻患者痛苦,延长患者生命。迄今为止,对尘肺病肺纤维化还没有有效的药物和治疗方法,而影响尘肺患者寿命的主要是合并症和并发症,因此合并症的治疗是当前国内外尘肺治疗的主要方法,对减轻患者痛苦、延长寿命、提高生活质量具有非常重要的现实临床意义。

3）基因治疗与肺移植

基因治疗是指将外源正常基因导入靶细胞，以纠正或补偿由基因缺陷和异常引起的疾病，以达到治疗目的，也就是将外源基因通过基因转移技术将其插入患者的适当的受体细胞中，使外源基因制造的产物能治疗某种疾病。随着对肺纤维化发病机制了解的增多，目前关于尘肺病的基因治疗方法正处在如何将目的基因安全、有效地转入靶细胞，并在一定时期抑制细胞因子产生的实验研究的阶段。

肺移植也就是人们通常所说的"换肺"。及时对患者施行肺移植手术，能使患者术后肺功能得到明显改善，运动耐力增加，生活质量显著提高。近年来免疫抑制剂的研究进展为器官移植创造了条件，但由于移植技术存在难度大、费用高、供体来源困难和并发症多等难题，限制了其临床应用。

4）大容量全肺灌洗

大容量全肺灌洗，俗称"洗肺"，是针对患者始终存在于肺部的粉尘和炎性细胞而采取的治疗措施，是治疗尘肺病最常用的方法之一。1986 年我国北戴河疗养院开始引进肺灌洗技术，1991 年在学习的基础上创立了"双肺同期灌洗"治疗技术，2004 年肺灌洗操作规程问世，肺灌洗技术全面推广应用[43]。

肺灌洗主要适应证有：①各期各类尘肺包括矽肺、煤肺、煤矽肺、水泥尘肺、电焊工尘肺等各种无机尘肺，Ⅰ、Ⅱ、Ⅲ各期无合并肺结核、肺大泡、严重肺气肿、支气管气管畸形及严重心脏病、高血压、血液病者均可，年龄一般在 65 岁以下。②重症或难治的下呼吸道感染，如难治的喘息性支气管炎、支气管扩张症。③肺泡蛋白沉积症。④慢性哮喘持续状态。⑤吸入放射性粉尘的清除。

大容量肺灌洗的基本方法如图 3.6 所示，患者在静脉复合全身麻醉下，用双腔支气管导管置入患者气管与支气管内，一侧肺纯氧通气，另一侧肺用灌洗液反复灌洗。一般每次

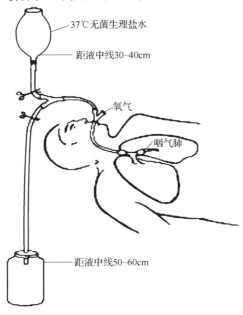

图 3.6　大容量肺灌洗装置

1000～2000mL,共灌洗 10～13 次,每侧肺需 15～20L 不等,历时约 1h,直到灌洗回收液由黑色混浊变为无色澄清为止。研究表明,通过肺灌洗排出患者肺泡内沉积的煤矽粉尘和大量的能分泌致纤维化介质的尘细胞,不仅可以明显改善症状,而且有利于遏制病变进展,延缓病期升级。对 X 射线胸片尚未出现病变的接尘工人及可疑尘肺工人进行肺灌洗,可防止其发病或推迟其发病时间。因此,肺灌洗既可起到治疗作用,又可起到预防的作用[44]。肺灌洗手术对人体的伤害是相对不大的。当然,肺灌洗手术和其他手术一样,也是存在共有的手术风险性、并发症等可能的。

## 3.4　本章小结

尘肺病是人体吸入粉尘而发生的以肺组织纤维化为主的疾病。呼吸性粉尘是指空气动力学直径均在 $7\mu m$ 以下,$5\mu m$ 粉尘的沉积效率为 $50\%$ 的粉尘。粉尘进入人体后,通过重力沉降、惯性碰撞、扩散、拦截和静电沉降作用在呼吸系统内沉积,一般情况下,粒径为 $10\mu m$ 左右的颗粒会被吸入鼻内并因重力沉降和惯性碰撞作用沉积在鼻咽部,粒径为 $5\sim 10\mu m$ 的颗粒主要沉积在上呼吸道,粒径小于 $5\mu m$ 的颗粒会进入并沉积在肺泡区。呼吸系统可通过黏膜的机械排除作用和肺泡巨噬细胞的吞噬作用对粉尘的进行清除,如果肺泡巨噬细胞吞噬的颗粒为有毒物质,比如在吞噬了游离 $SiO_2$ 的情况下,在有毒粉尘的机械刺激作用、化学毒性作用、免疫作用等共同作用下将导致肺部纤维化而引发尘肺病。尘肺种类不同,其病变也不同,其中矽肺病变以尘性胶原纤维结节为主,煤肺的病变以尘斑伴灶周肺气肿为主。

目前治疗尘肺病还没有有效的药物和方法。尘肺的防治必须以预防为主,通过采取管理、技术、个体防护等综合措施,使工人尽量更少地吸入粉尘,防止尘肺的发生。

### 参 考 文 献

[1] GBZ 25—2002 尘肺病理诊断标准. 中华人民共和国国家职业卫生标准

[2] Colinet J F, Rider J P, Listak J M, et al. Best Practices for Dust Control in Coal Mining. PA, 2010

[3] Health and Safety Executive of UK. Coal worker's pneumoconiosis and silicosis. http://www.hse.gov.uk/statistics/causdis/pneumoconiosis/index.htm. [2013-01-16]

[4] 艺宣. 煤矿死亡率最低的国家. 煤炭科技, 1994, (3): 24

[5] Chen W H, Liu Y W, Wang H J, et al. Long-Term Exposure to Silica Dust and Risk of Total and Cause-Specific Mortality in Chinese Workers: A Cohort Study. PLoS Med, 2012, 9(4): e1001206

[6] 刘秉慈, 陈卫红, William E Wallace. 粉尘致病性科研成果急需与粉尘防治相结合. 中华劳动卫生职业病杂志, 2008, (1): 1

[7] 中华人民共和国卫生部. 卫生部通报 2010 年职业病防治工作情况和 2011 年重点工作. http://www.moh.gov.cn/publicfiles/business/htmlfiles/mohwsjdj/s5854/201105/51676.htm. [2013-01-16]

[8] 赵铁锤. 我国煤炭行业尘肺病病例约占全国尘肺病患者总数的 50%. http://news.xinhuanet.com/fortune/2010-10/03/c_12628329.htm. [2013-01-15]

[9] 王显政. 在中国煤矿尘肺病防治基金会理事会会议上的讲话. Available: http://info.china.alibaba.com/detail/1096117871.html. [2013-01-20]

［10］Karkhanis V S,Joshi J M. Pneumoconioses. The Indian Journal of Chest Diseases and Allied Sciences,2013,55：25-34

［11］邢国长.尘肺防治研究进展.职业医学,1985,12(2)：43-47

［12］Seaton A. Silicosis,Occupational Lung Disease. Philadelphia：Saunders,1975

［13］Webster I. Asbestos Exposure in South Africa. Cape Town：Oxford Univ. Press,1970：209-212

［14］McDonald J C. Cancer in Chrysotile Mines and Mills. Lyons France：International Agency for Research on Cancer,1973：189-196

［15］IARC. IARC Monographs on the Evaluation of the Carcinogenic Risk of Chemicals to Humans：Silica and Some Silicates. Lyons France：International Agency for Research on Cancer,1987

［16］Hartman H L,Mutmansky J M,Ramani R V,et al. Mine Ventilation and air Conditioning. San Francisco USA：Wiley,1987：88,89

［17］张琪凤.从尘肺的发展史谈对尘肺的认识.工业卫生与职业病,1983,9(2)：67-71

［18］Orenstein A J. The History of Pneumoconiosis. S. A. Medical Journal,1957,(10)：797-802

［19］齐国兴.尘肺病学.西安：陕西科学技术出版社,1989：29

［20］Morman S A,Plumlee G S. The role of airborne mineral dusts in human disease. Aeolian Research,2013,9：203-212

［21］Yeh H C,Phalen R F,Raabe O G. Factors influencing the deposition of inhaled particles. Environ. HealthPerspect,1976,15：147-156

［22］Weibel E R. Morphometry of the Human Lung. Berlin-Gottingen-Heidelberg：Springer Verlag,1963

［23］Clayton G D,Clayton F E. Patty's Industrial Hygiene and Toxicology. New York：Wiley,1978：256-260

［24］World Health Organization. Occupationa and Environmental Health Feam. Hazard Prevention and Control in the Work Environment：Airbome Dust,World Health Organization Geneva. 1999. http：//apps. who. int/iris/handle/10665/661472/locace=zh［2013-05-02］

［25］Jennings M,Flahive M. Review of Health Effects Associated with Exposure to Inhalable Coal Dust. Coal Services Pty Limited,2005,10：11,12

［26］宋马俊.呼吸性粉尘危害及监测技术.北京：地震出版社,2000：61

［27］Clayton G D,Clayton F E. Patty's Industrial Hygiene and Toxicology. New York：Wiley,1978：239-243

［28］国卫疾控发〔2013〕48 号,职业病分类和目录. http：www. moh. gov. cn/tjki/s5898b/2013 12/2abbd 667050849d/9b3bf6439a48b775. shtml［2014-02-14］

［29］卫法监发［2002］63 号,职业病危害因素分类目录. http：//www. zj. gov. cn/art/2014/10/23/art. 13 118_1383737. html［2014-06-02］

［30］张海.煤矿工人肺功能损伤影响因素及肺功能随时间变化研究.华中科技大学,2013

［31］Wright G W. The Pulmonary Effects of Inhaled Inorganic Dust//Clayton G D,Clayton F E. New York：Wiley- Interscience,1978：165-202

［32］马俊.实用尘肺病临床学.上海：上海社会科学院出版社,2007：35-38

［33］杨霞,丁鹏.肺纤维化中细胞因子网络.武警医学院学报,2009,18(3)：245-248

［34］GBZ 70-2009.尘肺病理诊断标准

［35］GBZ 70-2002.尘肺病诊断标准

［36］王簵兰,刚葆琪.现代劳动卫生学.北京：人民卫生出版社,1994：47,48

［37］U S Environmental Botection Agency. Air pollution Measurements of the National Air Sampling Network. US Department of Health,Education and Welfare,BiblioGov：Washington, 1962：3

［38］Attfield M,Reger R,Glenn R. The Incidence and Progression of Pneumoconiosis Over Nine Years in U. S. Coal Mines：I. Principal Findings. Am. J. Indust. Med. ,1984,6：407-415

［39］国家安全生产管理监督总局.安监总煤调.［2010］121 号.《煤矿作业场所职业危害防治规定》.北京：中国标准出

版社,2008

[40] 中国煤矿尘肺病防治基金会. 尘肺病的治疗方法. http://www.cfbjjh.org.cn/xw_view.asp? id=556. [2011-12-30]

[41] 戚京城,李玉虎. 矽肺治疗药物的进展. 江西医药,2004,39(5):383,384

[42] 蔡淑琪. 尘肺合并症防治. 劳动保护,2006,(8):91

[43] 王显政. 在中国煤矿工人北戴河疗养院大容量全肺灌洗治疗尘肺病 10000 例座谈会上的讲话. http://www.cfb-jjh.org.cn/xw_view.asp? id=1335&leixing=. [2014-3-17]

[44] 陈志远,张志浩,车审言. 大容量全肺灌洗术医疗护理常规及操作规程. 北京:北京科学技术出版社,2004:412

# 第4章 煤尘爆炸

煤尘爆炸是指由煤尘参与的化学性爆炸,与煤矿其他灾害事故相比,具有更严重的灾难性。在世界煤炭开采史上,死亡人数最多的矿难几乎都是煤尘或瓦斯煤尘爆炸事故[1]。1949～2013年全国煤矿发生的25起死亡百人以上特大事故中,有14起为煤尘爆炸事故或瓦斯煤尘爆炸事故[2]。本章主要介绍煤尘爆炸的机理、特征、发生条件、影响因素和防治措施。

## 4.1 煤尘爆炸的认识历程

关于粉尘爆炸的最早记载是发生在1785年意大利的一个面粉厂。1803年,英国人巴德尔(Buddle)指出,在英国的沃尔德逊煤矿爆炸过程中煤尘被点燃并增加了爆炸的威力,这是基于现场目击者看到了"煤尘燃烧的火花"。之后,1834年发生在英国贾罗(Jarrow)、1935年发生在沃尔森德(Wallsend)和1837年发生在斯普林(Springwell)的煤矿爆炸事故中,进一步提供了煤尘爆炸的证据,因为在爆炸后的现场都发现了结焦性煤尘产生的焦炭皮渣与黏块。1844年,英国科学家法拉第(Faraday)在哈斯韦尔(Haswell)煤矿爆炸事故的总结报告中得出结论"从该爆炸反映出的火灾燃烧强度表明瓦斯不可能是唯一的可燃物"[3]。但该观点在当时并没有引起注意。19世纪70年代,英国的煤矿检查员格洛维(Galloway)通过试验证明了煤尘在爆炸中可增加火焰长度。1876年,英国的霍尔(Hall)证明了煤尘单独也能引起剧烈传播的爆炸。但煤尘可参与爆炸的观点仍未被广泛接受。直至1880年,英国化学家弗雷德里克·亚伯对英国锡厄姆(Seaham)发生的一起导致164人死亡的爆炸事故进行调查,并对煤尘的爆炸性进行了适度规模的试验后确认了煤尘的爆炸危害性,这一结论在英国得到了认可。1906年,在法国考瑞尔斯矿(Courriers mine)发生了一起导致1096人死亡的特大爆炸事故,由于该矿在过去的开采中从未有瓦斯,该爆炸事故确定是由爆破所引起的煤尘爆炸。这次灾难震惊了世界,并使各国开始了防治煤尘爆炸理论与技术的研究[4]。

煤尘爆炸研究领域的先驱科学家有法国的塔法内尔(Taffanel)、俄罗斯的Chennitsyn、波兰的Czaplinski和Jicinski、美国的赖斯(Rice)、英国的惠勒(Wheeler)和泰德史威尔(Tideswell)等。20世纪之后,美国、英国、波兰、德国、俄罗斯、中国和南非等国建造起很多大型的瓦斯和煤尘爆炸巷道。1907年,塔法内尔(Taffanel)在法国列万(Lievin)的一个小型巷道首先开始煤尘爆炸的实验研究,以后发展为更具规模的试验矿井[5]。1925年,波兰巴尔巴拉(Barbara)矿井建立了矿尘爆炸防治实验室。1973年,波兰学者茨布尔斯基(Cybulski)出版了一部关于煤尘爆炸及其防治的专著 *Wybuchy pylu weglowego i ich zwalczanie*(《煤尘爆炸与防治》),系统地介绍了煤尘爆炸及其防治技术,取得了众多纳入规程、规范的实验成果,被世界各国所采纳和应用。1983年,美国学者约翰·纳吉(John Nagy)等对粉尘爆炸进行了系统研究,出版了 *Development and Control of Dust Explosions*(《粉尘爆炸研究进展与控制》)一书,详细记述了美国矿山局对粉尘爆炸的研究,包括粉尘爆炸的研究方法、装置、粉尘点火、压力发展及防止爆炸的措施[6]。我国对粉尘爆炸研究起步较晚,从 20 世纪 80 年代开始,重庆煤科院、中国矿业大学等单位开始对我国煤尘爆炸事故及防治措施进行了研究,煤炭行业也相继出台了煤尘爆炸鉴定、防爆、抑爆标准。

## 4.2　煤尘爆炸机理

煤炭属有机生物岩,一旦破碎成细小颗粒后,总表面积增加,系统的自由表面能也随之增加,从而提高了煤尘的表面化学活性,特别是提高了氧化产热的能力。当煤尘与火源相遇时,单位时间内能够吸收更多的热量,在较低的温度(300~400℃)时,就能放出大量的可燃气体(挥发分)聚集于尘粒周围,形成一定数量的活化中心(即游离基或基团),如 1kg 挥发分含量为 20%~26% 的焦煤,受热后可放出 290~350L 可燃气体。这类可燃气体与空气混合,在高温作用下吸收能量,发生氧化反应放出热量,这些热量如果能够有效地传播给附近的煤尘,就会引起周围煤尘的受热分解,跟着燃烧起来。这种过程连续不断地进行,氧化反应越来越快,温度越来越高,活化中心越来越多,导致燃烧范围越来越大,气体运动并在火焰前形成冲击波,冲击波会扬起沉积的煤尘并燃烧,最终达到跳跃性阶段,发生爆炸,如图 4.1 所示。

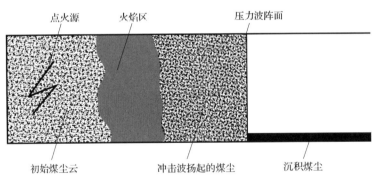

图 4.1　煤尘爆炸过程图

从燃烧转变为爆炸的必要条件是由于化学反应产生的热能必须超过热导和辐射所造成的热损失;否则,燃烧既不能持续发展,也不会转为爆炸。

## 4.3　煤尘爆炸特征

### 4.3.1　产生高温高压

煤尘爆炸释放出的热量,按理论计算,可使爆炸产生的气体产物加热到 2300~2500℃。日本测得煤尘爆炸的火焰温度是 1600~1900℃。根据气体状态方程式:

$$\frac{p_0 V_0}{T_0} = \frac{p_1 V_1}{T_1}$$

得

$$p_1 = \frac{p_0 V_0 T_1}{T_0 V_1} \tag{4.1}$$

式中，$V_0$、$V_1$ 分别为爆炸前后气体体积，$m^3$；$p_0$、$p_1$ 分别为爆炸前后的气体压力；$T_0$、$T_1$ 分别为爆炸前后的气体温度。

在巷道容积固定(爆炸反应瞬间 $V_0 = V_1$)的条件下，爆炸后的气体压力为

$$p_1 = \frac{p_0(273 + t_1)}{273 + t_0} \tag{4.2}$$

若取 $p_0 = 98.066 kPa$(一个工程大气压)，爆炸前气温为 $t_0 = 15℃$，爆炸后气温为 $t_1 = 1600 \sim 1900℃$，则根据上式得爆炸后的气体压力为 $p_1 = 637.80 \sim 730.92 kPa$。据测定，煤尘爆炸的理论压力为 736kPa。在有大量沉积煤尘的巷道中，如果煤尘发生连续爆炸，爆炸压力将随着离开爆源的距离的增加而呈跳跃式的增大。只要巷道中有一定浓度的煤尘，爆炸就不会停止，这种跳跃式增大就会持续发生，直至煤尘浓度低于一定值，煤尘爆炸停止为止。据美国井下试验，一般距爆炸源 $10 \sim 30 m$ 以内的地点，破坏较轻，而后便越发严重，表现出离爆源越远反而破坏越严重的特征。国外测得的爆炸压力曾达到 1863.25kPa，甚至可将抗压强度为 3922.64kPa 的钢板巷道炸坏，并将钢板抛出 150m。美国乔治拉伊斯在巷道中实验的结果，见表 4.1[7]。

表 4.1　距爆源不同距离的气压变化表

| 距爆源距离/m | 爆炸压力/kPa | 试验条件 |
| --- | --- | --- |
| 106.7 | 333.33 | 试验巷道 |
| 167.6 | 503.08 | 试验巷道 |
| 228.6 | 820.81 | 试验巷道 |

此外，有学者通过实验还发现，在煤尘爆炸的传播过程中，如果遇到障碍物、巷道断面突然变化或巷道拐弯时，爆炸压力将增加得更加迅猛。煤尘爆炸最大火焰瞬时燃烧速度可达 1120m/s，而冲击波速度则为 2340m/s，其波峰严重破坏井下环境和致人死亡[8]。

### 4.3.2　易产生连续爆炸

煤尘爆炸刚刚形成时，火焰和压力波的传播速度几乎相等，随着时间的延长，压力波冲到火焰的前面，超前的冲击波会将巷道沉积的煤尘扬起，弥漫于整个巷道空间，形成能够达到爆炸浓度的煤尘云。当火焰到来时就会引起煤尘的二次爆炸。如此循环，还可形成第三次、第四次等数次爆炸，产生爆炸传播的多米诺效应，如图 4.2 所示，火焰及爆炸波的传播速度和爆炸压力也呈跳跃式发展。在煤矿井下，煤尘爆炸产生的火焰和冲击波速度分别可达 1120m/s 和 2000m/s，爆炸压力可达 1700kPa，可沿巷道传播数千米以外。因此，煤尘爆炸具有易产生连续爆炸、受灾范围广、灾害程度严重的特点[9]。

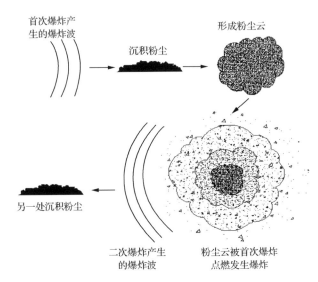

图 4.2　煤尘爆炸传播的多米诺效应示意图

### 4.3.3　产生大量有毒有害气体

煤尘爆炸会产生大量的 $CO$、$CO_2$、$CH_4$ 和 $H_2$ 等有害气体，与瓦斯爆炸相比，$CO$ 明显增多，这是由于单位空间内煤尘爆炸的燃料比气体爆炸充裕，发生不完全燃烧的结果。因此煤矿井下发生煤尘爆炸，受害者大多是 $CO$ 中毒。此外，在煤尘爆炸传播过程中，由于煤尘粒子的热变质和干馏作用，还会产生大量干馏气体，并含有氢氰酸等剧毒气体[10]，对人体危害极大。

1975 年，波兰学者茨布尔斯基(Cybulski)在试验矿井中对煤尘爆炸后的气体组分进行分析得出爆炸后的气体中含有 10.8%$CO$、15%$CO_2$、3.7%$H_2$ 和 0.1%$O_2$[11]。1983 年，美国学者纳吉(Nagy)等通过在哈特曼管(小装置，容积为 1.3L)中进行煤尘爆炸试验得出了在不同煤尘浓度下，煤尘爆炸后的空气成分和含量，见表 4.2[12]。虽然实验室测试得到的结果和在大范围的试验巷道中的结果不同，但趋势是明显一致的，即在煤尘浓度增加时，$O_2$ 浓度迅速下降，$CO$ 浓度迅速增加并达到致命水平。

表 4.2　煤尘爆炸后的气体组成成分

| 粉尘浓度/(g/m³) | 气体浓度/% | | | | | | |
|---|---|---|---|---|---|---|---|
| | CO | CO₂ | H₂ | CH₄ | O₂ | N₂ | Ar |
| 100 | 0.1 | 3.2 | 0.0 | — | 17.0 | 78.8 | 0.9 |
| 200 | 0.7 | 9.1 | 0.0 | — | 9.6 | 79.6 | 0.9 |
| 500 | 2.8 | 12.3 | 1.0 | 0.1 | 3.1 | 79.8 | 0.9 |
| 1000 | 4.6 | 11.7 | 3.0 | 0.6 | 1.5 | 79.5 | 0.9 |
| 2000 | 4.0 | 12.2 | 2.3 | 1.1 | 1.5 | 77.8 | 0.9 |

### 4.3.4　产生"黏焦"且挥发分减少

煤尘爆炸时，结焦性煤尘(气煤、肥煤及焦煤的煤尘)会产生焦炭皮渣与黏块黏附在支架、巷道壁和顶板上面,形成煤尘爆炸所特有的产物,统称"黏焦"。

　　皮渣是一种烧焦到某种程度的煤尘集合体,其形状通常为椭圆形,如图 4.3(a)所示;而黏块属于完全未受到焦化作用的煤尘集合体,其断面形状通常为三角形,如图 4.3(b)所示。"黏焦"是判断井下发生爆炸事故时是否有煤尘参与的重要标志,同时还是寻找爆源及判断煤尘爆炸强弱程度的依据(表 4.3),因此它是区分煤尘爆炸与瓦斯爆炸事故的一个重要依据。

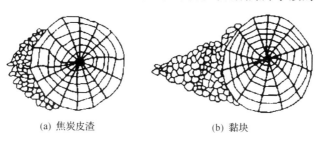

(a) 焦炭皮渣　　　　　　　　　(b) 黏块

图 4.3　黏焦

表 4.3　煤尘爆炸强度的直观判断

| 爆炸强度类别 | 传播速度 | 黏焦在支柱上的位置 |
| --- | --- | --- |
| 弱爆炸 | 较慢 | 支柱两侧,迎风侧较密 |
| 中等强度爆炸 | 较大 | 主要在支柱的迎风侧 |
| 强爆炸 | 极大 | 支柱的背风侧,迎风侧有火烧痕迹 |

　　煤尘爆炸时,挥发分减少,对于不结焦的煤尘,可利用这一特点来判断井下的爆炸事故中是否有煤尘参与。

### 4.3.5　感应期

　　煤尘爆炸感应期是指从煤尘受热分解产生足够数量的可燃气体到形成爆炸所需的时间。根据试验,煤尘爆炸的感应期主要取决于煤的挥发分含量,一般为 40～280ms,挥发分越高,感应期越短。尽管煤尘爆炸感应期非常短暂,但对矿井安全生产却有着非常重要的意义。例如,井下使用安全炸药爆破时,虽然爆炸产生的高温达 2000℃,但这个高温和爆炸产生的冲击波存在的时间非常短,都不会超过 10ms,远远低于煤尘爆炸感应期,所以在爆破时不会发生煤尘爆炸。同样,煤尘爆炸感应期原理也应用在井下防爆电气设备的设计中,所以在有煤尘爆炸危险的环境中使用防爆电气设备是安全的。

## 4.4　煤尘爆炸发生条件

　　煤尘爆炸的发生必须同时具备三个条件:一是煤尘本身具有爆炸性,煤尘有无爆炸性,要通过煤尘爆炸性鉴定后确定;二是煤尘在空气中处于悬浮状态,并达到一定的浓度(在爆炸下限至上限浓度范围内);三是引爆煤尘的高温热源。

### 4.4.1　煤尘爆炸性的判别

　　煤尘在高温的燃烧涉及两个过程,首先是挥发性物质的点燃和燃烧,其次是固定碳的燃烧。而在矿井爆炸时,煤尘颗粒和热空气在化学反应区的接触时间非常短,因此,很有可能是煤的挥发分或者甚至只有其挥发分的一小部分发生汽化参与到爆炸过程。因此,煤尘的爆炸性主要取决于其所含可燃性挥发分含量($V^a$)。一些产煤国家把可燃性挥发分作为煤尘有无爆炸性的判断依据,见表 4.4[10]。

表 4.4　一些产煤国家煤尘爆炸性判断依据

| 国名 | 煤尘具有爆炸性/% | 煤尘粒径/mm |
|------|------|------|
| 日本 | $V^a>11$ | 粒径<0.64 |
| 德国 | $V^a>14$ | |
| 英国 | $V^a>15$ | 粒径<0.59 |
| 美国 | $V^a>10\%$ | 粒径<0.64 |
| 原苏联 | $V^a>10\%$ | 粒径0.75~1 |

我国煤矿曾规定以煤中挥发分含量作为煤尘爆炸性判别的一个指标,称为煤尘爆炸指数 $V^r$,其值为

$$V^r = \frac{V^a}{100-A^a-W^a} \times 100\% \qquad (4.3)$$

式中,$V^a$ 为工业分析的挥发分,%;$A^a$ 为工业分析的灰分,%;$W^a$ 为工业分析的水分,%。

一般认为,$V^r$ 小于 10%,基本上属于没有煤尘爆炸危险性煤层;$V^r$ 为 10%~15%,属于弱爆炸危险性;$V^r$ 在 15% 以上,属于有爆炸危险性煤层。由于煤的成分很复杂,当挥发分的量相同时,其成分(包括 $C_2H_6$、CO、$C_2H_4$、$CH_4$、$H_2$、$CO_2$ 等)以及各成分的比例不一样。显然,可燃性好、发热量高的挥发分比例越高,煤尘的爆炸性就越强。因此,煤的爆炸指数并不能完全准确地表示煤尘爆炸性能,只能用来粗略判断煤尘有无爆炸性和其爆炸性强弱。例如,四川松藻二井煤尘爆炸指数为 12.9%,但经试验确定为无爆炸危险的煤尘;萍乡矿务局青山煤矿煤尘爆炸指数为 9.05%,但经试验确定为具有爆炸危险性的煤尘。所以,煤尘是否具有爆炸危险性,不能完全根据煤尘爆炸指数是否大于 10% 来判断,而应经过爆炸性试验确定。煤尘爆炸性的鉴定方法有两种:一种是在大型煤尘爆炸试验巷道中进行实验;另一种是在实验室内使用大管状煤尘爆炸性鉴定仪进行。由于第二种方法操作简单,目前我国用大管状煤尘爆炸性鉴定仪对煤尘有无爆炸性作最终判定。

大管状煤尘爆炸鉴定仪如图 4.4 所示。通过该装置能观察到煤尘云遇到加热器时能否产生火焰及火焰长度,并可实验得出抑制煤尘爆炸所需的最低岩粉用量。煤尘爆炸试验的原理是将煤尘试样呈雾状喷入燃烧管内观察燃烧管中煤尘的燃烧或爆炸状态。如果尘雾通过加热器时,只出现稀少的火星或根本没有火星,则表明该煤尘无爆炸危险;若火焰在燃烧管内向加热器两侧连续或不连续蔓延,则煤尘属于有微弱爆炸性的煤尘;若火焰在管内向外加热器两侧迅速蔓延,甚至火焰冲出燃烧管以外,有时会听到爆炸的冲击浪声,则煤尘属于有强烈爆炸性的煤尘。同一试样应重复进行 5 次试验,其中只要有一次出现燃烧火焰,就定为爆炸危险煤尘。在 5 次试验中都没有出现火焰或只出现稀少火星,必须重做 5 次试验,如果仍然如此,则定为无爆炸危险煤尘,在重做的试验中,只要有一次出现燃烧火焰,仍应定为爆炸危险煤尘。

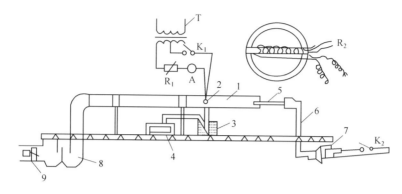

图 4.4　煤尘爆炸鉴定试验仪

1. 燃烧管；2. 加热器；3. 冷藏瓶；4. 高温计；5. 试料管；6. 导气管；7. 打气筒；8. 滤尘箱；9. 吸尘器；
K₁. 开关；K₂. 电偶；T. 变压器；A. 电流表；R₁. 可变电阻；R₂. 铂丝热点器

对有煤尘爆炸危险的煤尘，还可以进行预防煤尘爆炸所需的岩粉量的测定。具体做法是将岩粉按比例和煤尘均匀混合，用上述方法测定它的爆炸性，直到混合粉尘由出现火焰刚转入不再出现火焰，此时的岩粉比例即为最低岩粉用量的百分比。

矿井中只要有一个煤层的煤尘有爆炸性，该矿井就应定为有煤尘爆炸危险的矿井。据统计，我国绝大多数煤矿的煤尘具有爆炸危险性。国有重点煤矿中，87.37% 的煤矿的煤尘具有爆炸危险，其中约 60% 具有强爆炸性。我国《煤矿安全规程》明确规定，开采有煤尘爆炸危险煤层的矿井，必须有预防和隔绝煤尘爆炸的措施。

### 4.4.2　悬浮煤尘浓度

可燃或爆炸气体具有燃烧或爆炸的下限和上限两个浓度。在这个浓度的范围以外，爆炸的传播是不可能的。井下空气中的悬浮煤尘也只有达到一定浓度时，才可能引起爆炸。煤尘爆炸的浓度范围与煤的成分、粒度、引火源的种类和温度及试验条件等有关。单位体积中能够发生煤尘爆炸的最低或最高煤尘量称为下限浓度和上限浓度。当悬浮的煤尘浓度低于爆炸下限浓度时，煤尘在火源的加热下使得颗粒的表面温度升高，煤粒中的可燃性挥发分气体逸出并发生着火，释放的能量也加速了颗粒周围尘粒的热解过程，由于浓度过低此时形成的活化中心过少不足以维持这种连锁反应的延续，就会自动终止，煤尘就不会发生爆炸。世界各主要产煤国家在不同实验条件下开展了煤尘爆炸下限浓度的试验研究，已普遍接受的煤尘爆炸下限浓度平均值为 $50g/m^3$。

当悬浮的煤尘的浓度大于爆炸上限浓度时，煤尘受热放出可燃气体（挥发分），这些可燃气体被点燃后释放的热量被附近的高浓度煤尘所吸收，温度较低，只能产生少量的活化中心，不足以维持连锁反应的发展，所以也不会发生煤尘爆炸。关于煤尘爆炸的上限浓度，各主要产煤国家也有各自的研究结果。原苏联的研究结果是 $1450\sim2000g/m^3$，美国的研究结果是 $2100g/m^3$，日本的研究结果是 $1800\sim2750g/m^3$。1975 年波兰在巴尔巴拉矿井试验得出煤尘爆炸的上限浓度为 $1000g/m^3$[10]。在井下生产过程中的实际条件下，悬浮煤尘量要达到上述浓度是十分困难的，只有沉积煤尘才能达到，即沉积煤尘在冲击波等的作用下才能形成如此高的悬浮煤尘浓度。

在正常的开采环境下,煤尘爆炸的下限浓度基本不会达到。但井下瓦斯爆炸或爆破产生的压力会将沉积煤尘超过下限浓度而发生爆炸。

### 4.4.3  点火源

煤尘爆炸必须要有能引燃煤尘的火源。南非对粉尘云的最低点火温度的定义是在指定条件下,粉尘与空气的最易燃混合物在热表面的最低点燃温度。这个参数在戈德贝特-格林沃尔德(Godbert-Greenwald)加热炉中测得,根据此法测得的无烟煤的最低点火温度为500~630℃,褐煤的最低点火温度为430~480℃。1987年,美国人康堤(Conti)和赫茨贝格(Hertzberg)对煤中挥发分含量对煤自燃温度的影响做了相关研究,得出以下结论:挥发分含量为30%~43%的褐煤的点火温度为425~600℃,挥发分含量为4%~8%的无烟煤的点火温度为675~780℃。烟煤的自燃温度介于褐煤和无烟煤之间。该结论表明煤中挥发分越高,自燃温度越低,越容易被点燃发生爆炸。南非对于粉尘云的最低点火能量的定义是在指定测试条件下,给定粉尘与空气的最易燃混合物被点燃时所需的电容器的最低放电电能。在工业生产中,包括矿业在内,除电火花点火外,还有其他点火源,例如机械摩擦火花,但其释放的能量是很难准确测量的。煤尘爆炸的最小点火能量因煤尘性质、浓度、粒度及粒度分布、试验条件等的不同而异,一般为4.5~40mJ。

# 4.5  煤尘爆炸的影响因素

### 4.5.1  煤尘粒度

煤尘的粒度对爆炸的影响主要是爆炸下限和爆炸传播速率两个因素。实验证明,1mm以下的煤尘颗粒虽然都可能参与爆炸,且爆炸的危险性随粒度的减小而迅速增加,75μm以下的煤尘特别是30~75μm的煤尘爆炸性最强,在煤尘爆炸中,这种粒径的颗粒含量越高,爆炸性就越强,但在该粒径煤粒含量达到70%~80%以后,爆炸性就基本上不再增强了。我国的实验结果表明:小于75μm煤尘,其爆炸性与粒度的关系,总的趋势是随着粒度的变细,爆炸性逐渐增强,但30μm以下的颗粒,其爆炸性增强的趋势就比较平缓。国外认为小于15μm的煤尘将不具有爆炸性,也不参与燃烧,因为燃烧是挥发分释放的过程,小的颗粒不会有足够的挥发分传播爆炸。图4.5为煤尘粒度与爆炸性的关系图[13]。该测试在美国布鲁斯顿(Bruceton)试验矿井(简称BEM)和林恩湖(Lake Lynn)试验矿井(简称LLEM)进行。从曲线可以看出,小粒度颗粒所占的比例越大,阻止爆炸传播所需的不燃成分就越多。据此可得出结论,煤尘的粒度越小,爆炸性越强,防隔爆所需的惰化物质就越多。

2006年,美国学者萨皮科(Sapko)等对美国10个烟煤区的50个煤矿进行煤尘取样并进行粒径分析。表4.5所示为10个烟煤区的煤尘粒径分布(负数表示煤尘能漏过该目数的网孔)。该表的数据包括了来自50个烟煤矿井的163个样品。通过计算可知10个烟煤区−200目(≤75μm)颗粒约占31%,−70目(≤212μm)的颗粒约占63%,平均直径约为150μm。该数据表明现有煤矿沉积的粉尘粒径要比20世纪20年代时细很多。因此,在煤矿爆炸性评估中,除煤中不燃成分和瓦斯浓度外,煤尘的粒径也应作为评估的必要组成部分。

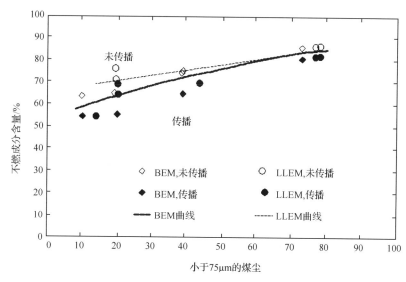

图 4.5　颗粒尺寸对煤尘爆炸的影响

表 4.5　美国 10 个烟煤区的 50 个煤矿的煤样平均粒径

| 烟煤区 | 矿井数量/个 | 样品数量/个 | −200 目占比/% | −70 目占比/% | 中位径/μm |
| --- | --- | --- | --- | --- | --- |
| 2 | 5 | 13 | 29±4 | 60±5 | 161±22 |
| 3 | 7 | 19 | 33±10 | 63±9 | 147±45 |
| 4 | 4 | 15 | 31±7 | 62±10 | 156±40 |
| 5 | 4 | 10 | 33±10 | 68±13 | 141±40 |
| 6 | 4 | 21 | 32±7 | 60±7 | 155±35 |
| 7 | 5 | 16 | 35±10 | 63±8 | 135±48 |
| 8 | 4 | 10 | 27±5 | 58±7 | 175±39 |
| 9 | 6 | 12 | 27±4 | 59±5 | 168±26 |
| 10 | 4 | 26 | 29±4 | 61±5 | 151±25 |
| 11 | 7 | 21 | 38±9 | 74±15 | 122±42 |

### 4.5.2　挥发分

挥发分含量是影响煤尘有无爆炸性及爆炸性强弱的主要原因。一般情况下,煤尘的挥发分含量越高,其爆炸性越强;挥发分含量越低,其爆炸性越弱,甚至无爆炸性。一般认为,挥发分少于 10% 的煤尘无爆炸性,但这不是统一的标准,在一些国家的限定值为 12%～14%。在高温环境下,特别是温度超过 1200℃ 情况下,一些低挥发分的煤直接与 $O_2$ 发生燃烧反应,即煤炭的快速氧化反应。爆炸传播就是一个煤粒周围的挥发分燃烧的火焰传递给另一个煤粒产生出的挥发分。这就解释了煤尘浓度在爆炸传播中的角色作用。煤尘云中颗粒间的间距应确保火焰与热传递的有效性。发生爆炸后,并不是所有的煤尘颗粒都发生了燃烧。剩下的未燃烧的煤尘颗粒含有焦化颗粒,很少被全部焦化。焦化颗粒的存在就清楚地表明煤尘参与了爆炸。我国对全国煤矿的煤尘可燃挥发分含量与其爆炸性进行试验的结果见表 4.6。

**表 4.6　我国煤尘可燃挥发分含量与其爆炸性的关系**

| 项目 | 可燃挥发分含量/% | | | |
| --- | --- | --- | --- | --- |
| | <10 | 10~15 | 15~28 | >28 |
| 爆炸性 | 除个别外,基本无爆炸性 | 爆炸性弱 | 爆炸性较强 | 爆炸性很强 |

挥发分取决于煤的种类。一般来说,煤的变质程度越低,可燃挥发分含量越高,其煤尘的爆炸性越强。我国各种牌号的煤尘挥发分含量依次增高的顺序为无烟煤、贫煤、焦煤、肥煤、气煤、长焰煤和褐煤。非常值得注意的是,所有的烟煤的挥发分都大于 10%,无烟煤挥发分不大于 10%。因此在烟煤的矿井要特别做好煤尘防爆工作。

### 4.5.3　灰分

灰分在抑制煤尘爆炸方面起到重要作用。灰分能吸收煤尘在燃烧过程中释放出的热量。此外,灰分增加了煤尘的密度,加快了煤尘的沉降速度,这在抑制煤尘爆炸方面也是有一定意义的。目前煤矿所采用的撒布岩粉的做法就是利用了灰分抑制爆炸的原理。煤尘的爆炸性随其灰分含量的增加而降低,具体影响大小如表 4.7 所示。

**表 4.7　灰分对煤尘爆炸性的影响**

| 煤尘的灰分/% | 对煤尘爆炸性的影响 |
| --- | --- |
| <20 | 影响不大 |
| 30~40 | 显著减弱 |
| 60~70 | 失去爆炸性 |

### 4.5.4　水分

煤的水分能起到附加不燃物质的作用,从而阻碍和减弱煤尘爆炸。首先,水分蒸发要吸收热量;其次,当煤尘含水量较高时,会促使尘粒结团而加速沉降,降低形成煤尘云的能力;水分子浓度升高,使水分子与煤尘燃烧时表面放出的甲烷、乙烷等可燃性气体分子发生碰撞的概率增大,阻止煤粉间连锁反应的传播,阻碍煤尘燃烧和爆炸。因此,煤尘含水量越大,其爆炸下限越高。如图 4.6 所示,当煤尘含水量超过 10% 时,煤尘爆炸下限显著增加。试验室还测定当煤粉湿度达到 20% 时,煤尘基本上失去爆炸性。但是,如爆炸已经发生,煤尘自身所含水分就很难起到阻爆的作用。美国在巷道中的实验表明,煤尘的水分即使达到了 25%,也仍然会发生强烈爆炸,此时的煤尘润湿程度已是稠泥状,用手捏即成煤泥球。由图 4.7 可见水分对煤尘点火能量的影响,煤尘的含水量越高,所需的点火能量就越高[10]。

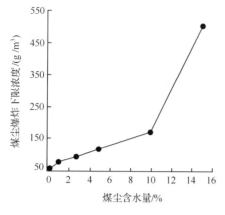

图 4.6　煤尘含水量与爆炸下限浓度的关系

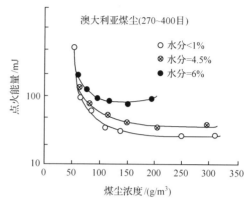

图 4.7　水分对煤尘点火能量的影响

# 4.6　煤尘爆炸的防治

根据上述相关知识可知,煤尘爆炸一旦发生,危害性极大,将会导致巨大损失。因此,煤尘爆炸的防治应以预防为主。

### 4.6.1　防爆

由产生煤尘爆炸的必要条件可知,预防煤尘爆炸的措施可归结为防止悬浮煤尘飞扬的措施(如煤层注水预湿煤体、喷雾洒水、湿式作业等)、防止沉积煤尘重新飞扬参与爆炸的措施(如清除井巷中的沉积煤尘、撒布岩粉等)和防止产生引爆火源的措施(如加强明火管理、防止爆破火源、电气火源及静电火源、防止摩擦和撞击火花等)。

1. 防止悬浮煤尘飞扬

发生煤尘爆炸的条件是,必须存在高浓度煤尘云。如果消灭了呈飞扬状态的可爆性煤尘云,就消灭了煤尘爆炸的一个重要产生条件。所以说,只要积极实施综合防尘技术措施,将悬浮煤尘的浓度控制在其爆炸下限以下,就完全可以避免煤尘爆炸事故的发生。后面几章将对防尘技术进行全面介绍。

2. 消除积尘隐患

煤矿常采用的消除积尘隐患的措施有清扫和冲洗巷道、撒布惰性岩粉、巷道刷浆及喷洒黏结液等。

1) 清扫和冲洗巷道

及时清扫和冲洗巷道是治理落尘、防止沉积煤尘二次飞扬的一种简单而经济适用的方法。为安全可靠起见,清扫前要对积尘进行分析,制定操作注意事项等具体的安全措施。一般情况下,正常通风时应从进风侧由外往里清扫,应尽量采用湿式清扫法。避免清扫器械与金属支护或坚硬岩石发生冲击碰撞而产生火花,造成事故。另外,清扫时尽量避免飞扬煤尘蔓延,清扫后要及时将煤尘全部运出。

　　2) 撒布惰性岩粉

　　岩粉的主要作用就是惰化煤尘,降低其爆炸能力。图4.8[14]所示为加入不同量的岩粉对煤尘爆炸压力和压升速率的影响,从图中可以看出,岩粉的含量越高,爆炸压力和压升速率越小[15]。

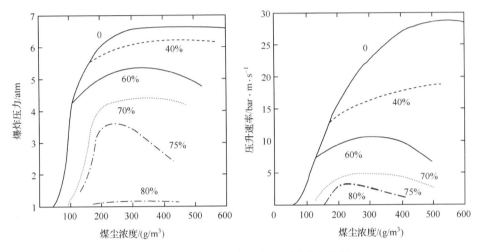

图4.8　岩粉对煤尘爆炸压力和压升速率的影响

　　为验证岩粉对煤尘爆炸的抑制作用,南非科学与工业研究院制作了一个小型实验装置。试验时,将一勺量的煤尘装在一个钢管中,爆炸发生时在钢管的顶部出现大量的火焰并伴有很大的声响,如图4.9(a)所示。当一勺煤尘混合4勺岩粉时(即80%岩尘浓度),爆炸发生时只在管子的出口形成一阵白烟和尘云,如图4.9(b)所示。岩粉非常有效地减少了煤尘爆炸能量的输出。

(a) 未加入岩粉时　　　　　　　　　　(b) 加入岩粉时

图4.9　岩粉抑制煤尘爆炸的对比试验

　　以前煤矿中经常将黏土岩用于惰化煤尘,但由于其游离 $SiO_2$ 含量过高,已被淘汰。美国的标准规定小于 $75\mu m$ 的石灰岩岩粉为标准的惰性岩粉,因为它对人体肺部没有危害。为验证不同岩粉的惰化效果,英国研究人员对石灰石、黏土岩和其他岩粉的惰化效率进行了实验测试。表 4.8 所示为达到惰化效果所需的各种岩粉含量[16]。在波兰的巴尔巴拉煤尘爆炸实验矿井也进行了大量的试验来核实上述结果,研究表明,各种岩粉种类在阻止爆炸传播的效率上是基本相同的[15]。

**表 4.8　达到惰化效果所需的各种岩粉含量**

| 惰性材料 | 含量/% |
| --- | --- |
| 板岩 | 67.5 |
| 硅藻土 | 62.5 |
| 硬石膏 | 60.0 |
| 石灰石 | 57.5 |
| 白云石 | 57.5 |
| 石膏 | 40.0 |

美国矿业局(Unite State Bureau of Mines,USBM)也曾对惰性介质的惰化效果做了广泛的研究,在研究中将不同的惰化剂分别在不同的条件下进行测试,得到如表 4.9 所示的结果[17,19]。从实验结果来看,惰性盐类的阴离子成分比阳离子有更好的惰化效果;按阴离子的惰化效率来排序,其顺序应为:磷酸盐>卤化物>碳酸盐。由于磷酸铵在煤尘燃烧过程中会发挥化学阻化的作用,因此具有比岩粉更高的惰化效率。澳大利亚的一项研究表明,在岩粉中加入少量的磷酸铵可提高惰化效率,且由于磷酸铵的密度(1.803)比岩粉小,所以混合物的分散性更强[20]。美国矿业局用盐类代替岩粉进行阻爆试验,结果表明:在相同质量下,盐类抑制火焰的效率是岩粉的 4~6 倍,盐作为惰化剂的主要劣势在于它的吸湿性和腐蚀性[21]。1962 年,研究人员开始进行以水作为阻爆的实验研究,结果表明在一定质量的条件下,水的惰化效率是石灰石粉的 2.2 倍;在混合物中加入30%~36%的水,实现与岩粉相同的惰化效率[22]。1981 年,美国学者纳吉(Nasy)总结了这一发现但并不推荐把水作为唯一的阻爆措施。

**表 4.9　匹兹堡煤矿的煤尘惰化要求**

| 阻化剂 | 所需惰性介质的质量分数/% | | |
| --- | --- | --- | --- |
| | 8L 腔体 | 直径 2m 巷道 | 实验矿井 |
| $KHCO_3$ | 75~80 | 70~75 | 67~73 |
| $CaCO_3$(岩尘) | 60 | 65~70 | 67~70 |
| KCl(富钾) | 50~55 | 20~30 | 35~40 |
| NaCl(BCD) | 45~50 | 18~24 | 35~40 |
| $NH_4H_2PO_4$(ABC) | 18~20 | 10~15 | 18~24 |

撒布岩粉用量一般根据岩粉和煤粉的混合物中不燃物质的含量而定,美国的标准规定在采煤区域的顶板、两帮和底板的岩粉含量应不低于65%,回风侧的岩粉含量应不低于80%。国内外实验表明,不同类型巷道的岩粉撒布量并不是一个定值,而应以沉积煤尘的挥发分含量为标准来确定岩粉的撒布量,沉积挥发分含量与岩粉撒布量的关系见表 4.10。

**表 4.10  沉积挥发分含量与岩粉撒布量的关系**

| 挥发分含量/% | 20 | 25 | 30 | 35 |
|---|---|---|---|---|
| 岩粉的撒布量/% | >50 | >60 | >68 | >72 |

3）巷道刷浆及喷洒黏结液

巷道刷浆有利于巷道附着煤尘时及时发现和处理,同时利用浆液的黏结作用使沉积煤尘黏结,失去飞扬能力。运输大巷刷石灰浆,一般每年应组织一次。国外在处理积尘隐患方面广泛采用了黏结液喷洒覆盖法。此法很简单,即把含有表面活性物质的湿润剂和吸水盐的水溶液及废机油等喷洒在巷道的周边上,将已沉积的和后来不断沉积的煤尘粘住。喷洒液还可以再加入一定含量的增稠剂,使黏液成为半流体,以提高黏结时间和黏尘效果。但应该注意的是,喷洒黏结液并不是一劳永逸的。随着积尘的不断覆盖加厚,喷洒也需重复进行。当达到一定厚度时,就需要进行清除处理,特别是积尘太厚的巷道,此法防爆并不十分可靠,必须综合治理。

3. 消除火源

1）消除井下明火

明火作业是井下安全生产的最大隐患。要消除井下一切引爆火源,首先就要严格执行《煤矿安全规程》关于消除明火的规定,井口要建立入井检查制度,禁止携带烟草及点火工具下井;井口房和主要通风机房附近 20m 内禁止用烟火和炉火取暖;井下禁止使用电炉和大灯泡取暖,井下和井口房内不准从事电焊、气焊和喷灯焊接等工作;在井下发现煤层自燃时,应立即采取措施加以扑灭。

2）消除瓦斯引燃

消除瓦斯超限和积聚,主要是要保证矿井及各工作场所风量充足,实行分区通风,合理配风,禁止不合理的串联通风、采空区通风和扩散通风,对于已积聚瓦斯的巷道要及时按规定予以排放。要加强通风管理,提高通风设施的质量,减少漏风。在瓦斯管理上,要完善监测手段,装备自动化的监测设施,禁止微风或无风作业,巷道中不得有积聚瓦斯的空硐和独头盲巷,掘进巷道不得出现循环风流。贯穿巷道或贯穿采空区时,都必须严格检查瓦斯,不得有超限积聚现象。

3）消除爆破火焰

爆破喷出火焰或残燃物飞散,是引起煤尘爆炸的一个重要原因。因此,要加强对火药和爆破的管理。爆破必须使用煤矿安全炸药,并按规定填满炮泥和装药,严禁放明炮和放糊炮。

4）消除电气失爆

井下使用的所有电气设备都必须按规定采用隔爆型设备,电气防爆设备要及时检查维修,严禁失爆,切实把好电气设备的入井关,安装使用关、维护检修关,保证电气设备的防爆性能和综合保护的灵敏可靠,严禁带电作业。

5）消除其他火源

斜巷运输应有防止跑车的保险装置,以防止发生跑车事故时,摩擦起火;对高瓦斯区域和高瓦斯工作面,还应有防止金属支柱或轨道碰撞产生火花的技术措施;必须采用阻燃运输胶带,防止胶带长期摩擦造成发热起火;对井下所用油脂品要落实专人管理;采取措施消除采空区及井下其他地点产生 35℃以上的高温和煤炭自燃发火。

但是,各种防尘和处理沉积煤尘的技术能力是有限的,巷道中总是不断地有新鲜煤尘沉降在巷道中,特别是在机械化采掘工作面的巷道内煤尘的沉积强度更大,所沉积的煤尘一旦被吹扬起来成为浮游煤尘,其浓度即可达到爆炸下限浓度。因此,还必须在煤矿井下安设隔爆或主动抑爆设施,一旦发生煤尘爆炸,这些设施或装置就可以将爆炸火焰截住、熄灭,阻止爆炸的传播,缩小受灾范围,降低破坏程度。

### 4.6.2　隔爆

隔爆是指把已经发生的爆炸限制在一定范围内,不让爆炸火焰继续蔓延,避免爆炸范围扩大。其中安装有隔爆介质的隔爆棚已是煤矿井广泛使用的隔爆措施。运用隔爆棚隔绝煤尘爆炸的原理是在 1910 年由法国人塔法内尔(Taffanel)首次提出的,他在基于爆炸冲击波领先于爆炸火焰这一事实的基础上,设计出了世界上第一个搁板式粉尘隔爆棚。但由于研究有限,在法国克拉朗斯煤矿(Clarence mine)发生煤尘爆炸时隔爆棚并未发挥作用,但经过后人大量研究与完善,使得隔爆棚得到广泛应用。

隔爆棚是指在煤尘爆炸的传播路线上放置盛有消火剂的容器(岩粉或水),当发生瓦斯、煤尘爆炸时,在爆炸火焰到达隔爆棚区前,爆炸产生的前驱爆炸波掀翻盛放岩粉的木板或使水槽、水袋破碎,形成弥漫飞扬状态的惰性岩粉或水雾,在巷道中形成扑灭火焰的抑制带,起到吸热、降温、阻燃的作用,控制灾变破坏范围,把爆炸区域限制在最小的范围之内,其作用过程如图 4.10 所示。

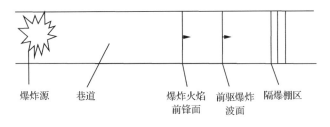

　　爆炸源　巷道　　　爆炸火焰　前驱爆炸　隔爆棚区
　　　　　　　　　　前锋面　　波面

图 4.10　隔爆作用过程简示图

煤矿隔爆棚发挥隔爆作用必须满足两个条件:一是前驱爆炸波能掀翻隔爆棚,形成悬浮状态的岩粉或水雾带;二是爆炸火焰滞后前驱爆炸波到达隔爆棚的时间大于隔爆棚的动作时间过程,同时又小于隔爆棚的动作时间与水雾或岩粉的持续时间之和,使爆炸来临时隔爆棚保持最优隔爆状态。

根据隔爆物不同,可将隔爆棚主要分为岩粉棚和水棚两种。根据布置方式不同,分为集中式和分散式[23]。现在最广泛使用的隔爆棚是波兰提出的搁板式岩粉隔爆棚和德国提出的水槽棚,为解决搁板式岩粉防潮湿的难题,南非提出了吊挂式岩粉隔爆袋,如图 4.11 所示。

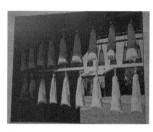

(a) 搁板式岩粉隔爆棚　　　　　　(b) 水袋隔爆棚　　　　　　(c) 吊挂式岩粉袋隔爆棚

图 4.11　煤矿井下的隔爆装置

德国试验表明,当爆炸火焰速度较低($\leqslant$25～45m/s)或较高($\geqslant$1000m/s)时,水槽棚起不到隔爆作用。主要原因是,当冲击波速度较低时,产生的负压过小,不能将水槽内的水吸出;当火焰速度过大时,冲击波与火焰到达隔爆棚的时差太短,水槽内的水尚未洒出来,火焰就已穿过隔爆区了。只有在中等爆炸火源速度(50～350m/s)下,被动式水槽棚才能起作用,此时,冲击波吸出的水刚好能在火焰到来时散布于巷道空间,从而起到阻止爆炸的传播作用。因此,尽管水在一定实验条件下对煤尘爆炸的阻爆效果明显,但水的分散能力较差及作用时间较短,实际上其灭火阻爆能力一般得不到发挥,我国已发生的多起煤矿特大爆炸事故案例也表明已有的水槽隔爆措施并未起到有效作用。目前,世界上的一些主要产煤国家,如南非和美国只把岩粉棚作为唯一的隔爆措施。

### 4.6.3　抑爆

抑爆是指利用爆炸探测器感应初始爆炸,中心控制单元触发抑制器动作,扑灭爆炸火焰,防止容器设备或巷道空间产生过高的压力。抑爆实际上是一种主动消除爆炸威胁的技术措施。发生煤尘爆炸时,爆源周围环境的气体状态参量因出现火焰,温度急剧上升、压力升高而发生突变。抑爆措施就是借助于传感器把这些物理参量的变化接收下来,转换成电讯号,通过控制器自动启动抑爆机构在预定地点喷洒高浓度的消焰抑爆剂,把刚好到达的火焰扑灭。抑爆技术的有效性和可靠性取决于矿尘的物理化学性质、爆炸特性参数、抑爆空间的几何参数及初始流动状态、抑爆系统的爆炸探测方式、抑爆剂的选择及抑爆器的各种技术参数等[24]。因此抑爆技术的研究主要涉及爆炸探测方式、抑爆剂及数量、抑爆器喷洒技术参数三个方面的问题。

常用的探测方式主要有火焰辐射探测方式、爆炸压力探测方式或组合探测方式。对瓦斯煤尘爆炸,通常采用对瓦斯或煤尘火焰敏感的红外火焰传感器或紫外火焰传感器与压力传感器组合探测方式,为确保探测的可靠性,要求压力和火焰传感器同时工作才启动抑爆器工作。

抑爆剂按其在抑爆过程中作用机理可以大致分为三种类型:化学作用机理、物理作用机理和物化混合作用机理。化学作用机理是以吸收反应中产生的自由基为主,借助抑爆粉体(如 NaCl、KCl 等)的作用,消耗燃烧反应中的自由基 H 和 OH,使自由基数量急剧减少,使燃烧的链反应终端,最终使火焰熄灭,爆炸终止;物理作用机理是指抑爆剂在高温下,放出结晶水或发生分解,分解生成的不活泼气体又可以稀释燃烧区域的氧气浓度,从而起到冷却与窒息作用,如碳酸钙(岩粉)、$SiO_2$ 等。物理作用机理又可以分为自身吸热分解、失去结晶水的吸热过程、隔绝热传导和稀释氧浓度 4 类情况或其综合;物化混合作用机理是综合了物理抑制和化学抑制两方面的抑制机理,其作用过程是先吸热分解,生成物具有吸收自由基的作用,因此,其具有混合抑制机理。目前常用的抑爆剂主要有卤化物(Halon)系列、水、磷酸盐或碳酸盐等粉体抑爆剂。

抑爆设备能否快速喷洒抑爆剂并维持抑爆带是系统能否有效抑爆的另一个关键。根据抑爆器的工作原理可分为储压式、爆破抛散式和实时产气式。抑爆过程极其复杂,整个抑爆系统的有效性和可靠性受诸多因素影响。因此,抑爆系统的研究开发都必须针对特定的粉尘种类和实际工艺条件,采用试验的方法确定抑爆系统的各种技术参数,并通过抑爆效果的考察试验对系统的有效性和可靠性等各项技术性能进行评价[25]。

目前,许多国家已研究出主动(自动)抑爆装置,并在一定范围内进行了试验应用。随着科技的不断进步,在未来的煤矿防治瓦斯与煤尘爆炸的技术体系中,抑爆装置将会得到更多应用。

## 4.7　本章小结

煤尘爆炸是化学性爆炸,煤尘的爆炸性主要取决于其所含可燃性挥发分含量,一般煤尘爆炸下限浓度为 $50g/m^3$。煤尘爆炸产生高温高压和大量有毒有害气体,具有连续爆炸特点,造成的灾难最为严重。煤尘爆炸时,结焦性煤尘会产生焦炭皮渣与黏块,即"黏焦",煤尘爆炸所特有的产物;对于不结焦的煤尘,其挥发分减少。这二者是判别煤尘参与爆炸的标志。

预防煤尘爆炸的措施包括防止悬浮、沉积煤尘飞扬和防止产生引爆火源的措施。防止悬浮煤尘飞扬的措施包括煤层注水预湿煤体、喷雾洒水、湿式作业等。防止沉积煤尘重新飞扬参与爆炸的措施主要是清除井巷中的沉积煤尘和撒布岩粉,撒布岩粉用量一般根据岩粉和煤粉的混合物中不燃物质的含量而定。在采煤区域的顶板、两帮和底板的岩粉含量应不低于 65%,回风侧的岩粉含量应不低于 80%。防止产生引爆火源的措施包括加强明火管理、防止爆破火源、电气火源及静电火源、防止摩擦和撞击火花等。

隔绝煤尘爆炸的主要措施为隔爆棚,分为岩粉棚和水棚两种。由于水的分散能力及作用时间不如岩粉,岩粉棚或吊挂岩粉袋具有更好的灭火阻爆能力。

### 参 考 文 献

[1] Wikipedia. List of accidents and disasters by death toll. http://en. wikipedia. org/wiki/List_of_accidents_and_dis-asters_by_death_toll. [2013-01-31]

[2] 国家煤矿安全监察局. 建国以来煤矿百人以上事故案例汇编. 徐州:中国矿业大学出版社,2007:1-20

[3] Rice G S. The explosibility of coal dust. US Bureau of Mines Bulletin No. 20,1911

[4] Hertberg C. Industrial dust explosions. ASTM STP958,1987:324

[5] Taffanel J,Le Floch G. Sur la combustion des melangesgazeux it les regards a l'inflammation. Comptrend,1913,156:1544

[6] Nagy I,Verakis C. Development and Control of Dust Explosions. New York:Marcel Dekker,Inc. ,1985

[7] 杨大明,孙承仁,李英贤,等. 煤矿通风与安全技术. 北京:煤炭工业出版社,1989:268

[8] 管志光. 20 世纪河南重大灾害纪实. 北京:地震出版社,2002:154

[9] 杨书召. 受限空间煤尘爆炸传播及伤害模型研究. 河南理工大学博士学位论文,2010

[10] 张延松,王德明,朱红青. 煤矿爆炸、火灾及其防治技术. 徐州:中国矿业大学出版社,2007

[11] Cybulski W. Coal dust explosions and their suppression. Foreign Scientific Publications Department of the National Center for Scientific,Technical and Economic Information,Warsaw,Poland,1975

[12] Nagy J,Verakis,H. Development and Control of Dust Explosions. NewYork,Basel:Marcel Dekker,1983

[13] du Plessis J J L. Ventilation and Occupational Environment Engineering in Mines. Mine Ventilation Society of South Africa,2014

[14] Hartman H L, Mutmansky J M, Ramani R V, et al. Mine Ventilation and Air Conditioning(3rd Edition). New York: Wiley-Interscience, 1997

[15] Hertzberg L,Cashdoller,Hertzberg M. ASTM Pub. STP958,American Society for Testing and Materials,Philadelphia,1987:5-32.

[16] Mason T N,Wheeler R V. The inflammation of coal dusts. The effect of the nature of added incombustible dust. Buxton,UK:Safety in Mines Rearch Establishment (SMRE). SMRE Paper,1933,79

[17] Cybulski W. Investigations on the efficiency of commom stone dusts in preventing propagation of explosion of coal dust. KomunikatGiG,1954,140

[18] Gruner J. Recent research concerning extinguishment of coal dust explosions. Proc. 15th symposium on Combustion,The combustion Institute,Pittsburgh,USA,1975:103-114

[19] Richmond J K. Lieman I,Bruszak A C,Miller L F. A physical description of coal mine explosions. Part Ⅱ. Proc. 17th symposium on Combustion,The combustion Institute,Pittsburgh,USA,1979:1257-1268

[20] Jensen B,O'Briene T. Design and efficiency of dust and water explosion barriers in modern Australian Mines. Austr. http://www. acarp. com. au/abstracts. aspx? repid=C4030[2013-03-30]

[21] Greenwald H P,Howarth H C,Hartman I. Test of salt as a substitute for rock dust in the prevention of coal dust explosion in mines. USBM Resport of Investigation 3529,1940

[22] Mitchell D W,Nasy J. water as an inert for neutralizing the coal dust explosion hazard. Washington:US Bureau of Mines. USBM Information Circular IC 8111,1962

[23] du Plesis J J L. Development and evaluation of the bagged stone dust barrier. phD thesis,Johannesburg:University of the Witwatersrand,2000

[24] 田宏,杨光,付燕平. 被动式爆炸抑制技术. 工业安全与环保,2005,31(11):42,43

[25] 金龙哲,李晋平,孙玉福. 矿井粉尘防治理论. 北京:科学出版社,2010:87-90

# 第5章　煤层注水减尘

煤层注水是在煤层开采之前对其进行钻孔注水,增加煤的水分,使煤体得到预先湿润,减少煤尘的产生和飞扬,采煤工作面预防煤尘产生的一种治本方法。

20世纪40年代,苏联首次开展煤层注水减尘的试验并取得较显著效果。德国、法国、波兰、英国、比利时和美国等几个主要产煤国家陆续对煤层注水做了大量试验研究,并将其成果积极推广应用。我国于1956年在本溪彩屯矿进行了国内第一次长钻孔煤层注水试验,六七十年代,抚顺、石炭井、本溪、阳泉、新汶、开滦等多个矿区试验了煤层注水技术,有效降低了工作面浮尘浓度。70年代末至80年代,国内开展了煤层注水工艺及配套设备的研究,研制出用于动压注水的注水泵、封孔器及注水专用钻机等。随着我国采煤机械化程度的提高,煤层注水技术获得广泛应用。

本章介绍煤层注水机理、煤层注水方式以及煤层注水工艺三个方面的内容。

## 5.1　注水减尘原理

煤层注水主要通过水对煤体的预先润湿来达到减尘的目的。水对煤体的润湿作用与水在煤层中的运动密不可分,并受多种因素的影响。

### 5.1.1　注水的减尘作用

煤层注水减尘实质在于用水预先润湿尚未采落的煤体,使其塑性增强、脆性减弱,同时可将煤体中原生细尘黏结为较大的尘粒,从而在开采过程中减少浮游煤尘的产生。此外,煤层注水具有连续减尘效果,注水后的煤层,在装载、运输、提升到地面等的过程中均具有一定的减尘作用。煤层注水的减尘作用具体体现在以下三个方面[1~5]。

**1. 润湿黏结原生煤尘**

煤体在形成和地质构造发生和发展的过程中形成了无数的裂隙、孔隙,在煤层尚未采落之前,在各种裂隙中就已经存在着一些煤尘,这些煤尘是由于煤层在构造运动中受挤压或在开采前受地层集中压力的作用而产生的,称为原生煤尘。水进入后,可将这些原生煤尘预先润湿黏结,使其在破碎时失去飞扬能力,从而有效地消除这一尘源。

**2. 润湿包裹煤体**

水通过自运动和压差运动,不仅进入较大的构造裂隙、层理、节理,而且在极细微的孔隙中也有水的存在,这样整个煤体便有效地被水所包裹起来。当煤体在开采中受到破碎时,因为在绝大多数的破碎面均有水的存在,从而消除了细粒煤尘的产生和飞扬,即使煤体破碎得极细,渗入细微孔隙的水也能使之预先湿润,达到预防浮游煤尘产生的目的。

### 3. 改变煤体的物理力学性质

水润湿煤体后,煤体的塑性增强,脆性降低。采煤时许多脆性破碎变为塑性形变,因而煤体破碎为尘粒的可能性减小,煤尘的产生量降低。例如,通过对抚顺胜利矿浸水后的煤样进行物理力学性质的研究发现,当湿煤样试块水分增加值为 0.58%~0.75% 时,其垂直于层理面方向的单向压缩变形量比干煤样增加 13.4%~14.5%,另外,对浸水后煤试样做的落锤破碎试验结果也证明了浸水后的湿煤塑性韧性增大,脆性减弱,受冲击时减少了煤炭破碎程度[6]。

### 5.1.2　水在煤层中的运动

煤层注水减尘的前提是水能有效进入并润湿煤体,由于煤层的裂隙和孔隙是水进入煤体的通道,因而需首先了解煤体的裂隙和孔隙结构。煤层是具有原生粒间孔隙和裂隙的双重结构,煤层中发育着两组大致相互垂直的纹理,即裂隙,其中连片的主要割纹理称为面割理,将面割理连接起来的较短裂缝称为端割理,这些割理组成的网络将煤层分割为许多小的基质块,每个基质块中又存在着许多的粒间孔隙,如图 5.1 所示[7]。煤基质虽然含有一定的孔隙结构,但由于孔隙直径太小,水无法通过流动形式进入孔隙空间。裂隙系统通道直径相对较大,因而是水的主要流通途径。

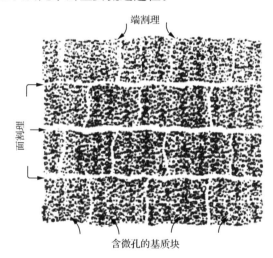

图 5.1　煤层割理系统示意图

当通过钻孔向煤层注水时,水首先沿着煤体中较大的裂隙系统通道流动,这是一个克服煤体内部阻力的过程(如瓦斯压力等),对于渗透率较低的煤层,这时会出现明显的不进水现象,需达到一定的注水压力(临界压力)才能有效注水。煤体裂隙系统随后在水的压力作用下,逐渐扩大丰富,压力水不断进入煤体,并在裂隙中形成滞留的过程,这是注水渗流湿润的主要过程,随着煤层水分的逐渐饱和,进水程度也逐渐减弱。在水沿着裂隙系统通道流动的同时,各类细微孔裂隙(孔隙直径小于 $10^{-8}$ m)以较低的流速吸附渗流通道中的水,此时主要是毛细作用,吸附的时间越长,吸附水量越多。

　　整个注水过程一方面是扩充渗透通道空间及其广度,将水送至煤体内各处;另一方面是依靠细微孔隙的毛细作用逐渐吸附这部分水。水在各级孔隙中的运动速度也存在很大差异,注水实践表明,水润湿煤体的层理、节理面只需数小时到数天,而使得煤体大部分细微孔隙润湿则需要十余天到数十天,最终沿钻孔径向大致形成相对饱和区(钻孔周围)、非饱和区以及非湿润区,其中非饱和带占煤体注水范围的大部分,如图 5.2 所示[8]。

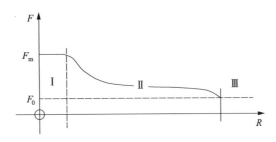

图 5.2　煤体湿润区带

Ⅰ. 相对饱和区;Ⅱ. 非饱和区;Ⅲ. 非湿润区

　　需要说明的是,由于煤体裂隙、孔隙分布的不均匀性以及在空间上的差异性,且注水过程中,煤体内部结构还可能会在注水压力的作用下发生改变,所以水在煤体中的运动具有复杂性,其在煤体裂隙、孔隙中渗流运动规律需进一步研究与完善。

### 5.1.3　影响注水效果的因素

　　注水减尘率的高低受到多种因素影响,主要与水对煤层的渗透性和湿润性有关。理论分析和现场实践表明,注水影响因素主要包括煤的裂隙和孔隙的发育程度、上覆岩层压力及支承压力、煤的物理力学性质、煤层瓦斯压力以及液体性质等。这些因素也是分析煤层注水难易程度、选择注水方式、确定注水各项工艺参数以及提高注水减尘效果的重要依据。

　　1. 煤层裂隙、孔隙的发育程度

　　由 5.1.2 节可知,煤体裂隙性和多孔性是煤层注水的先决条件。煤层的裂隙系统包括由内部应力变化所产生的内生裂隙、在地质构造和开采形成的集中应力作用下产生的外生裂隙和次生裂隙等。内生裂隙以中等变质程度的煤层最为发育,而低变质和高变质的煤中则较少;外生裂隙和次生裂隙在脆性较大的中等变质程度的煤层(如焦煤、肥煤等)较发育,在坚硬、韧性较大的长焰煤或无烟煤中较少。煤层的裂隙系统的发育程度决定了煤层的透水性,裂隙越发育的煤层透水性越好,越易于注水。但对于注水区域内存在断层、破裂面等裂隙情况,由于水易从发达的裂隙中迅速流动而散失于远处或煤体之外,预湿煤体的效果不佳。

　　对于煤体的孔隙系统,其发育程度一般用孔隙率表示,即孔隙的总体积与煤的总体积的百分比。煤层的孔隙率与煤层的变质程度呈"U"形曲线关系,随着变质程度的增加,煤体内的挥发物质、水分和瓦斯的泄出量增多,所形成的孔隙也增加,孔隙率提高;在低变质的煤层中,由于大量挥发性物质的存在,煤体结构疏松,孔隙率反而也增大,如图 5.3 所示[1],当挥发分高时,孔隙率也高,而后随着挥发分的降低而降低,当挥发分为20%~30%时最低,最后随挥发分的降低又逐渐升高。一般泥炭、褐煤的孔隙率较大,而中等变质程度的煤孔隙为4%~5%[9]。

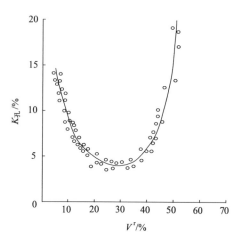

图5.3　煤的孔隙率与变质程度的关系

煤层的孔隙率与煤层透水性、煤层天然充水程度都具有一定的函数关系,而煤层透水性和天然充水程度直接影响湿润效果,因而煤层孔隙率是影响注水效果的重要因素。根据实测资料,煤层的孔隙率小于4%时,透水性较差,注水无效果;当孔隙率为15%时,煤层透水性及注水后充水程度最高,注水效果最佳;而当孔隙率达40%时,煤层成为多孔均质体,天然水分丰富无需注水,多属褐煤煤层。事实上,由于煤层水分大于4%的煤层进行注水后效果不大明显(降尘率10%左右),所以原有自然水分或防灭火灌浆后水分大于4%的煤层可不再实施注水措施。

**2. 上覆岩层压力及支承压力**

上覆岩层压力及支承压力影响着煤体的孔隙率和透水性。煤层埋藏深度不同所承受的地层压力也不同,当埋藏深度增加时,煤层承受地层压力也随之增加,裂隙和孔隙变小,煤体透水性能降低,所需的注水压力也将提高。在长壁采煤工作面的超前应力集中带或其他大面积采空区附近的应力集中带内,煤层因承受的压力增高,孔隙率比受采动影响的煤体要小60%~70%,煤层的透水性减弱。

**3. 煤的物理力学性质**

煤体的硬度、强度、韧性和脆性等物理力学性质对注水均会有影响,主要通过煤体的坚固性系数体现。它是反映煤体破碎难易程度的综合指标,既可概括煤体的韧性、脆性等物理性质,也可体现煤的裂隙、孔隙情况。实践证明,若其他条件相似,坚固性系数较小的煤层,较易注水,而坚固性系数较大的煤层较难注水。值得说明的是,对于一些有夹矸、质地非常松软且遇水易膨胀的煤层,虽然其坚固性系数较小,但却不易注水,一方面是注水中细末状的煤泥可能堵塞孔壁,另一方面是夹矸等膨胀可能堵塞煤层内的裂隙通道,导致注水困难。

### 4. 煤层内瓦斯压力

煤层内的瓦斯压力是注水的附加阻力,水克服了瓦斯压力的阻力后所剩余的压力才是注水的有效压力。煤层中的瓦斯压力对注水压力有较大影响,在瓦斯压力较大的煤层,为了取得相同的注水流量,往往需要提高注水压力。此外,在具有突出危险性的煤层,尤其是突出煤层上山掘进面不适合用煤层注水防尘:由于在有突出危险性煤层中,导致煤与瓦斯突出的地应力、瓦斯压力以及煤层性质这三个因素都处于不稳定状态,煤层注水工艺的过程本身就带有振动力和冲击力,这些外力会加速瓦斯解吸,并会导致工作面前方应力发生突变,造成煤与瓦斯突出。

### 5. 液体性质

当煤层条件一定时,水的性质决定着煤体的湿润效果。煤是极性小的物质,水的极性较大,而两者的极性差越小,煤体越易湿润,因而为提高水对煤体的润湿效果,需减小水的极性,降低水的表面张力,可以在水中添加表面活性剂,如表 5.1[10] 所示为采用湿润剂技术前后降尘效果的对比情况。

**表 5.1　煤体使用湿润剂技术前后降尘效果对比**

| 效果对比 | 使用时间 | | | |
|---|---|---|---|---|
| | 打眼 | 放炮 | 推煤 | 回风巷 |
| 使用前/(mg/m³) | 91.45 | 101.74 | 20.1 | 14.59 |
| 使用后/(mg/m³) | 7.8 | 45.5 | 12 | 8.5 |
| 降尘率/% | 91.27 | 55.28 | 40.3 | 41.74 |

## 5.2　煤层注水方式

煤层注水发展至今,所使用的方法主要有长钻孔注水、短钻孔注水以及深孔注水。

### 5.2.1　长钻孔注水

我国最早于 1956 在本溪彩屯矿进行了国内第一次长钻孔煤层注水的试验[11],目前,长钻孔注水已成为广泛使用的注水方式。

当煤层赋存稳定,无走向断层、沿倾斜方向煤层的倾角变化不大时,可在走向长壁采煤工作面的回风巷或在运输巷中,向煤层倾斜方向,平行于工作面打下向孔或上向孔。如图 5.4 所示。上向钻孔容易排除孔中的煤粉,不足是封孔较困难,注水时不能利用水的自重。下向钻孔在钻孔时排除煤粉较困难,但易于封孔注水,水在外加压力和自重的作用下易于向下渗透,对湿润煤体有利。一般来说,下向注水比上向注水优越性大。若单向钻孔不能湿润工作面全长或沿倾斜方向煤层倾角变化较大时,应采用双向钻孔方式,如图 5.5 所示。

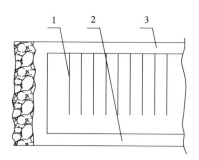

图 5.4　下向钻孔布置方式
1. 钻孔；2. 进风巷；3. 回风巷

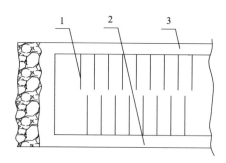

图 5.5　双向钻孔布置方式
1. 钻孔；2. 进风巷；3. 回风巷

当煤层的裂隙发育，而且主裂隙与工作面推进方向的交角超过 50°时，或者煤层透水性很强，且煤层倾角较大时，为了扩大钻孔两侧的湿润范围，钻孔应采取伪倾斜布置，如图 5.6 所示。

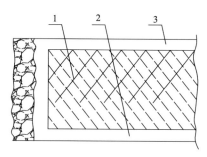

图 5.6　伪倾斜钻孔布置方式
1. 钻孔；2. 进风巷；3. 回风巷

此外，当煤层厚度较大时，在垂直于顶底板方向煤层渗透性较差，为充分湿润煤层全厚，可采用扇形钻孔方式，如图 5.7 所示。

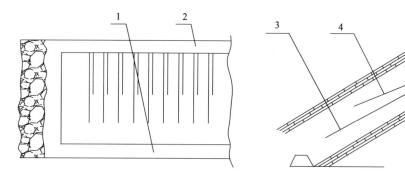

图 5.7　扇形钻孔布置方式
1. 进风巷；2. 回风巷；3. 下部孔；4. 上部孔

目前，利用煤层瓦斯抽放钻孔代替注水孔的长孔注水方法也得到了应用，可提高钻孔的利用率和注水湿润效果。

长钻孔注水方式优点较多，由于长钻孔注水作业超前于工作面，注水有充足的时间，为水在煤体孔隙中的毛细渗透作用创造了条件,因此其湿润均匀、湿润范围大;注水作业远离工作面,因此注水对采煤作业干扰和影响小。但由于注水钻孔较长,对地质条件的变化适应性较差,在断层较多、煤层倾角变化较大的煤层中钻孔难度大,封孔技术复杂,因此长钻孔注水方式适合于回采强度大、地质条件好的中厚煤层和厚煤层。

### 5.2.2　短钻孔注水

短钻孔注水自 20 世纪 50 年代起在我国本溪、开滦、萍乡等局、矿进行试验和应用[8],钻孔垂直于工作面的煤壁或与煤壁斜交,孔的长度为采煤工作面一个循环的进度,一般为 2～3.5m,一次注水湿润一个循环进度的煤体范围。如图 5.8 所示。

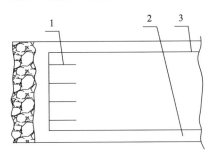

图 5.8　短钻孔注水示意图

1. 钻孔;2. 进风巷;3. 回风巷

短钻孔注水方式注水孔短,注水压力不高,注水设备、工艺、技术较简单,对地质条件及围岩性质适应性强。但注水作业在工作面内进行,会与回采发生矛盾;且注水作业需在较短时间内完成,湿润范围较小;其所需的钻孔数量多,封孔频繁而不易严密。对煤层赋存不稳定、地质构造复杂、煤层较薄、产量较低的采煤工作面或顶、底板易吸水膨胀而影响顶板管理的工作面较为适用。

### 5.2.3　深孔注水

深孔注水时钻孔垂直于工作面煤壁,孔的长度为采煤工作面数个循环进度,一般为 5～25m,如图 5.9 所示。它具有短钻孔注水方式所具有的很多优点,钻孔数量较少,湿润范围大且均匀。但由于钻孔所处位置地压比原始压力高,原生裂隙处于压紧状态,而次生

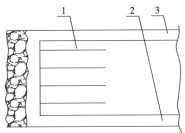

图 5.9　深孔注水示意图

1. 钻孔;2. 进风巷;3. 回风巷

裂隙尚未大量形成,因此通常注水压力较高,设备、技术较为复杂。其适用于采煤循环中有准备班或每周有公休日,以便在此期间进行注水工作。

需要指出的是,当注水煤层的上、下部要有现成的巷道,且其他条件适宜时,可采用巷道注水方式,但其在现场采用较少。

选择注水方式时应综合考虑煤层赋存状况、注水设备情况、围岩性质、采煤工艺以及各种注水方式的适用条件等。此外,生产实践中单一的注水方式有时不能满足现场的实际需要,这时可合理采用不同注水方式联合注水。如采用长、短孔联合注水方式时,可减少工作面短孔注水时间,减少或避免注水与生产发生的矛盾,同时又可弥补长孔注水存在盲区及注水量达不到要求的缺点。

## 5.3　煤层注水工艺

钻孔、封孔以及注水是煤层注水技术三个重要环节,本节将结合目前广泛使用的长钻孔注水方法对煤层注水工艺进行具体阐述。

### 5.3.1　钻孔工艺

#### 1. 钻孔布置

长钻孔注水的钻孔方式如 5.2 节所述,应因地制宜地选取,在一定条件下可选择一种形式,也可多种形式配合使用。以下主要阐述钻孔位置和钻孔参数的确定,其中钻孔参数主要包括钻孔直径、钻孔倾角、钻孔长度、钻孔间距。

(1) 钻孔位置。钻孔位置的确定应结合煤层各小分层的硬度和围岩性质,如 5.1 节所述,煤的裂隙、孔隙对注水效果具有较大影响,若煤体中的裂隙数量少且其张开量有限,注水时水所能扩散的范围越小,则湿润的煤体体积越小;若煤体中裂隙数量多且裂隙张开量较大,则注入的水易从煤体表面泄漏而不能充分利用毛细作用润湿煤体,所以应根据工作面前方的裂隙发展情况,选择在裂隙发育且裂隙张开量不大的区域进行钻孔注水。同时,考虑到钻杆的下沉,开孔位置一般在煤层厚度的中上部。

(2) 钻孔直径。钻孔的直径与煤的硬度、破碎情况、封孔方式方法及钻具条件等有关。若煤体较硬、要求注水量较大、封孔技术较好,这时便可取较大的孔径,反之取较小的孔径。我国在采用岩石电钻打孔时,钻孔直径较小,孔径一般为 $\phi40\sim50\mathrm{mm}$;用钻机打孔时,钻孔直径较大,孔径为 $\phi53\sim60\mathrm{mm}$,少数大于 $\phi70\mathrm{mm}$[12]。

(3) 钻孔间距。钻孔间距的大小取决于煤层的透水性、渗透的各向异性、煤层厚度和倾角、钻孔方向等,可根据煤层注水的湿润半径计算,合理的钻孔间距应为湿润半径的两倍。湿润半径的测定方法:在煤层注水钻孔周围每隔一定的距离钻设一个观察孔,从孔中取出煤屑测定其水分的增加量,距离注水钻孔最远的能测到水分增加量的钻孔距离即为注水湿润半径,一般以煤体水分增加 1% 作为确定湿润范围的标准。我国长钻孔注水孔间距大多为 10~25m。当采用扇形钻孔布置方式时,上部孔和下部孔间距为 1~3m。

(4) 钻孔长度。钻孔长度受煤层透水性、工作面长度以及煤层厚度、倾角等因素影响。煤层的透水性决定了水在煤体中的运动速度,因而对孔长有直接影响,在工作面斜长相同的条件下,透水性强、倾角大的煤层下向孔的长度可选取较小值,以防止水很快渗入机巷,使机巷煤壁过早泄水,影响走向方向煤体的湿润。一般情况下,倾斜孔的长度随工作面斜长的加大而增加,以保证在预定的注水时间湿润工作面全长。在薄煤层中,为避免钻孔穿入顶底板,可缩短孔长,适当加长注水时间,以期全部湿润煤体。同时,在地质构造复杂,倾角变化较大,褶曲断层较密时,应当按照避开地质构造为原则确定每个孔的具体长度,以确保较好的钻孔质量和注水效果。单向钻孔时,钻孔长度一般按式(5.1)计算:

$$L = L_1 - S \tag{5.1}$$

式中,$L$ 为钻孔长度,m;$L_1$ 为工作面长度,m;$S$ 为随煤层透水性与钻孔方向而变的参数,m。对于透水性强的煤层,上向钻孔时取 $S \geqslant 20\text{m}$,下向钻孔可取 $S = (1/3 \sim 2/3)L_1$;对于透水性弱的煤层,上、下向钻孔取 $S = 20\text{m}$。

(5) 钻孔倾角。钻孔的角度一般与煤层倾角一致,使钻孔始终维持在煤层内,以免穿入顶、底板。但在钻孔过程中,由于钻头的高速旋转以及煤层结构的差异,即使是短钻孔注水也很难保证钻孔方向不发生改变。对于长钻孔注水,钻孔本身较长,因而更应考虑钻杆和钻具会因其重力影响要沿铅垂方向下沉而使钻孔下弯的问题,为此在确定钻孔倾角时,应根据钻孔的下沉情况,按煤层倾角作出相应调整。

### 2. 钻孔施工

目前煤层注水钻孔常用矿用地质钻机和岩石电钻,短钻孔注水多用煤电钻。如果巷道宽度不能满足钻孔施工操作要求,或为了避免钻孔施工与生产互相干扰,则需准备钻场。钻孔施工如图 5.10 所示。

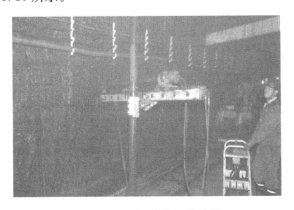

图 5.10　煤层注水钻孔过程

钻孔时常会遇到钻孔偏斜以及卡钻问题。对于钻孔偏斜的问题,应根据调查资料及现场实际合理确定钻孔开口的角度,同时提高钻机安设的稳定程度,防止钻机的振动和抖动。卡钻的直接原因是钻进过程中产生的煤颗粒没有及时排出,尤其在出现塌孔现象时,孔内塌落的大块煤粒更是无法被水冲出,加上塌孔后的钻孔内壁凹凸不平,增加了排出煤颗粒的难度,因而使煤颗粒会在钻孔中越积越多,容易卡住钻杆。应对卡钻问题,一方面可根据现场情况适当增加冲孔的水量,另一方面可采用合适的钻头以及钻屑排出方法,在提高钻孔质量的同时,及时排出钻屑。

### 5.3.2　封孔工艺

钻孔封孔是注水工艺技术中的一个重要环节,封孔质量直接影响注水效果。

1. 封孔方式

从国内外情况看,目前封孔方式主要以水泥砂浆封孔和封孔器封孔为主,同时还有聚氨酯封孔和高压气囊封孔等封孔方式。

水泥砂浆封孔需要的劳动强度大、投入的人力和物力较多,但其具有成本低、承受压力高等优点。由于水泥砂浆封孔方法的不断改进与完善,且封孔质量可靠,因而得到了广泛使用,尤其当钻孔壁不平整、孔形不规则、煤壁较破碎的条件下,水泥砂浆封孔可较好保证封孔质量。在这种封孔方式中,向钻孔中充填水泥的方法有水泥砂浆灌注法、人工封堵法、送泥器封堵法、压气封堵法以及泥浆泵封堵法等。其中,水泥砂浆灌注法比较简便,使用广泛。如图5.11所示,在注水管前端距管口100mm处焊一个比扩孔直径稍小的圆盘,在管前端100mm位置捆扎棉纱等物,并将注水管插入孔内,以固定注水管和防止漏浆。注水管露出煤壁0.5m。然后将合适比例的水泥砂浆灌入钻孔,待砂浆凝固后可进行注水,可在砂浆中添加少量速凝剂以加速凝固。水泥砂浆灌注法多用于下向孔封孔,上向孔的封孔可采用压气封堵法和泥浆泵封堵法。

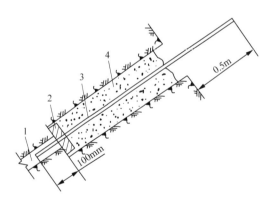

图5.11　水泥砂浆灌注法
1. 钻孔;2. 档盘;3. 注水管;4. 水泥砂浆

封孔器封孔对钻孔质量要求较高,要求孔径要圆,孔壁要平,弯曲要小等。它按驱动方式可分为机械驱动式和水力驱动式。其优点是工艺简单,操作简便,封孔器可以复用,因而省工省料。其缺点是在较软煤层中,封孔器容易压碎煤壁而漏水,当注水压力高时,封孔器有时会被抛出。且当煤层较软易碎时,封孔器有时难以从钻孔中取出。随着研究的进展,也出现了瓦斯抽放与煤层注水两用的封孔器、分段式注水用封孔器等。

2. 封孔长度

长钻孔封孔长度一般要求超过煤壁的破碎裂隙带,在煤体较软,裂隙发育或高压注水的情况下均要深封。国外对于封孔长度有以下基本要求：①封孔长度应在煤层的湿润范围尚未达到设计的湿润半径以前，不得从巷道渗水，更不得跑水。②封孔长度应当超过巷道边缘煤体的卸压带宽度。③注水压力小于 2.5MPa 时，封孔深度不小于 5m；注水压力大于 2.5MPa 时，取 5～15m；注水压力大于 5MPa 时，封孔深度应大于 15m。④对于新采煤层需通过实验确定出适当的封孔长度。目前，德国煤矿长钻孔注水时封孔长度为 20m 左右，法国为 15～20m，美国为 15m 以上，俄罗斯为几米到 20m[13]。我国煤矿封孔长度一般为 2.5～10m。

### 5.3.3　注水工艺

1. 注水系统

注水系统分为静压注水系统和动压注水系统。

1）静压注水系统

静压注水是利用地面水源至井下用水地点的静水压力，通过矿井防尘管网直接将水引入钻孔向煤体注水，其充分利用了自然条件，无需加压设备，节约注水电耗，可长时间连续自行注水，能实现长时间缓慢的毛细渗透，因而可取得良好的湿润效果。但由于静压水的压力有限，因此多适用于透水性强的煤层，图 5.12 为一般静压注水系统的示意图。

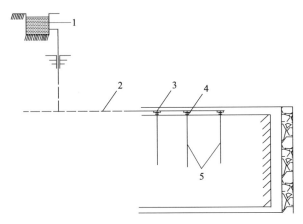

图 5.12　静压注水系统
1. 水池；2. 注水管网；3. 三通；4. 阀门；5. 注水钻孔

目前，对于低孔隙率煤层也可采取一定的措施，采用静压注水。如兖州矿区利用超前压力使工作面前方一定宽度内的煤体产生较多的次生裂隙，然后在该区域内实施长钻孔注水，即"工作面超前动压区长钻孔双巷静压注水"，较好地解决了此类煤层注水难的问题。其中确定注水超前距离很关键，如注水超前距离若过大，在非动压区，则煤体导水差，注水困难；若注水超前距离过小，次生裂隙过于发育，注入水易沿较大裂隙流出煤体，达不到好的注水效果。以兖矿鲍店矿为例，其煤层孔隙率仅为 2.76%，对于现场实际来说，矿山超前压力对沿空侧顺槽的影响范围为 50～60m，对实体侧顺槽的影响范围为 40～50m，而在距工作面 6m 内，次生裂隙过于发育，所以选择注水超前距离为 30～40m，终止注水超前距离为 6m[14,15]。注水后煤体水分增加到 4.85％（表 5.2），注水取得了良好的减尘效果。

表 5.2 1308 综放面煤体注水效果

| 钻孔个数/个 | 注水量/m³ | 可采煤量/t | 注水量/(L/t) | 原始水分/% | 注水后水分/% | 水分增加率/% |
| --- | --- | --- | --- | --- | --- | --- |
| 82 | 10 193 | 494 802 | 20.6 | 3.00 | 4.85 | 1.85 |

2）动压注水系统

对于透水性差的煤层，注水过程常需要较高的注水压力以提高注水效果，这时需要采用动压注水系统。可利用固定泵（水泵固定在地面或井下硐室）或移动泵（水泵设在注水地点，随注水工作的移动而移动）注水。我国采用的动压注水泵是移动式的小流量注水泵，水泵的选型应根据各矿对注水流量、压力参数要求进行选取。

动压注水系统有单孔注水系统和多孔注水系统之分，动压多孔注水系统已得到广泛使用。多孔注水时可通过分流器进行自动调节，每个钻孔安装一个，可消除管路压力和注水孔内阻力变化的影响，使得每个钻孔的注水流量保持大致相同，也实现了一台水泵向多个钻孔同时注水的目的。图 5.13 为一种动压注水系统示意图，清水由注水泵加压后经高压胶管送到工作面，再通过封孔器注入煤层。需要说明的是，进入注水系统的水必须是无杂质的清水，尤其是动压多孔注水，更应保证水的质量。

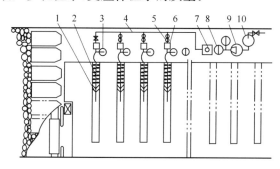

图 5.13 动压注水系统

1. 注水管；2. 水泥砂浆；3. 压力表；4. 高压胶管；5. 阀门；6. 分流器；7. 单向阀；8. 注水表；
9. 注水泵；10. 供水桶

动压注水中还包括脉动式动压注水，它是通过静压水或供水泵提供动力源，将恒压水通过脉动注水器作用后，输出具有周期性的脉冲射流，射流由峰值压力与谷底压力构成周期性的脉冲波，具有较高压力的脉冲水可加速层理或切割裂隙张开度的增大。当在某位置的切向拉应力大于与此相连的次级弱面的壁面之间的联结力和相应切线方向的原始应力之和时，将在该位置处发生次级弱面起裂，煤体的次级裂隙在高压脉冲水不断冲击下而发生上一级弱面所经历的扩展延伸过程。依此规律反复进行下去，直至达到煤分层中的微小裂隙。脉动式水压可通过高压脉动水锤装置实现，汾西矿业集团曙光煤矿 1206 工作面采用脉冲式煤层注水，使工作面注水后的平均水分增量为 1.219％[16]，有效控制了粉尘。大屯姚桥矿通过对比高压脉动水锤注水和静压注水发现，对于该煤层条件，高压脉动水锤注水时煤体的水分增值和湿润范围比传统的静压注水大[17]。

2. 注水参数

1）注水压力

注水压力是水进入煤体的主要动力,主要与煤的透水性有关,透水性强的煤层通常采用低压注水(小于 3MPa);透水性弱的煤层采用中压注水(3～10MPa),必要时采用高压注水(大于 10MPa)。注水过程中水压不应过高,防止过高的水压使煤层的裂隙猛烈扩张而造成蹿水或跑水。实践证明,在一般情况下,当煤层中不存在较大断层面或较大断裂面时,无论开采深度的大小,只要注水压力不超过地层压力,都不致发生泄水跑水现象[8]。如 5.1 节所述,考虑到注水过程中瓦斯压力是注水的附加阻力,注水压力应能克服瓦斯压力等阻力,以保证在规定的时间向煤层注入规定的水量。所以适宜的注水压力应高于煤层瓦斯压力而低于地层压力[见式(5.2)]。

$$(1.2 \sim 1.5)p_w < p < p_y \tag{5.2}$$

式中,$p$ 为注水压力,MPa;$p_y$ 为上覆岩层的压力,MPa;$p_w$ 为煤层瓦斯压力,MPa。

一般情况下,钻孔开始注水时,注水压力逐渐升高,达到某一数值时,注水压力会与注水阻力相平衡而逐渐趋于稳定,随着流程的增大,阻力也会有所增加,因此随着时间的延长,注水压力将在一定范围内波动,并有缓慢升高的趋势。图 5.14 所示[1]为中梁山二号煤层注水时的实测注水压力和注水时间曲线。

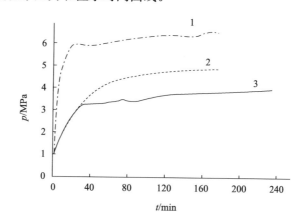

图 5.14　注水压力 $p$ 与注水时间 $t$ 的关系

1.3223 工作面 3 号孔;2.3125 工作面 2 号孔;3.3222 工作面 1 号孔

2）注水流量

注水流量是影响煤体湿润效果及决定注水时间的主要因素。它是指单位时间内的注水量,常以单位时间内每米钻孔的注水量来衡量。通常注水流量随着注水压力的升高而增大,图 5.15[18]所为松藻煤矿的实测数据。

当注水压力不变时,每米钻孔的注水量会随时间的延长而逐渐降低,这是由于随着时间的延长,湿润后的煤体一部分裂隙和孔隙会被堵塞,透水性减弱,同时随着湿润范围的增大,渗透路径变长,导致渗透阻力增加,流量下降。阳泉二矿 7 号煤层的注水情况反映了这一趋势,如图 5.16 所示[1]。

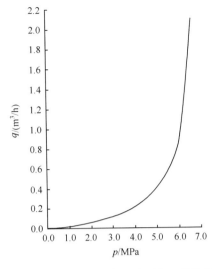

图 5.15　注水流量 $q$ 与注水压力 $p$ 的关系　　　图 5.16　注水流量 $q$ 与注水时间 $t$ 的关系

　　我国静压注水流量一般为 $0.001 \sim 0.027 \text{m}^3/(\text{h} \cdot \text{m})$，动压注水流量为 $0.002 \sim 0.24 \text{m}^3/(\text{h} \cdot \text{m})$。静压注水时，一般不控制注水流量；动压注水时，由于开始靠近钻孔的某些大裂隙对水阻力较小，可采用大流量注水，使其在较短的时间内充满靠近钻孔的大裂隙和孔隙，当注水压力升高时，说明此时钻孔附近大裂隙已注满，这时就需采用长时间小流量注水。

　　3）注水量

　　煤层的注水量或煤体的水分增量是决定煤层注水减尘率高低的重要因素，如图 5.17 所示[19]。比利时吨煤平均注水量超过 9L 的采煤工作面对 $0.5 \sim 5 \mu\text{m}$ 呼吸性粉尘的降低率达 95%[20]。德国注水经验表明，吨煤注水量大于 6L 才可获得显著的减尘效果[21]。

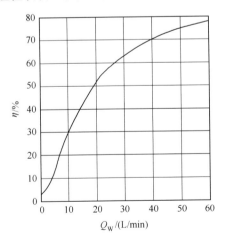

图 5.17　减尘率（$\eta$）与注水量（$Q_\text{w}$）的关系

　　注水量与煤层孔隙率、注水压力、钻孔深度、钻孔间距、煤层厚度、煤层原生水分等多种因素有关，且各工作面单孔注水量差异性很大，因而需根据具体条件确定。一般以煤

壁、顶底板渗水为原则来计量。长钻孔注水时,单孔注水量为被湿润煤体质量与吨煤注水量的乘积,即:

$$Q = kLBM\rho q_{\text{t}} \tag{5.3}$$

式中,$Q$ 为单个钻孔的注水量,$m^3$;$k$ 为钻孔前方煤体的湿润系数,取值 $1.1 \sim 1.3$;$L$ 为钻孔长度,m;$B$ 为钻孔间距,m;$M$ 为煤层厚度,m;$\rho$ 为煤的密度,$t/m^3$;$q_{\text{t}}$ 为吨煤注水量,$m^3/t$,应根据注水时煤层的水分流失率、煤的孔隙率以及注水实践的经验综合考虑,一般可按 $0.03m^3/t$ 考虑。

4) 注水时间

钻孔的注水量和注水流量决定每个钻孔的注水时间,计算公式如下:

$$t = Q/q \tag{5.4}$$

式中,$t$ 为注水时间,h;$Q$ 为钻孔注水量,$m^3$;$q$ 为注水流量,$m^3/h$。

实际注水中常以湿润范围内煤壁是否出现均匀"出汗"的现象作为判断煤体是否全面湿润的辅助方式,"出汗"或"出汗"后再过一段时间便可结束注水。一般静压注水的时间为几天到几十天,而动压注水时间为十几小时至几天。

此外,对于多孔注水,需确定同时注水的钻孔数量。可按下式计算:

$$n = \frac{vt}{24B} \tag{5.5}$$

式中,$n$ 为同时注水的钻孔数量;$v$ 为采煤工作面的推进速度,$m/d$;$t$ 为注水时间,h。

注水实践中,为保证每个钻孔能够注入所需水量,还需使注水钻孔与工作面有一个合理的间距以确保采煤与注水的正常衔接。这个合理的距离便是注水超前于回采的距离,即第一个钻孔开始注水时,该钻孔与采煤工作面煤壁之间的距离,可按式(5.6)计算:

$$h_{\text{c}} = \frac{vt}{24} + h_{\text{t}} \tag{5.6}$$

式中,$h_{\text{c}}$ 为超前距离,m;$h_{\text{t}}$ 为停止注水时,该钻孔与采煤工作面之间的距离,m,可取 $8 \sim 20m$。

## 5.4　本 章 小 结

煤层注水通过润湿以及黏结原生煤尘、润湿与有效包裹煤体以及改变煤体的物理力学性质而达到减尘的目的。

煤层注水方法按照注水压力的数值高低可以分为低压注水、中压注水以及高压注水;按照水进入煤体的形式(即注水方式)可分为长钻孔注水、短钻孔注水和深孔注水三种;按供水方式可分为静压注水、动压注水以及脉冲式注水等。我国现有的煤层注水使用长钻孔方式较多,且主要以中、低压注水为主。注水实践中应根据煤层的具体构造特征,合理确定各项工艺参数,如钻孔的位置、倾角、长度、封孔长度以及注水的压力和流量等,注水过程中应依据现场的实际对注水情况进行监控和调节,同时还可采用添加湿润剂等技术措施,使注水效果得到改善。

目前,煤层注水工艺参数的选择大多依赖于经验,不能有效确保煤层润湿均匀,影响注水效果。松软煤层、低渗透性煤层和高瓦斯煤层等特殊煤层的注水还面临困难,这些都需进一步发展煤层注水技术。

## 参 考 文 献

[1] 李崇训. 煤层注水与采空区灌水防尘. 北京:煤炭工业出版社,1981

[2] Campoli A A, McCall F E, Finfinger G L. Longwall dust control potentially enhanced by surface borehole water infusion. Mining Engineering ( Littleton, Colorado ),1996,48(7):56-60

[3] Liu X, Li Z, Zhang X, et al. Application of affusion in Coal for Dust Control. Procedia Engineering, 2011, 26:902-908

[4] 胡耀青,段康廉,赵阳升,等. 煤层注水降低综采工作面煤尘浓度的研究. 中国安全科学学报,1998,8(3):47-50

[5] Wang H B, Wang Y D, Lu Ping. Research on wetting agent for water in fusion of coal seams. International Journal of Rock Mechanics and Mining Science Geomechanics, 1995, 15(3): 23-27

[6] 赵阳升. 矿山岩石流体力学. 北京:煤炭工业出版社,1994

[7] 宋维源,潘一山. 煤层注水防治冲击地压的机理及应用. 沈阳:东北大学出版社,2009

[8] 张永吉,李占德,秦伟瀚,等. 煤层注水技术. 北京:煤炭工业出版社,2001

[9] 张双全. 煤化学. 徐州:中国矿业大学出版社,2009

[10] 李学诚,王省身. 中国煤矿通风安全工程图集. 徐州:中国矿大出版社,1995

[11] 煤炭工业部抚顺科学研究院. 煤尘爆炸与煤矿矽肺病预防. 北京:煤炭工业出版社,1960

[12] 刘德政. 煤矿"一通三防"实用技术. 太原:山西科学技术出版社,2007

[13] 金龙哲,李晋平,孙玉福,等. 矿井粉尘防治理论. 北京:科学出版社,2010

[14] 兖矿集团有限公司. 兖州矿区矿井通风安全技术. 北京:煤炭工业出版社,2001

[15] 王振平,李世峰,王洪权. 兖州矿区综采放顶煤粉尘综合防治的实践与认识. 煤炭工程师,1997,1:33-36,48

[16] 赵振保. 变频脉冲式煤层注水技术研究. 采矿与安全工程学报,2008,25(4):486-489

[17] 李波,张景松,姚宏章,等. 高压脉动水力锤击煤层注水技术研究. 矿业安全与环保,2011,38(2):14-16

[18] 赵其文,刘明. 矿尘防治技术. 北京:中国经济出版社,1987

[19] 王德明. 矿井通风与安全. 徐州:中国矿业大学出版社,2012

[20] Cervik J, Sainato A, Deul M. Water Infusion of Coalbeds for Methane and Dust control. Bureau of Mines Report of Investigations 8241, 1977: 2

[21] Cervik J, Sainato A, Backer E. Water Infusion -An Effective and Economical Longwall Dust Control. Bureau of Mines Report of Investigations 8838, 1983: 4,5

# 第6章 通风除尘

通风除尘是指利用井下通风或除尘设备降低作业场所粉尘浓度的方法与技术。本章根据对风流中矿尘的处理方式，将通风除尘分为通风排尘、通风控尘和除尘器除尘三方面内容。通风排尘是利用矿井自然通风或者机械通风方法将含尘气流排出，是排除粉尘最基本、经济和有效的方式，也是早期矿井粉尘治理的主要方式。通风控尘是通过控尘设备，如附壁风筒、空气幕以及挡尘风帘等，控制含尘气流的运移路径和流动范围，一般与除尘设备联用，保障和提高除尘设备的降尘效果。除尘器除尘指在产尘集中的局部地点，仅依靠通风排尘或其他防尘措施难以满足作业环境的风流质量要求时，将含尘风流吸入到除尘器中，通过干式或湿式除尘技术除去风流中的粉尘，实现对空气的净化，除尘器除尘是矿井粉尘治理的主要技术方向之一。

## 6.1 通风排尘

矿井通风为井下工作人员提供新鲜空气，同时排走作业过程中产生的矿尘，因此通风排尘是井下通风的目的之一。通风排尘通过不断供给作业区域新鲜风流，将粉尘稀释排除，是降低粉尘浓度、保障良好作业环境的重要措施。

能促使呼吸性矿尘保持悬浮状态，并随风流运动的最低风速，称为最低排尘风速。在实验室和矿井巷道中，对最低排尘风速进行专门的实验研究，结果认为，巷道平均风速为0.15m/s时，能使5～7μm的矿尘在无支护巷道中保持悬浮状态[1]，并使随风流运动的矿尘在断面内均匀分布。因此，《煤矿安全规程》规定，运输巷、采区进回风巷、采煤工作面、掘进中的煤巷和半煤岩巷最低风速为0.25m/s；掘进中的岩巷、其他通风人行巷道最低风速为0.15m/s。

排尘风速逐渐增大，能使较大的尘粒悬浮并将其带走，同时增强了稀释作用。在连续产尘时，矿尘浓度随着风速的增加而降低，说明增加风量，稀释作用是主要的。当风速增加到一定数值时，矿尘浓度可降低到一个最低值，此时风速称为最优排尘风速；风速再增大时，矿尘浓度将随之再次增大。一般来说，掘进工作面的最优风速为0.4～0.7m/s，机械化采煤工作面的风速为1.5～2.5m/s。

沉积在巷道底板等处的矿尘，当受到较高风速的风流作用时，能再次被吹扬起来形成矿尘的二次飞扬，严重污染矿内空气。能够使矿尘二次飞扬的风速大小，受到矿尘浓度、密度、形状、湿润程度、附着情况等因素的影响。《煤矿安全规程》规定，采掘工作面最高允许风速为4m/s。

### 6.1.1 掘进巷道通风排尘

掘进巷道通风排尘以局部通风机为原始动力，以风筒或者巷道为传输工具。根据局部通风机通风的供风方式不同,排尘的方式和效果也不尽相同,掘进巷道通风排尘可分为压入式、抽出式和抽压混合式通风排尘[2]。

### 1. 压入式通风排尘

压入式通风是煤矿巷道掘进中采用的主要通风方式,其特点是风筒将局部通风机压入的新风导入工作面,污风则通过掘进巷道排出。为防止含有瓦斯的风流进入机电设备中,煤巷、半煤岩巷和有瓦斯涌出的岩巷掘进通风方式应采用压入式,不得采用抽出式,如果采用混合式必须制定安全措施[3]。有瓦斯喷出区域和煤(岩)与瓦斯(二氧化碳)突出煤层的掘进通风方式必须采用压入式。图 6.1 为掘进面压入式通风示意图。

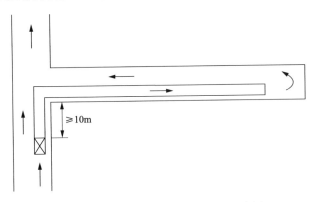

图 6.1　掘进巷道压入式通风排尘示意图

风流由压入式风筒吹出时,将在工作面前端形成射流,如图 6.2 所示,射流区存在两种空气流动[4,5]:①射流的前进、返回及回转循环流动,即有效射流区,由于射流紊流扩散作用,迎头区粉尘与新鲜风发生强烈掺混,迎头产生的粉尘能够迅速排出;②射流射程之外空间里与射流回转循环方向相反的空气循环流动,也即涡流区,在涡流区内,新鲜风流与粉尘的掺混强度降低,粉尘的排出速度十分缓慢。图 6.3 所示为压入式通风有效射流区与涡流区内,粉尘平均浓度随时间的变化曲线,其中 $a$ 代表有效射流区,$b$ 代表涡流区,可以看出二者随时间变化呈现衰减,但涡流区粉尘浓度明显较高,因此在使用压入式通风排尘时,压入式风筒口不宜与掘进工作面距离太远,应避免涡流区的出现,使掘进面在压入风流的有效射程内,有利于掘进面粉尘排出。

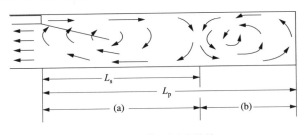

图 6.2　工作面风流结构

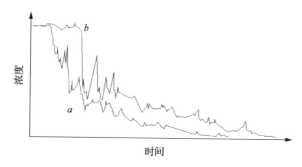

图 6.3　射流区粉尘随时间的变化曲线

为能够有效排出粉尘,结合理论分析与实践经验,压入式通风应满足以下关系:

$$L_{\mathrm{p}} \leqslant (4 \sim 5)\sqrt{S} \tag{6.1}$$

式中, $L_{\mathrm{p}}$ 为风筒出口到迎头距离; $S$ 为巷道断面面积。

压入式通风工作面风速受压入式通风风量、风筒与迎头的距离及风筒方向的影响。研究表明,迎头风速与风量满足:

$$v = (0.26 \sim 0.32)\frac{Q}{S} \tag{6.2}$$

式中, $v$ 为迎头风速; $Q$ 为风量。

随着风筒出口逐渐向工作面移近,工作面风速将呈直线增加,射流形成的涡流区范围逐渐缩小。当风筒出口向巷道中央偏斜时,涡流现象将会减弱,因而实际作业过程中,通常保持风筒与侧壁平行或略向中央倾斜,以增强排尘效果。

压入式通风排尘的优点[6,7]:①安全性能好,局部通风机及其附属电气设备均布置在新鲜风流中,污风不通过局部通风机,解决了电器失爆引起的安全问题,同时减少了局部通风机的磨损和噪声;②压入式通风风筒出口风速和有效射程均较大,通常有效射程可达7~8m,在工作面迎头有效射程内风流能迅速稀释工作面粉尘、炮烟和瓦斯等,并使污浊空气很快排出,迎头排尘效果好,且因风量通常较大,可有效防止瓦斯层状积聚和提高工作面的散热效果;③在有效射程内风筒出口位置灵活,可以随意调整,当风筒对着掘进机司机吹时,能有效的降低掘进机司机处粉尘浓度;④管理方便,压入风筒可用柔性风筒,其成本低、质量轻,便于运输,拆除及延伸较为方便。

其缺点是:①由于风筒出口风速较大,容易造成掘进机作业时迎头落尘飞扬,增加掘进过程中的粉尘产生量,风流在巷道迎头容易形成涡流,造成粉尘对迎头的二次污染;②粉尘沿巷道排出,使巷道污染严重,而工人在巷道中作业,劳动卫生条件差,作业视线受阻,特别是距离迎头 20~60m 范围内,情况更为严重,影响工人身心健康,巷道越长,排污速度越慢,受污染时间越久。这种情况在大断面长距离巷道掘进中尤为突出。

因而,压入式通风主要适用于掘进巷道距离短、产尘量大的综掘工作面,在其他炮掘工作面也可以使用,尤其适合以排除瓦斯为主的煤巷、半煤岩巷的掘进。

2. 抽出式通风排尘

抽出式通风排尘是新鲜空气由巷道进入工作面,乏风经风筒由局部通风机抽出,局部通风机安装在乏风侧距离巷道口 10m 以外的位置,图 6.4 为掘进巷道抽出式通风示意图[8]。

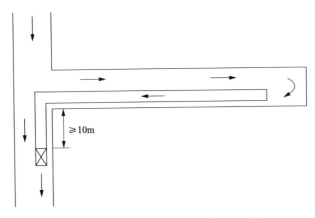

图 6.4　掘进巷道抽出式通风排尘示意图

抽出式通风吸风口风流结构,如图 6.5 所示,当工作面掘进爆破煤(岩)时,形成一个粉尘集中带,借助抽出式作用产生的负压,可将产尘区的粉尘抽出。

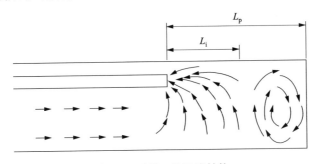

图 6.5　吸风口的风流结构

当风筒挂靠巷壁吸风时,风流沿巷道流入工作面,然后折返进入风筒,由各个方向流入风筒入风口内,因而在风筒入风口附近将形成速度场。该速度场由一系列等速面组成,且离风筒出口越远,等速面的速度值下降越快,如图 6.6 所示。实验表明,风筒直径一定时,吸

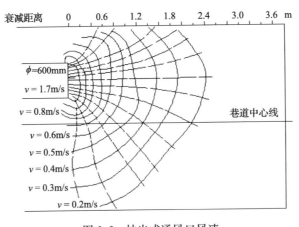

图 6.6　抽出式通风口风速

风口最大衰减距离存在最大值,增大吸风量并不能提高该衰减距离,而只能增大吸入风速。通常把抽出式风筒的有效吸风长度称为有效吸程,有效吸程以外的污风风流呈涡流状态,排除困难,因此,抽出式通风时风筒吸风口至工作面迎头的距离应满足下式:

$$L_p \leqslant 1.5\sqrt{S} \tag{6.3}$$

式中, $L_p$ 为风筒出口到迎头距离; $S$ 为巷道断面面积。

从压入式风流结构示意图可知,抽出式通风的有效吸程很短(1~3m),只有当工作面距离迎头很近时,才能取得满意的排尘效果,如果不能保证风筒距离迎头在有效吸程之中,会造成粉尘在迎头集聚,难以排出;而且由于抽出式风筒内全部为负压,需要使用刚性或者带刚性骨架的可伸缩风筒,成本高,质量大,运输非常不方便;更为重要的是粉尘在风筒内非常容易沉积,通常需要在风机进口之前配备除尘器,投资费用较高,管理困难,安全性较差。抽出式通风在掘进巷道一般较少单独使用,通常配合压入式通风方式进行抽压混合式通风排尘。

### 3. 抽压混合式通风排尘

混合式通风排尘是指用两套局部通风设备中的一套为压入式通风、另一套为抽出式通风的排尘方式,即压入与抽出两种通风方式的联合运用,兼有压入式和抽出式两者的特点,其中压入式向工作面供新风,抽出式从工作面排出污风。其布置方式取决于掘进工作面空气污染物的空间分布和掘进、装载机械的布置。按抽压风筒口的位置关系,分为前压后抽和前抽后压两种形式[9~14]。

#### 1) 前抽后压式通风排尘

前抽后压式通风排尘中,当抽、压风筒口位置布置合理时的风流状态可分为 4 个区(图 6.7):射流有效作用范围的射流作用区,射流作用边界与抽出风筒口之间的稳定风流屏蔽区及抽出风筒口至工作面的吸入区,若抽出式风筒距迎头较远时,会出现涡流区。

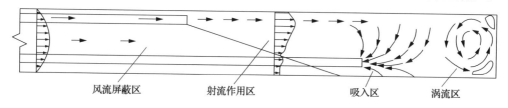

图 6.7 前抽后压风流状态示意图

前抽后压式风流状态是抽出式风流状态与压入式风流状态的叠加,风流通过压入式风筒口向掘进面提供新鲜风流,含尘风流通过抽出式风筒口被排出。压入式风流形成射流作用区边界应在抽出式风筒口后侧,从而保证抽出式风流结构完整性。抽出式风筒应尽可能靠近掘进面,防止涡流区的产生,当抽压风量匹配时,可以实现掘进面粉尘的快速排尘,不会污染掘进面后端巷道。

长压短抽式是前抽后压混合式通风中最常见的一种布置方式,如图 6.8 所示。新鲜风流经压入式长风筒送入工作面,工作面污风经抽出式通风除尘系统净化,被净化后的风流沿巷道排出。抽出式风筒吸风口与工作面距离应小于有效吸程,对于采用综合机械化掘进巷道,应尽可能靠近最大产尘点。压入式风筒出风口应超前抽出式出风口 10m 以上,它与工作面的距离应不超过有效射程。压入式风机的风量应大于抽出式风机的风量。

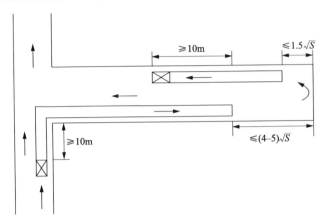

图 6.8　掘进巷道前抽后压式通风排尘示意图

混合式通风的主要缺点是降低了压入式与抽出式两列风筒重叠段巷道内的风量,当掘进巷道断面大时,风速就更小,则此段巷道顶板附近易形成瓦斯层状积聚。因此两台风机之间的风量要合理匹配,以免发生循环风,并使风筒重叠段内的风速大于最低风速。

目前国内煤矿掘进通风实践表明这种通风布置方式被认为是对粉尘防治有效的布置方式,适用于断面较大,有足够空间布置风筒,同时粉尘浓度较大的巷道。充分利用了压入式和抽出式风筒口的有效射程和有效吸程,粉尘从产生到被处理经过的时间和路程最短,使粉尘污染控制在最小的范围内。掘进机司机和工人在新鲜风流中作业,有利于工人身心健康。

2) 前压后抽式通风排尘

前压后抽布置的风流状态可分为 4 个区(图 6.9):抽出风筒口至压风口之间的压、吸风流共同作用区,压入风筒口与射流转向点至工作面之间的射流区、回流区,射流转向点至工作面之间的涡流区。如果压入风筒口到工作面的距离处于射流区内,涡流区将不存在,工作面产生的粉尘直接被新鲜风流冲淡后迅速排走,粉尘污染区域仅为回流区和压、吸风流共同作用区。

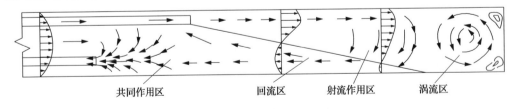

图 6.9　前压后抽风流状态示意图

图 6.10 所示为前压后抽-长抽短压式混合通风方式。工作面的污风被压入式风筒压入的新风冲淡和稀释,由抽出式主风筒排出。抽出式风筒吸风口与工作面的距离应小于污染物分布集中带长度,与压入式风机的吸风口距离应大于 10m 以上;抽出式风机的风量应大于压入式风机的风量;压入式风筒的出口与工作面间的距离应在有效射程之内。

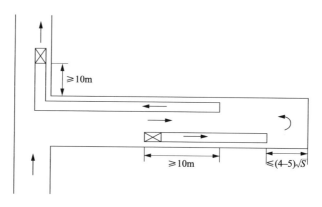

图 6.10　掘进巷道前压后抽式通风排尘示意图

前压后抽-长抽短压布置方式对巷道空间要求较小,能适用于小断面巷道,其优点是作业面上排尘速度快,巷道处于新鲜风流有利于工人的作业和身体健康,压风风筒为软质风筒,且调整、移动方便。

综上所述,在掘进面有压入式、抽出式及混合式等几种不同的通风排尘方式,抽出式可将掘进面处粉尘迅速排出,防止污染掘进面后端巷道;压入式主要是依靠风流稀释作用,通过提供新鲜风流,将掘进面粉尘运移出掘进巷道,但会对掘进巷道整体造成粉尘污染;通过组合抽出式与压入式构成混合式通风,合理布置抽压风筒位置以及抽压风量,混合式通风可实现掘进面的快速排尘。

### 6.1.2　采煤工作面通风排尘

增大采煤面供风量是降低工作面粉尘浓度的重要措施,由于采煤面产尘量较大,一般可通过增大风量提高风速将粉尘浓度稀释后排出。如图 6.11 所示为采煤机滚筒司机处粉尘浓度随采煤面平均风速变化关系,在一定范围内,随着风速的增大,进风量增大,新鲜风流能够有效稀释采煤面粉尘,并将其排出,但风速增大会出现粉尘飞扬的问题,司机处粉尘浓度上升。据美国矿山安全与健康管理局(Mine Safety and Health Administration, MSHA)调查,美国长壁工作面平均风速已经达到 3.3m/s[15],得益于采煤工作面高效喷雾以及支架冲洗,并没有造成明显的粉尘二次飞扬的问题。

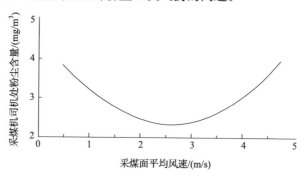

图 6.11　采煤机司机处粉尘浓度随风速变化趋势图

　　采煤工作面的粉尘污染源主要有 4 点：①滚筒割煤产尘；②移动支架产尘；③转载点破碎机产尘；④进风流粉尘污染。其中，进风流粉尘含量约占采煤面粉尘总产生量的10％，净化进风流可一定程度降低采煤面粉尘污染。目前较为有效的净化方法是保持风流方向与煤流方向一致，新鲜的进风风流在到达工作面之前不会受到煤岩物料、块煤破碎机、转载机的运转和工作面刮板输送机转载点处等尘源的污染，降低进风中的粉尘浓度，使工作面的粉尘浓度达到标准。

　　在走向长壁工作面中，按工作面风流方向与煤层倾向的关系，可分为上行通风和下行通风方式，如图 6.12 所示。

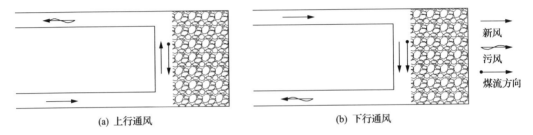

(a) 上行通风　　　　　　　　　　　　　(b) 下行通风

图 6.12　采煤工作面通风方式

　　上行通风是指当采煤工作面进风巷道水平低于回风巷道水平时，采煤工作面的风流沿工作面的倾斜方向由下向上流动，此时风流方向与煤流方向相反，易引起煤尘飞扬，污染采煤工作面；进风流与瓦斯自然流动方向一致，可较快降低工作面瓦斯浓度，避免瓦斯积聚；除浅矿井夏季外，进、回风流之间的自然风压和机械风压方向相同，有利于通风；发生火灾时不易发生风流紊乱，灾变的处理及人员逃生都较容易。

　　下行通风是指当采煤工作面进风巷道水平高于回风巷道水平时，采煤工作面的风流沿工作面的倾斜方向由上向下流动，此时风流方向与煤流方向一致，风流中煤尘含量较小，有利于工作面防尘；下行通风与瓦斯自然流向相反，不易出现瓦斯分层流动和局部积聚；除浅矿井夏季外，进、回风流之间的自然风压和机械风压方向相反，不利于通风，一旦发生火灾主要通风机停止运转，工作面会出现风流逆转的可能，抗灾能力弱。

　　综上所述，下行通风有利于粉尘防治，但也有其不足之处。目前各国的安全规程对下行通风的使用仍采取谨慎态度。《煤矿安全规程》规定：有煤（岩）与瓦斯（二氧化碳）突出危险的采煤工作面不得采用下行通风。

# 6.2　通 风 控 尘

　　目前，造成井下粉尘治理较为困难的主要原因是巷道供风沿轴向吹向工作面，风向单一，局部风流过大，特别是当采用压入式通风时，风筒出口速度大，极易引起已沉积粉尘的二次飞扬。因此，为有效解决工作面的粉尘问题，须采取相应的控尘措施，改变工作点的风流形态，国内外煤矿采用较为行之有效的控尘方式有附壁风筒、空气幕和挡尘风帘等。

### 6.2.1 附壁风筒

附壁风筒利用的原理是风流的附壁效应,最先是罗马尼亚发明家亨利·康达在研究飞机飞行过程中流体运动规律时发现"边界层吸附效应"(boundary layer attachment),后人用亨利·康达的名字将这种效应命名为康达效应(Coanda effect),即流体(水流或气流)有离开本来的流动方向,改为随着凸出的物体表面流动的倾向。克·雷内尔于 20 世纪 60 年代发明了利用对流附壁效应的风筒,用于解决在掘进巷道得不到足够风速的通风问题,后来作为一种较为常用的辅助通风设施与除尘设备联合使用,在西方国家尤其是德国应用较为广泛,我国于 80 年代引进德国除尘技术,利用附壁风筒进行掘进面粉尘防治,并进行推广。

附壁风筒又称康达风筒,其原理是在风筒壁面上开一个细的切口或多个小孔,顺着切口或小孔方向装上罩套,利用气流的附壁效应,将原压入式风筒供给机掘工作面的轴向风流改变为沿巷道壁的旋转风流(或径向风流),并以一定的旋转速度吹向巷道的周壁及整个巷道断面,不断向机掘工作面推进。附壁风筒形成一股具有较高动能的螺旋线状气流,在掘进机司机工作区域的前方建立起阻挡粉尘向外扩散的空气屏幕,封锁住掘进机工作时产生的粉尘,使粉尘在一定的空间内被喷雾净化处理或者除尘器吸收净化,从而提高了机掘工作面的收尘效率。

附壁风筒并未改变迎头的风量大小,但改变了迎头的风速分配,降低了风筒末端出风口处的风速,减缓了掘进机掘进时产生的粉尘向巷道后方扩散的速度,使得大量的粉尘在掘进机司机前方积聚,为除尘器有效捕获粉尘提供了条件。另外,由于附壁效应,风流沿风筒外的巷道壁面做回旋流动,能有效地排除顶板瓦斯层,有利于掘进安全生产。

**1. 附壁风筒分类**

根据使用地点生产技术条件的差异(巷道断面的大小、供风量的大小、运输状况及掘进机类型等),附壁风筒可以设计为多种形式,根据风筒出风口风流形式,附壁风筒可分为 4 种类型:周向出口、径向出口、斜向出口、半圆形出口[16~22]。

1) 周向出口

出口为周向也即风流出口为沿风筒的圆周方向。图 6.13 所示为该类型的附壁风筒,其结构和工作原理为由薄钢板制成,在风筒断面上,有 1/3 的圆周做成半径增大的螺旋线状,并接上一块钻有多孔的铁板,在风筒全长上形成狭缝状风流喷出口,其有效面积等于压入式风筒的断面面积。一般是 2~3 节串联,安设在掘进机后方,风筒出口端距工作面的距离小于 $5\sqrt{S}$($S$ 为巷道断面积,$m^2$),另一端与压入式风筒相连。

在附壁风筒轴向出风端设计一个蝶阀,通过连杆与狭缝出口的出风阀门联动,可以利用手动或气动实现轴向经导风筒供风和径向螺旋出风的风流转换。掘进机在工作前,让

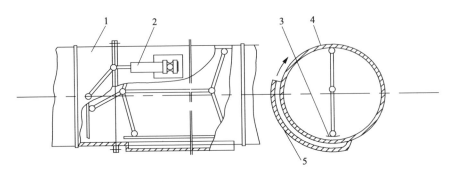

图 6.13 周向出风附壁风筒结构示意图

1. 蝶阀;2. 气缸;3. 出风阀门;4. 筒体;5. 狭缝状风流喷出

风流由出风口直接向工作面供风;掘进机工作时,启动除尘器,关闭风阀,使风流从狭缝喷口喷出,带动巷道的空气以较大的速度沿巷道壁面流动,由于除尘装置对含尘气流产生的轴向流动与附壁风筒产生的周向流动相互作用,工作面形成了螺旋风流,如图 6.14 所示;停机后,风阀打开,恢复向工作面直接供风。由于附壁风筒将普通风筒向巷道轴向供风方式改变为径向出风向工作面方向螺旋前进的供风方式,利用附壁效应大大地降低了沿巷道轴向的风流速度,增大巷道边沿区域风流速度,从而使巷道断面上的风流分布趋于均匀,如图 6.15[23] 所示。联邦德国曾对使用该附壁风筒前后巷道的风速进行测试,结果表明该附壁风筒相当于普通风筒 10 倍的扩散速度。表 6.1 所示为附壁风筒具体参数。

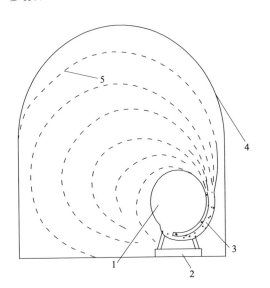

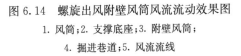

图 6.14 螺旋出风附壁风筒风流流动效果图

1. 风筒;2. 支撑底座;3. 附壁风筒;
4. 掘进巷道;5. 风流流线

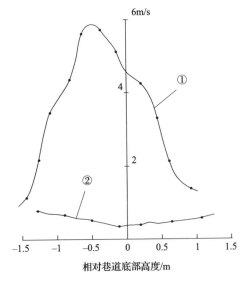

图 6.15 压入式导风筒风流风速分布测点

(坐标原点为巷道断面中垂线,距底板 0.6m 处)
①未使用附壁风筒;②使用附壁风筒

**表 6.1　附壁风筒参数**

| 风筒长度/m | 直径/mm | 材质 | 出口风速/(m/s) |
| --- | --- | --- | --- |
| 2 | 600 | 铁质 | 15～30 |

（1）结构特点:沿巷道螺旋式出风的附壁风筒具有较好的控风控尘效果,但体积大,质量大,移动极不方便,且靠近工作面时易于破坏,一般供在机掘巷道断面大于 $14m^2$,能实现在机械化移动的条件下选用。

图 6.16 所示是一种导流柔性附壁风筒。它由阻燃、抗静电的柔性附壁风筒加工制作而成,柔性层覆盖在骨架的外径上,风筒筒体沿圆周方向出口形状为矩形,在风筒筒体内进风侧安装有导流器,筒体上方安装有挂钩。

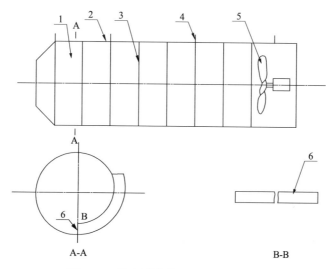

图 6.16　导流柔性附壁风筒结构示意图
1. 风筒筒体;2. 柔性层;3. 骨架;4. 挂钩;5. 导流器;6. 出风口

（2）工作原理:当气流被压入风筒时,导流器在风流作用下旋转起来,同时带动气流旋转起来,部分气流从横断面为螺旋形的风筒圆周方向出口流出,部分气流从风筒的轴向出口流出,形成向前推进的旋转气幕防止了含尘气流的扩散,提高了除尘系统的收尘效率。

（3）结构特点:从整体上来说,这种附壁风筒结构简单,质量轻,体积小,携带运输较其他铁质风筒方便;导流柔性附壁风筒由于导流器的存在,虽然对风流旋转具有一定的作用,但作用范围较小,效果并不明显,且风筒携带、安装不便。这种附壁风筒控风控尘效果和实用性还有待提高。

2）径向出口

沿风筒径向出风口的附壁风筒(图 6.17),由橡胶皮风筒制成。其结构简单,在常用的风筒壁面切割出六排圆形孔口,同时在轴向出风口加一锥形出风口即可。这种风筒使压入风量的 20% 左右沿轴向流出,而 80% 的风量则通过风筒壁上开的小孔径向流出。使用时连接在压入式风筒最前端,随压入式风筒延伸不断向前移动。图 6.18 为径向附壁风筒安装在巷道中风流运动简图。

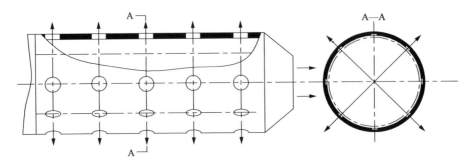

图 6.17　径向出风附壁风筒结构示意图

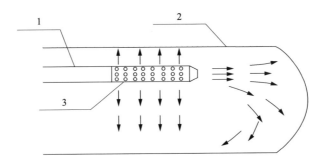

图 6.18　径向附壁风筒风流运动简图
1. 压入式风筒；2. 巷道；3. 附壁风筒

风筒具体参数见表 6.2。

表 6.2　径向附壁风筒参数

| 风筒长度/m | 直径/mm | 材质 |
| --- | --- | --- |
| 2 | 600 | 橡胶材质 |

结构特点：体积小、质量轻、加工方便、移动方便、适用性较强，一般用于机掘巷道断面小于 14m² 的条件下，但其不如螺旋出风附壁风筒使风流产生的附壁效应好，辅助降尘效果差，侧面出风口出风量不能根据掘进情况进行调节。

3）斜向出口

具备周向出风和径向出风的特点，同时避免轴向无风的情况，现在越来越多的附壁风筒出口采用倾斜状。

图 6.19 为一种新型斜向附壁风筒。这种新型斜向附壁风筒结构由柔性筒体、柔性条状导风管、锥形风筒体和挂钩四部分组成。筒体为阻燃、抗静电的柔性风筒。条状导风管呈螺旋状缝合固定在筒体壁面两侧，其一端通过筒壁出风口与筒体相连接，另一端呈一定角度吹出风流产生附壁效应。筒体前端设有可更换的不同直径开口的锥状风筒，可按实际需要调节风量。附壁风筒安装在压入式风筒前端，通过挂钩吊挂在巷道顶板上。图 6.20 为出口为斜向出口附壁风筒实物图。

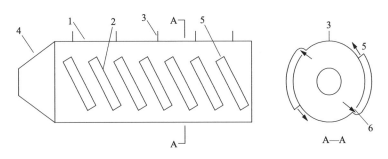

图 6.19 新型斜向附壁风筒

1. 筒体；2. 条状导风管；3. 挂钩；4. 锥形风筒；5. 条形导风管出风口；6. 筒壁出风口

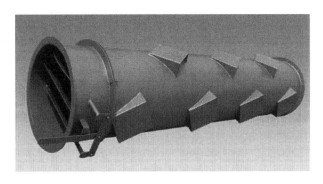

图 6.20 斜向出口附壁风筒实物图

将筒体连接压入式风筒，并利用挂钩吊挂固定斜向附壁风管。压入式风筒的风流一部分从锥形风筒以射流方式从条状导风管出风口吹向工作面，另一部风流通过条状导风管倾斜向前吹出，形成附壁效应。筒体前端连接有不同直径开口的锥形风筒，可按实际需要调节风量，即风量分配通过调节锥形风筒的吹风口直径大小。从斜向附壁风管吹出的风流速度低，影响范围大，能有效防止瓦斯积聚，抑制粉尘飞扬，为井下掘进机司机提供清洁的空气环境，大幅度提高了泡沫或喷雾除尘系统的降尘效率。风筒具体参数见表 6.3。

表 6.3 新型斜向附壁风筒参数

| 风筒长度/m | 直径/mm | 材质 | 出口风速/(m/s) |
| --- | --- | --- | --- |
| 2~5 | 600、800、1000 | 普通柔性风筒 | — |

结构特点：斜向附壁风筒适用于煤矿井下采用压入式通风系统并配备泡沫或喷雾除尘系统的掘进工作面，新鲜风流低速吹向工作面抑制粉尘飞扬，并有效地防止瓦斯积聚。

4）半圆形出口

半圆形附壁风筒，用薄铁制成，可以拆卸，其结构为简单的半圆形铁皮，如图 6.21。此种附壁风筒兼具有附壁效应和射流效应。

图 6.21 半圆形附壁风筒示意图

D. 普通圆形风筒直径；d. 半圆形附壁风筒弦长 $d=D$；b. 半圆形附壁风筒的弦高 $b=1/2D$

图 6.22 所示为附壁风筒后的射流边界，沿纵轴方向上是从附壁风筒的末端开始，而沿横轴方向上则是从压入式风筒出口开始，因而射流卷吸外部空气量减少，射流扩散角变小，使射流边界线更加靠近轴线方向和巷道的顶部，同时回转区域缩小，回流区域增大。发生这种变化的主要原因是风流由风筒出口射入采场进路巷道以后，在靠近附壁风筒的一侧，由于风流受到附壁风筒的限制，风流没有得到扩展，其流动特性类似于管流；另一侧是巷道空间，风流在运动过程中，流动断面逐渐增大，流量逐渐增加，流速则逐渐减小，其流动特性具有射流的性质。从风筒出口到附壁风筒末端为止，前者可称为半边管流，后者可称为半边射流。由于这两种流动使巷道射流轴线上风流速度比未安装附壁风筒时高得多，有利于射流的向前发展，这就为改善较长巷道作业面的通风状况提供了更为有利的条件。风筒具体参数见表 6.4。

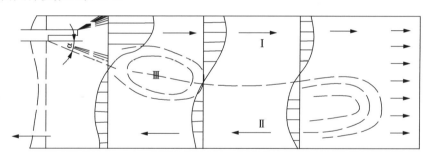

图 6.22 射流边界特性

α. 射流扩散角；Ⅰ. 射流区；Ⅱ. 回流区；Ⅲ. 回转区

表 6.4 半圆形附壁风筒参数

| 风筒长度/mm | 直径/mm | 材质 | 出口风速/(m/s) |
|---|---|---|---|
| 5D、10D、15D | D(600、800、1000) | 铁质 | — |

半圆形附壁风筒一般由铁皮制作，质量较轻，结构简单，但这种附壁风筒安装较为麻烦，且附壁效果较差，不能满足现代机械化综掘工作面除尘的要求。

2. 附壁风筒的应用

国内外的实践证明，采用传统的防尘方式不可能从根本上控制和防止粉尘的漂移扩散，而利用附壁风筒形成的旋流气幕配合抽尘净化装置形成的抽吸气流控制捕吸粉尘，则是一种可以控制粉尘扩散的有效方法。

我国《煤矿安全规程》中规定高瓦斯矿井、瓦斯矿井及高瓦斯区及异常区的煤巷和半煤岩巷道风筒末端距掘进工作面不大于5m,距岩巷不大于8m;瓦斯矿井煤巷和半煤岩巷道风筒末端距掘进工作面不大于8m,距岩巷不大于10m;附壁风筒的出口的位置也要按照《煤矿安全规程》布置使用。附壁风筒一般安装在压入式风筒出风口并吊挂在巷道顶板上,但对于部分体积大、笨重的附壁风筒,由于其移动不方便,可将附壁风筒由吊挂改为落地随机拖运,即把附壁风筒置于一落地小车上,随胶带机机尾前进而前进,便于前移和续接风筒。附壁风筒的使用可分为在压入式通风系统和在长压短抽系统中的使用。

1) 附壁风筒在压入式通风系统应用

针对煤巷或者半煤岩巷,由于巷道迎头对瓦斯浓度的要求严格,抽出式通风方式可能造成迎头瓦斯浓度增大,引起瓦斯超限,这在掘进高瓦斯巷道或者临近区为瓦斯含量较高的煤层(采空区)时,极易出现,因而,煤矿多对该种巷道的抽出式通风进行限制,而多采用压入式通风对迎头进行供风,附壁风筒在压入式通风控尘过程中有重要意义。图6.23所示为在压入式风筒末端增加的螺旋式出风附壁风筒。但该方式存在较大的隐患,也即工作面风流较小,贴近煤壁处,风流速度近似停滞,瓦斯排放速度较慢,易造成瓦斯的积聚[24]。

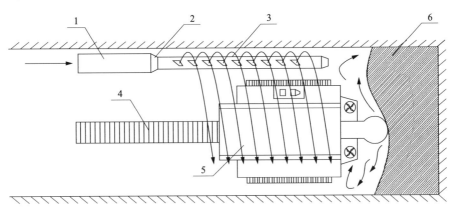

图6.23 压入式通风系统附壁风筒单独使用
1. 压入式风筒;2. 换接头;3. 附壁风筒;4. 皮带输送机;5. 掘进机;6. 煤壁

2) 附壁风筒在抽压混合式系统应用

长压短抽通风除尘系统实际上是以抽出式风机吸风为主,同时利用附壁风筒对巷道内局部风流进行动压及风量调节,在迎头减少风量及相应的能量,形成一个局部负压区,从而确保在附壁风筒至抽出式风机负压风筒吸风口之间形成一道向内流动的风流屏障(图6.24),保证迎头粉尘能被风流有效控制进入除尘风机。不掘进时,附壁风筒关闭,保证迎头正常供风,开启掘进机时,将附壁风筒打开,尽量减少迎头风量,将风流经附壁风筒送入后部巷道内,增加了迎头供风风筒与抽出式风机负压风筒重叠段的风量,防止出现循环风;迎头为低压区,附壁风筒前风流朝迎头方向流动,防止粉尘向外扩散,保证了长压短抽系统能将绝大部分迎头含尘风流吸入负压风筒,提高了该局部通风系统的除尘效率。乏风经过净化后,排入后部巷道,随着巷道掘进,附壁风筒及除尘风机也随着迁移,一般50~150m移动一次,以保证除尘区段风流稳定,达到预期的除尘效果。

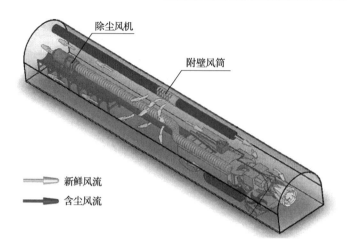

图 6.24 附壁风筒在长压短抽系统的应用

### 6.2.2 空气幕

空气幕是一种以连续空气流为隔离介质的区域控尘方式,空气从喷口射出形成气幕,利用气幕把粉尘限定在一定区域,从而与周围空气隔离,以保证工作区的空气质量。空气幕最先于 1904 年由法国科学家 Tephilus van Kemmel 提出,20 世纪 50 年代苏联学者谢别列夫等将空气幕应用于隔断矿山巷道风流;我国从 60 年代起中南大学、东北大学和重庆煤科院等单位开始对矿用空气幕进行试验研究,90 年代矿山空气幕作为一种简便的局部控尘技术应用于采掘工作面控尘[25~29]。

#### 1. 空气幕控尘工作原理

空气幕是指空气以一定的速度从喷口射出而形成隔断气帘,利用隔断气帘的射流原理把污染源产生的粉尘封闭在一定区域内,将作业面释放出的高浓度粉尘与周围空气隔离,以保证工作区的卫生条件,如图 6.25 所示。

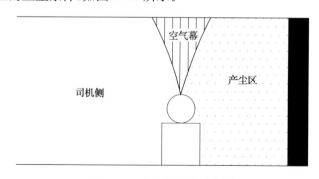

图 6.25 空气幕控尘示意图

空气幕控尘作用不像固体壁那样阻挡粉尘的穿透,而是依靠空气射流的边界作用,不断卷吸气幕两侧的空气,稀释和带走卷吸进来的含尘空气,使尘粒不能穿透空气幕。相当于空气幕在司机与煤壁之间形成一道无形透明屏障,其隔尘机制是在司机与煤壁间增加一个附加阻力层,以阻止粉尘从煤壁侧向司机处扩散,保证司机呼吸处空气的清洁,达到控尘目的。

煤矿井下气幕产生的源动力为压风,而压风的来源主要有两种形式:一种压风源取自井下作业点的压风管路;另一种是专门的风机为其提供气源,但需要在进风口添加粉尘过滤装置对风流做净化处理。

### 2. 空气幕的应用

#### 1) 采煤面空气幕应用

空气幕控尘设备在采煤工作面应用时,要求空气幕必须安装在采煤机上,随采煤机运动,受采煤机机身外形尺寸的影响,要求空气幕体积小,不影响采煤机工作及司机的操作。综采工作面空气幕射流必须到达工作面顶板才能起到隔尘作用,同时空气幕射流的末端风速必须大于工作面风流的平均风速,使空气幕不受工作面风流的影响。根据以上要求,在采煤工作面采用无缝钢管作为主体导风筒,在钢管上加工狭缝,在狭缝出口安装导风筒,钢管一段与压风管路或者压风机连接。在采煤机工作的同时开启风幕,风幕拦截粉尘使之不向司机方向扩散。

冀中能源葛泉煤矿 1528 综采工作面上空气幕的布置,如图 6.26 所示。葛泉煤矿1528 综采工作面采用走向长壁,下行垮落后退式采煤法采煤,走向长 520m,倾斜长

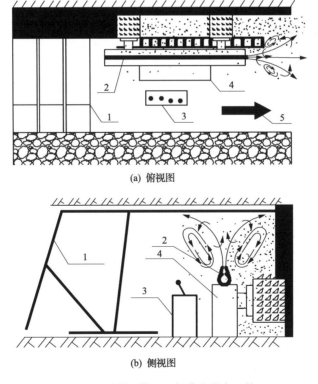

(a) 俯视图

(b) 侧视图

图 6.26　采煤工作面空气幕安装布置简图

1. 液压支架;2. 空气幕;3. 操作台;4. 采煤机;5. 风流方向

125m,煤层倾角8°~10°,平均采高3.0m,属低瓦斯矿井,煤尘有爆炸危险;工作面采用上行通风,平均风速为1.0m/s。采用两台空气幕,每台空气幕送风长度均为2.0m,单台空气幕风量为0.2m³/s,出口宽度为20mm,出口风速设计为5.0m/s,实测出口风速为5.2m/s。

测试了不同割煤方法情况下的空气幕对司机处粉尘的隔尘效果,顺风割煤时,空气幕的隔尘效率达到了90.56%,逆风割煤时也达到了83.59%,平均为87.08%[30]。顺风割煤的隔尘效率高于逆风割煤的主要原因是顺风割煤时上风侧滚筒割底煤,煤块下落所产生的冲击气流作用较小,煤壁侧的粉尘更容易被空气幕控制所致。

2) 综掘面空气幕应用

空气幕控尘技术在综掘面的应用主要是配合除尘风机、高压喷雾或者泡沫降尘技术形成除尘系统。为了保护空气幕不被矸石砸坏和方便安装除尘风机,空气幕安装在掘进机司机和除尘风机集尘器口之间。如果空气幕与喷雾和泡沫降尘技术联合使用则安装位置可以适当前移。

兖矿集团鲍店煤矿5305综掘面空气幕在掘进机上的应用,如图6.27所示。5305综掘面断面形状为矩形,断面面积为15.26m²,采用长压短抽式通风方式,抽出式风筒的吸风口安装在综掘机上,吸风口下端距底板高度为1.0m,上端距底板高度为1.7m,前端距综掘工作面迎头的距离为2.5m。在综掘机机体上部和两侧共布置26个铜质喷嘴,喷嘴为圆形,孔径1.5mm,风源采用压缩风,供风压力为0.1MPa,空气幕风量为20m³/min。

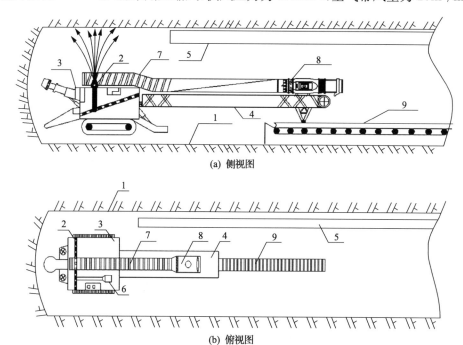

(a) 侧视图

(b) 俯视图

图6.27　掘进机载空气幕安装布置简图

1. 巷道;2. 空气幕;3. 掘进机;4. 转载机;5. 风筒;6. 气幕风机;7. 风机风筒;8. 除尘风机;9. 输送皮带

采用空气幕及相关防尘措施的实际效果,如表 6.5 所示。

表 6.5 综掘工作面在不同防尘措施情况下粉尘浓度分布

| 项目 | 综掘面迎头 | | 司机作业点 | |
|---|---|---|---|---|
| | 全尘 | 呼尘 | 全尘 | 呼尘 |
| 不采取防尘措施粉尘浓度/(mg/m³) | 1229.7 | 380.7 | 306.6 | 105.6 |
| 开启喷雾防尘措施粉尘浓度/(mg/m³) | 563.5 | 187.8 | 87.1 | 29.0 |
| 采用空气幕和喷雾防尘措施粉尘浓度/(mg/m³) | 221.5 | 75.4 | 16.5 | 5.3 |
| 开启喷雾防尘措施降尘效率/% | 55.2 | 50.7 | 71.6 | 72.2 |
| 采用空气幕和喷雾防尘措施降尘效率/% | 82.0 | 80.4 | 95.6 | 95.9 |

采用空气幕控尘措施时工作面的降尘效率较高,均比只开启喷雾降尘的除尘效果要好。司机作业点处的全尘降尘效率为 95.6%,呼(吸性粉)尘的降尘效率为 95.9%,有效保障了司机作业处人员的职业健康。

综上所述,空气幕具有操作简便、结构简单等优点,而且其介质为空气,不会影响视线,操作过程不受影响。但空气幕也存在一定缺陷,因井下环境复杂,很难设计出一种完全符合现场要求的空气幕,而且由于空气幕出口风速较大,风幕的卷吸作用增强,可能将本来已经沉降的浮尘再次扬起,引起二次污染。

### 6.2.3 控尘风帘

风帘控尘是指在产尘区域或者粉尘扩散路径上设置风帘(风板),控制粉尘扩散或者改变粉尘运移路径的方式。风帘控尘在产尘较集中和对于作业人员较少、粉尘浓度较大的区域,如采煤面转载点、放煤口等地点使用,可以起到简便、快捷的控尘效果,目前在采煤工作面、综掘工作面均有一定的应用[31~37]。风帘具有成本低廉、经济实用、实施性较强的特点,在不影响正常运输的前提下,可以大幅减少巷道内浮尘扩散,但也存在遮挡人员视线的弊端,其应用存在一定局限性,尤其是在作业空间较小、施工进度快的地点,实施风帘控尘困难,还会影响正常生产[38~40]。根据风帘对粉尘的控制效果可分为排尘风帘和隔尘风帘。

#### 1. 排尘风帘

风帘排尘是指通过风帘控制风流方向,增加作业点风量,利用通风排尘作用将作业点粉尘迅速排出。较常见的应用为采空区排尘风帘,如图 6.28 所示。

采空区风帘的目的是减少运输巷进入工作面的风流向采空区泄漏,使新鲜风流在风帘处形成 90° 的弯角,从右支架靠工作面的一侧通过,提高工作面的有效风量。美国 Jankowski 等曾在工作面测试过,采用采空区风帘(gob curtain)可以将工作面风速提高 35%[41],提高最明显的区域是上风侧向下第 25~30 个支架区域;使用采空区风帘有另外一大优势,可以减少向采空区的漏风,防止采空区中的浮煤自燃。

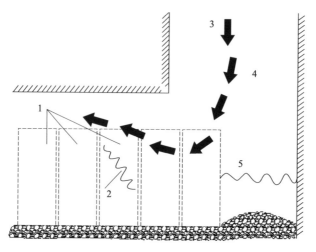

图 6.28　采空区风帘及人行道风帘

1. 支架；2. 人行道风帘；3. 风流方向；4. 运输巷；5. 采空区风帘

**2. 隔尘风帘**

风帘隔尘是指在粉尘扩散路径处设置风帘,改变粉尘运移方向,防止粉尘对工作区域污染,实现对粉尘的有效隔离。隔尘风帘在产尘量较大的区域如采煤面及掘进面有一定的应用。

1) 采煤面风帘应用

由于采煤工作面空间小,大型除尘与控尘设备难以有效安装,隔尘风帘为常见的简易控尘设备,按照风帘的安放位置可分为转载点风帘和放煤口风帘。

(1) 转载点风帘。如图 6.29 所示转载点风帘安装示意图,当采煤机截割至运输巷时,高速进风风流将流经切割滚筒,同时大量含尘风流波及采煤机司机,尽管这一时间非

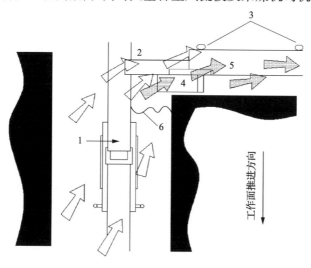

图 6.29　转载点风帘

1. 转载机；2. 输送机；3. 采煤机司机；4. 切割滚筒；5. 采煤机机身；6. 转载点风帘

常短,但产尘强度非常大。通常采用在运输巷转载机与沿工作面侧壁推进方向 1.2～1.8m 处悬挂转载点风帘。转载点风帘将引导风流绕过切割滚筒,随着工作面沿走向推进,采煤机每隔两刀,风帘重新安设一次。通过安装风帘可以降低经过割煤滚筒风量,减少粉尘对工作面的污染,经测试采煤机司机处粉尘含量可减少 50%～60%[42]。

（2）放煤口风帘。放煤口风帘通常设置在人行横道和放煤口之间,如图 6.30 所示,将放煤口输送机与人行道隔开。使放煤口输送机道形成一个半封闭的空间,风帘阻止了含尘气流向人行道的扩散,绝大部分飞扬起来的煤尘被封闭在放煤口输送机道空间。

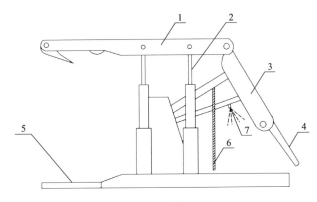

图 6.30　放煤口风帘

1. 顶梁;2. 液压支架;3. 挡煤板;4. 放煤口;5. 人行道;6. 挡尘帘;7. 喷雾口

风帘由抗静电的软风筒布制成,安装时,用挂钩或铁丝将挡尘帘悬挂在每个支架后连杆下,放煤时,摘掉其中一个挂钩,预留小孔以便观察放煤情况。实践证明,在放煤口采取挡尘帘和喷雾除尘结合时,放煤工操作处的全尘和呼吸性粉尘降尘率分别达到了 85.7% 和 67.5%,取得了较为明显的除尘效果。但在使用过程中,由于风帘挡住了放煤工的部分视线,因而其操作工艺有待进一步的完善和改进。

2）掘进面风帘应用

（1）全隔离式风帘。全隔离式风帘一般在掘进面采用,通常配合除尘器及喷雾系统,由于掘进工作面空间相对狭小,而且为独头巷道,作业过程中,风帘将产尘区域封闭在前端的空间,之后在封闭空间进行除尘,如图 6.31 所示。

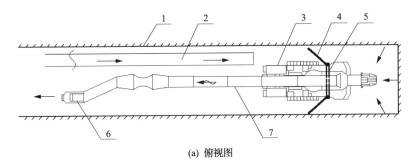

(a) 俯视图

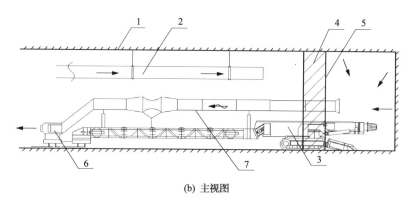

(b) 主视图

图 6.31 掘进面全隔离式风帘控尘技术

1. 掘进巷道;2. 压入式风筒;3. 掘进机;4. 侧面风帘;5. 机身风帘;6. 除尘器;7. 抽出式风筒

该系统主要由掘进系统、压入式通风系统、抽出式通风系统以及风帘控尘系统四部分组成。其除尘过程是通过安装在掘进机司机前方且可以封闭整个巷道断面的风帘,将截割时产生的粉尘封闭在掘进机前方的一个近似密闭空间内,随后由抽出式风机,通过布置在机体左右两侧的两个吸风口将封闭在前方空间内的高浓度粉尘吸入除尘器内,将密闭空间内的含尘气流净化。现场测试表明,先通过风帘控尘,随后结合除尘器和掘进机外喷雾装置进行综合除尘时,除尘效率可达 95%～98%。但该控尘手段受制于现场作业环境,由于风帘移动频繁,掘进过程机械强度大,风帘控尘难以对产尘空间实现完全封闭。

（2）半隔离式风帘。半隔离式风帘（half curtain）控尘由 Jayaraman 等于 1986 年提出,适用于巷道断面较大（>9m²）,供风量大的掘进巷道,风帘由带有弹簧的风障布组成,安装在掘进机司机和巷道之间,由顶板至地面垂直布置,如图 6.32 所示,风帘的安装减小了巷道断面,提高了司机侧与迎头的风速,井下测试表明,采用风帘控尘,司机处呼吸性粉尘可降低 50%[43]。

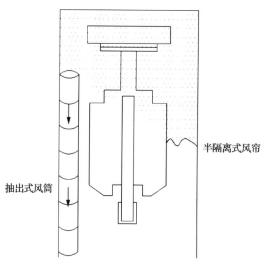

图 6.32 半隔离式风帘控尘

当掘进面产尘量非常大时,迎头风速及风帘与迎头的距离必须进行重新设计,美国矿山安全与健康管理局测试结果表明,当风帘距离迎头越近,风速越高,控尘效果越好,因而,界定出最佳距离为 3m,最佳风速为 0.3m/s 的临界值。对于产尘量过大的掘进巷道,单独的风帘控制很可能难以发挥出优势,需要配套除尘器、喷雾等辅助除尘手段。

## 6.3　除尘器除尘

当井下局部地点的产尘量较大,仅依靠通风或其他防尘措施难以满足作业环境的风流质量要求时,需对风流进行净化处理,将含尘风流吸入除尘器中进行除尘,这种直接除去局部地点风流中粉尘的装备称为除尘器。除尘器具有除尘效率高的特点,已逐渐成为煤矿井下重要的防尘手段,也是未来煤矿防尘技术的重要发展方向。

### 6.3.1　设备除尘系统

为实现对含尘风流的净化处理,需构建如图 6.33 所示的设备除尘系统[44],该系统包括集尘罩、输送管路、除尘器以及动力设备。除尘器工作的原理就是利用动力设备产生的负压,将含尘气流通过集尘罩和输送管路吸入除尘器中,除尘器利用湿式或干式过滤等除尘方法将含尘气流中的粉尘分离出来,净化后的风流再排放到空气中。

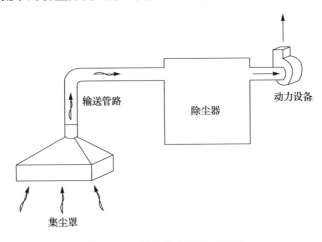

图 6.33　设备除尘系统示意图

除尘器是该系统的主体。除尘器的除尘方法目前主要分为湿式与干式两种类别[45]。湿式除尘器可分为湿式过滤除尘器、湿式旋流除尘器及湿式洗涤除尘器,其除尘效率普遍较高,是目前煤矿使用的主流除尘器;干式除尘器包括重力除尘器、袋式除尘器和旋风除尘器,其中重力除尘器和旋风除尘器,一般只是用于多级除尘系统中的初级除尘,过滤掉大颗粒粉尘,袋式除尘器能有效过滤呼吸性粉尘,且处理风量大,可用于产尘量较大区域除尘[46]。

除尘系统动力设备可分为电动、气动、液压和水射流四种不同形式,电动与水射流为较常见的动力源[47]。电动设备为风机,在掘进面或锚喷作业等产尘量较大的作业点,利用湿式除尘器作业时,受井下有限空间限制,将除尘器与风机一体化设计构成除尘风机,节省空间、便于操作;在一些不具备使用风机条件的除尘作业点,如采煤机移动作业的回采工作面,可利用水射流产生的负压作为除尘动力源,将含尘气流吸入除尘器中进行净化处理。

### 6.3.2　湿式除尘器

我国对综掘工作面的防尘,大多采用湿式除尘器进行除尘。湿式除尘器结构较为简单,体积较小,使用方便。自 20 世纪 60 年代起,湿式除尘器在采煤工作面、转载作业点、掘进工作面以及打钻作业点等均得到应用,并取得了非常明显的除尘效果[48]。国外非常注重湿式除尘器的研制开发,其中较有代表性的是美国的湿润层除尘器、英国的湿式过滤除尘器及苏联研制的旋转湿润层除尘器[49]。我国在 60 年代开始研究应用了湿式除尘器,并在 1967 年研制成了湿式旋流除尘器,80 年代后,湿式除尘器取得了长足进展,先后出现了重庆煤科院研制的掘进通风除尘器、冶金安全环保研究院研制的湿式纤维栅除尘器、东北大学研制的矿用自激式除尘器、洗涤式除尘器等。湿式除尘器根据除尘原理可分为湿式过滤除尘器、湿式旋流除尘器和湿式洗涤除尘装置(文丘里除尘装置)。

#### 1. 湿式过滤除尘器

湿式过滤除尘器的基本结构如图 6.34 所示。含尘气流经由不断被喷雾湿润的过滤层时,被过滤层捕获,过滤层多为金属网或多孔纤维层,由于金属网或纤维层内部充满水,水滴呈液膜状,水表面积增大,强化了水与粉尘的接触和碰撞概率,从而提高了除尘效率[50]。

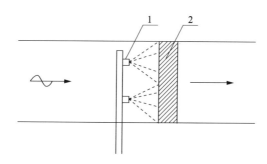

图 6.34　湿式过滤除尘器结构示意图
1. 喷嘴;2. 过滤层

湿式过滤除尘器对小于 $5\mu m$ 粉尘除尘效率低于 $60\%$,$1\sim5\mu m$ 粉尘除尘效率为 $60\%\sim95\%$,大于 $5\mu m$ 粉尘除尘效率为 $95\%\sim98\%$。影响过滤式除尘器性能的主要因素有滤孔大小、过滤层的性质、结构形状及滤层数等,此外风速、喷液量等因素也对除尘器的除尘效果有影响。湿式过滤除尘器与抽出式通风构成除尘器除尘系统,为适应井下有限空间,将湿式过滤除尘器与抽出式风机一体化形成湿式过滤除尘风机。

图 6.35 为湿式过滤除尘风机的结构示意图,含尘气流进入除尘风机后,在水雾的作用下,粉尘得到了充分的润湿、碰撞、凝聚,经过滤板时,粉尘颗粒被拦截,净化后的空气及

水雾经风道进入除雾器,进一步除去水雾后,净化空气排至巷道。

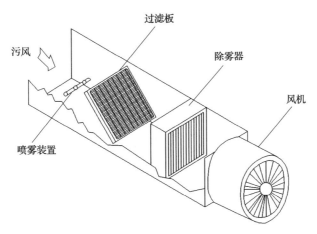

图 6.35　湿式过滤除尘风机结构示意图

　　湿式过滤除尘风机的过滤层由多层滤网构成,其网孔直径小,在实现较高除尘效率的同时会使除尘系统的阻力加大、风量处理能力及除尘效率大大降低。随着时间的推移,过滤器上吸附的粉尘越来越多,将会使风机的负荷越来越大,能耗逐渐升高,需要对其进行经常性的清洗或更换。

　　20 世纪 80 年代,美国在湿式过滤除尘风机中采用纤维栅板过滤器,从而发明了湿式振弦除尘风机,又称纤维栅除尘风机。湿式振弦除尘风机主要由过滤板、喷雾混合室、纤维栅板、脱水分离部分和风机组成,如图 6.36[51] 所示。含尘空气被吸入该风机后,在喷雾混合室受到来流方向上设置的喷头喷雾,并随水雾一同到达纤维栅板,纤维使粉尘湿润增重或凝并、滞留,同时由于通过的含尘气体使纤维在气流冲击下产生振动,强化了水雾雾粒与含尘气体中粉尘的碰撞,提高了对微细粉尘的捕获率,振动也提高了过滤器自身纤维的自净能力。由于喷雾头不断向过滤器喷雾,经过过滤器的含尘气体变成含有水雾与湿润粉尘粒子和粉尘团的混合物,部分尘粒或尘团被捕获,随水幕加厚或其自重随水流下降,同时自净过滤器积尘,其余粉尘及微粒经水幕碰撞变成湿润的粉尘、尘团进入脱水装置分离,污水从排污口排出,净化后的空气从排风口排出。

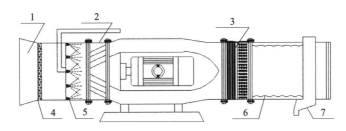

图 6.36　湿式振弦除尘风机

1. 集流器;2. 轴流式风机;3. 纤维栅板;4. 过滤板;5. 喷雾室;6. 脱水室;7. 排水漏斗

　　湿式振弦除尘实际是声波除尘。由声学原理可知,声波是由空气振动产生的,同理,振弦的振动同样引起周围空气的振动,而空气中的粉尘也会随着空气振动,粉尘粒子的振动导致了大小粉尘粒子的碰撞,使小粒子结合成大粒子,从而更容易被捕捉和沉降。表 6.6 为常用的湿式振弦除尘风机的工作参数。

**表 6.6 湿式振弦除尘风机参数表**

| 项目 | 参数 |
|---|---|
| 适用粉尘浓度范围/(mg/m³) | 0~24000 |
| 处理风量/(m³/min) | 90~220 |
| 处理风流降尘效率/% | 90~98 |
| 工作阻力/Pa | <1200 |
| 液气比/(L/m³) | 0.03~0.3 |
| 喷雾工作水压/MPa | >0.3 |
| 工作电压/V | 380、660、1140 |
| 质量/kg | 200~490 |
| 直径/mm | 600 |
| 噪声/dB | ≤85 |
| 使用环境温度/℃ | >0 |

纤维栅板是湿式振弦除尘风机的核心部分,一般来说,每个振弦除尘风机上可以同时安装数块纤维栅板,以 2~8 层纤维为宜,但对粉尘要求严格的场合可以增加到 16 层。

湿式过滤除尘器具有处理风量大,降尘效率高等优点,已广泛应用于综掘工作面的粉尘治理,在应用中既可作为与风机一体化的除尘风机独立使用,也可作为机载除尘风机与采掘装备联用。

1)湿式过滤除尘风机的应用

湿式过滤除尘器与风机一体化形成的除尘风机在掘进面的应用如图 6.37 所示[52]。该掘进面采用长压短抽混合通风方式,配有附壁风筒控风措施,除尘风机通过抽出风筒将掘进机作业产生的粉尘吸入除尘器中,含尘风流经过除尘风机净化后排出。

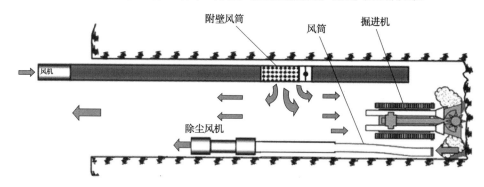

图 6.37 掘进工作面除尘系统

图 6.38 为潞安王庄矿某掘进巷道中的除尘风机实际应用图。供新鲜风流的压入式风筒布置在巷道上方的一侧,湿式过滤除尘风机因重量较大落地放置在小车上,放在掘进

工作面巷道的非行人侧,由液压牵引车牵引移动,它不与掘进机发生直接联系。

(a) 前视图　　　　　　　　　　　　　　　　(b) 后视图

图 6.38　除尘风机在现场布置实物图

除尘风机对该巷道不同位置处的除尘效果如图 6.39 所示,8 个测点中有 7 个测点的除尘效率达 90% 以上,掘进头呼吸性粉尘从 1000mg/m³ 降低到 200mg/m³,司机处由 400mg/m³ 降低到 20mg/m³,司机处和风机处的除尘效率较高,达 94% 以上。

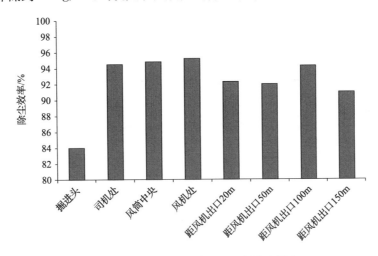

图 6.39　不同位置处除尘风机的除尘效率

2) 连采机机载湿式过滤除尘风机的应用

连采机是煤巷掘进或房柱式开采的主要采掘设备,通常配有机载的湿式过滤除尘风机。如图 6.40 所示[53~55],除尘风机的进口设置在连采机司机附近,进口可以为一个或多个,内设有过滤板,通过水喷雾在板上形成水膜,对含尘气流进行润湿过滤,通常采用的过滤板为 30 层不锈钢网面,其对呼吸性粉尘的除尘效率可达 90% 以上,含水气流通过除雾器进行除湿,通常在连采机尾安设有抽出式风机,将净化后的空气排出。一般情况下,除尘效率可达 60%~75%,图 6.41 为连采机机载湿式除尘风机安装示意图。

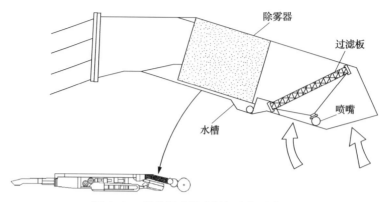

图 6.40　机载湿式除尘风机内部示意图

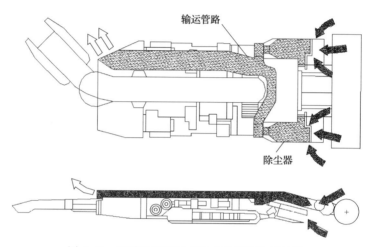

图 6.41　连采机机载湿式除尘风机安装示意图

除尘风机的维护对保证除尘效果至关重要,尤其是当粉尘浓度大时,长时间使用将会使内部的过滤板和管道系统发生堵塞甚至破坏,需要定期维修过滤板;另外,水喷雾喷嘴也需要进行检修,保证喷射到板面上的水膜是均匀的,避免喷雾时,出现中间多、周围少的情况。图 6.42 为对除尘器内部部件清洗现场图。

(a) 过滤板

(b) 除雾器

图 6.42　机载湿式除尘风机维护清洗现场图

### 2. 湿式旋流除尘器

湿式旋流除尘器是利用喷雾的湿润凝集和旋流的离心分离作用的除尘器[56]，通过惯性离心力作用将粉尘分离，适用于较大风量处理作业点。湿式旋流除尘器与风机一体化，就是湿式旋流除尘风机，主要用于掘进面等产尘量较大区域除尘。

湿式旋流除尘风机主要包括集尘喷雾段、旋流净化段和脱水段，由隔爆型三相异步电动机带动风机转动[57]。其中集尘喷雾段采用多个喷头喷雾湿润含尘气流，喷雾头数量布置根据处理风量的大小和喷头雾化情况而定，一般采用中心轴线布置一个喷头，筒体周壁对称布置多个喷头的方式。为了防止较大的颗粒撞击风轮和增大旋流速度，在喷雾后面安装可以抽出的冲突网。旋流净化段主要采用旋流动轮高速旋转的方式强制形成高速旋转含尘气流，粉尘进一步湿润、凝聚并高速通过电机和筒体之间的空隙，当工作面产尘量高、处理风量大时，可以增加多级旋流净化段，保证含尘风流得到充分净化。脱水段起到气水脱离的作用，使吸附有粉尘的雾滴在离心力的作用下通过和筒壁之间的相互碰撞而滞留。脱水段直径稍大于风机筒体直径，并随着处理风量的增大而增加长度，增大了气流和筒壁接触面积，有利于脱水和排污。湿式旋流式除尘风机的结构图如图6.43所示。

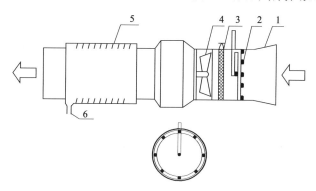

图 6.43 旋流除尘风机结构示意图及喷雾部分截面图
1. 集流器；2. 喷雾装置；3. 冲突板；4. 旋流动轮；5. 脱水装置；6. 排水口

湿式旋流除尘风机应用于掘进机除尘时，风机一般安装在转载机的后方，并通过行走小车与掘进机之间实现机载联动，或者采用单轨吊挂的方式安装在巷道的顶部，风机吸口用风筒与掘进机集尘罩相连[58]。

一般湿式旋流除尘风机的工作参数如表6.7所示。

表 6.7 湿式旋流除尘风机参数表

| 项目 | 参数 |
| --- | --- |
| 处理风量/(m³/min) | 180～250 |
| 全尘降尘效率/% | ≥99 |
| 呼吸性粉尘降尘效率/% | >90 |
| 脱水效率/% | >95 |
| 液气比/(L/m³) | 0.6～1.6 |
| 工作阻力/Pa | <1500 |

续表

| 项目 | 参数 |
| --- | --- |
| 噪声/dB | ＜85 |
| 工作水压/MPa | ≥1 |
| 工作电压/V | 380、660、1140 |
| 电机功率/kW | 4、11、28 |
| 质量/kg | 200～490 |
| 风筒直径/mm | 600～1100 |
| 漏风率/% | ≤4 |

### 3. 湿式洗涤除尘装置

湿式洗涤除尘装置也称文丘里除尘装置[59]，是利用水射流为动力产生负压将含尘气流引入除尘器中，借助于水与含尘气体直接接触，通过形成的水雾或者液体射流，捕集粉尘，将粉尘从空气中分离，达到净化的目的。

文丘里除尘装置主要由喷嘴、吸入室、喉管、扩散管及抽尘管等组成，其主要部件结构形式如图6.44所示[60]；应保证喷嘴、喉管及扩散管同轴。当压力水由喷嘴高速喷射出时，高速水射流卷吸周围空气进入射流主体区，由于周围空气不断被带走，从而在喉管附近产生负压，外界含尘气流被卷吸到喉管内，并与主射流体发生接触，由于水射流的速度很大，含尘气流的速度较小，水射流与含尘气流产生相对运动，两者发生了惯性碰撞，尘粒被捕捉；进入喉管时，含尘气体继续与水射流发生惯性碰撞，水射流同时被气体剪切分散为水滴，尘粒又与水滴进行有效的碰撞，并进行能量和质量交换，尘粒又被捕捉，含尘液滴随风流进入脱水器后，从气流中分离出来，从而达到除尘的目的。

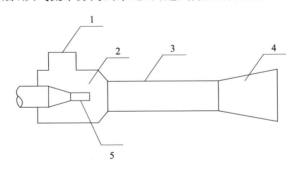

图 6.44　文丘里除尘装置
1. 抽尘管；2. 吸入室；3. 喉管；4. 扩散管；5. 喷嘴

湿式洗涤除尘装置形式多样，在煤矿获得应用的有吸尘滚筒降尘、采煤机负压二次降尘及水射流式孔口除尘装置[61]。

#### 1）吸尘滚筒降尘装置

吸尘滚筒最早由英国海德拉公司于20世纪70年代生产，此后在德国、美国等少数发达国家得到应用。我国从90年代开始应用，如淄博、徐州等矿区都试验过采煤机吸尘滚筒降尘装置[62~65]，随着机械化采煤强度的增大，吸尘滚筒的应用范围也越来越大。

　　传统的采煤机作业时粉尘控制是在齿尖破岩处进行喷雾,湿润煤体与浮尘,该降尘方式存在以下缺点:①滚筒中产生粉尘的主要位置是滚筒端面,此处截齿密度最大而切割深度最小,安装难度大;②滚筒落煤过程中粉尘控制依赖于截齿上的水量大小。

　　吸尘滚筒将降尘装置布置在了滚筒内部,不仅能够对粉尘进行快速除除,还能将大量新鲜风流吸至滚筒附近,对降低截割处瓦斯浓度也具有一定的意义,其工作过程如图6.45 所示。

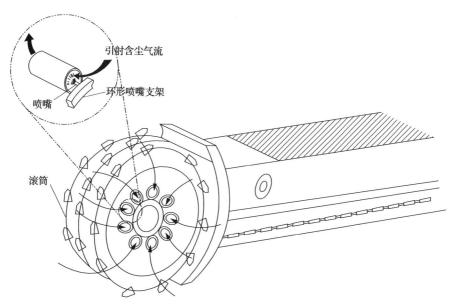

图 6.45　吸尘滚筒结构示意图

　　高压水经环形喷嘴支架从空心锥形喷嘴向滚筒内侧喷出,会产生与之成一定比例的空气射流,方向为工作面向煤壁一侧流动。含有煤尘的气流进入喷管内后,煤尘颗粒和水滴产生相对摩擦运动,在水射流拦截、沉降、布朗运动及凝聚作用下,煤尘被大量捕获,从而把气流中的大部分煤尘带走。水射流能引起大量的空气射流流动,当水压为 10MPa,流量为 1L/s 时,可引起约 1500L/s 的气流通过滚筒,水和空气流过滚筒以后,经导流板与滚筒壳之间的环形缺口流出,导流板起防止司机受到喷水喷射的作用。吸尘滚筒所用的喷嘴如图 6.46 所示。

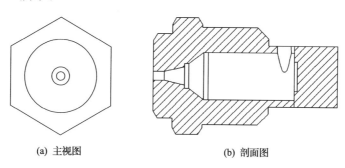

(a) 主视图　　　　　　　　　(b) 剖面图

图 6.46　喷嘴示意图

吸尘滚筒最大的优势表现在经历断层或煤岩较硬时,采煤机牵引速度低,此时由于滚筒截割物料量相对较少,截割区的空气阻力相对较小,粉尘更容易被吸入,增大了粉尘的捕集率。英国煤炭公司和科学研究部曾经测试过喷雾与吸尘滚筒的降尘效率,如图 6.47 所示,与喷雾降尘系统相比,吸尘滚筒吸尘效果非常明显,特别是对上隅角的吸尘,粉尘浓度只有喷雾降尘的 1/4～1/3,而且,吸尘滚筒的用水量比喷雾降尘小得多[66]。

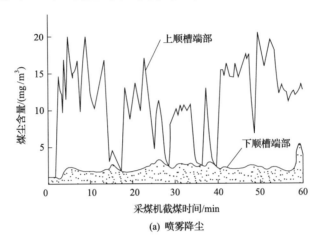

(a) 喷雾降尘

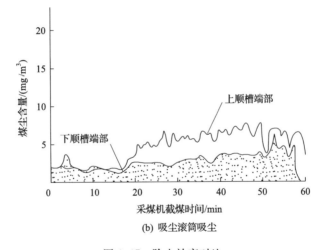

(b) 吸尘滚筒吸尘

图 6.47    除尘效率对比

影响吸尘滚筒的因素包括水压、水量、喷嘴角度、管子的长度和直径及空气阻力。空气流速和煤尘捕集率会因水压的减小而大幅度降低,另外,水压减小会导致管内堵塞,因此,将喷嘴压力保持在 10MPa 非常重要。

吸尘滚筒的优点:①降尘效果显著,司机处降尘率可达 90% 以上,回风侧降尘效率可达 80% 以上;②采用高压引射,用水量少;③喷雾装置较隐蔽,不易损坏,克服了传统内外喷雾暴露外面易砸坏的缺陷。

但由于吸尘滚筒截割煤壁时,喷雾量非常小,而且喷雾方向不朝向煤壁,造成产生的破碎煤体需输送到运输机之后才能与水接触,因而,截割降尘过程为近似干式作业,会出现粗粒煤尘弥散问题,特别是当工作面通风速度大时,扬尘问题更为突出,为减少粗粒煤尘的弥散,需要安装辅助的低压洒水系统。

2) 采煤机负压二次降尘装置

图 6.48 所示为采煤机负压二次降尘装置,在采煤机机面上安装一个封闭引射风筒,装置共有 4 组高压喷嘴,风筒内两组喷嘴,每组两个,喷雾方向朝向各自端头,风筒两端各有一组辅助喷嘴,每组两个。使用时为两端交替吸风,吸风侧随割煤方向改变而改变。

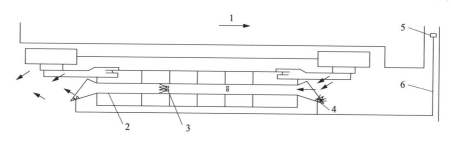

图 6.48　采煤机负压二次除尘装置示意图

1. 割煤方向;2. 吸尘装置;3. 引射喷嘴组;4. 辅助喷嘴组;5. 高压水泵;6. 高压胶管

如前滚筒割煤产尘时,即启用筒体内后滚筒侧的喷嘴组和前滚筒侧的辅助喷嘴组。此时装置的除尘作用有三个部分:①高压喷雾引射作用在装置前滚筒进风端形成负压场,将割煤滚筒周围的含尘空气吸入风筒内,风筒内通过高压喷雾产生大量雾滴,含尘气流绕过雾滴时,尘粒由于惯性与雾滴相撞,进而被捕捉,通过粉尘与雾滴的惯性碰撞、拦截以及凝聚、扩散等作用实现捕捉,粉尘在风筒中经过湿润后沉降,从气流中分离;②水雾与被净化空气形成的高速射流从装置后滚筒出风端射出,形成负压场,可将后滚筒割煤时产生的粉尘进行净化处理;③装置前滚筒吸风端喷雾形成高压雾屏,使前滚筒的含尘气流不向人行道扩散,从而提高装置的降尘效果。

兖州矿区将负压二次降尘装置应用到采煤工作面,工作面采高为 3.1m、截深为 0.62m、牵引速度为 4m/min、煤的硬度 $f$ 为 4.7。采用高压水泵供水喷雾,水压为 17MPa。采煤机司机处由使用除尘装置前全尘浓度为 $1200mg/m^3$、呼尘浓度为 $271mg/m^3$ 分别降低到 $25mg/m^3$ 和 $9.4mg/m^3$,降尘效率分别为 97.9% 和 96.5%;工作面回风巷由使用除尘装置前全尘浓度为 $1195mg/m^3$、呼尘浓度为 $410mg/m^3$,分别降低到 $44.5mg/m^3$ 和 $18.5mg/m^3$,降尘效率分别为 96.3% 和 95.5%。

采煤机分布式负压二次降尘装置布置在采煤机前后滚筒摇臂后,一般成对使用,用于采煤面降尘。除尘器包括高压喷嘴,喷嘴与进水管连通。喷嘴由管内向外喷雾时,前方的空气被源源不断的水雾推出去,后方形成负压,煤机端部及滚筒附近含尘浓度高的空气被吸入负压场,在喷管内,含尘气流受到水雾的洗涤净化,粉尘喷出管子后迅速沉降下来,被净化的空气与水雾形成高速混合射流,在喷出端形成负压,卷吸周围的含尘气流进入射流中,使水进一步雾化,对采煤机截割部位产生的粉尘进行有效的净化。负压二次降尘装置形成能够有效地阻止和减少粉尘向外扩散的气雾流屏障和含尘气流净化系统,如图 6.49 所示[67]。

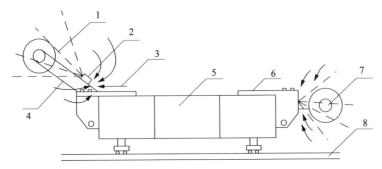

图 6.49　分布式负压二次降尘原理示意图

1. 气雾水幕;2. 除尘器;3. 含尘气流;4. 摇臂;5. 采煤机机身;6. 连接板;7. 滚筒;8. 轨道

采煤机负压二次降尘系统主要由高压喷雾泵 7、高压胶管 6、除尘器 4 等组成,如图 6.50 所示[68]。系统开启时,利用轨道顺槽内的高压喷雾泵站,将井下的低压水转化成高压水,水压 5~10MPa,通过沿顺槽至工作面铺设的高压胶管,将高压水输送到安装在采煤机两摇臂(或机身连接板)上的负压二次除尘器上,负压二次除尘器将供给的高压水转化成控制采煤机滚筒割煤产尘源、向外扩散的气雾流屏障和局部含尘风流净化降尘系统,实现对采煤机滚筒割煤产尘的就地净化,阻止和减少粉尘向外扩散。

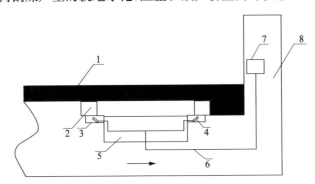

图 6.50　采煤机负压二次降尘系统安装图

1. 煤壁;2. 滚筒;3. 摇臂;4. 除尘器;5. 采煤机机身;6. 高压胶管;7. 高压喷雾泵;8. 轨道巷

负压二次降尘系统的性能指标见表 6.8。

表 6.8　负压二次降尘系统的性能指标

| 项目 | 参数 |
| --- | --- |
| 耗水量/(m³/h) | 4.5 |
| 水压/MPa | 10 |
| 喷嘴孔径/mm | 1~1.5 |
| 水滴直径/μm | 120 |
| 气雾流张开角度/(°) | 60 |
| 质量/kg | 100 |
| 除尘器距离滚筒中心/m | 1~1.5 |
| 除尘器外形尺寸/mm | $\phi100\times200$ |

3）水射流式孔口除尘装置

煤矿安全规程规定在掘进井巷和硐室时，必须采取湿式钻眼等相关措施，冻结法凿井和在遇水膨胀的岩层中掘进不能采用湿式钻眼时，可采用干式钻眼，在煤、岩层中钻孔，应采用湿式钻孔。煤（岩）与瓦斯突出煤层或软煤层中瓦斯抽放钻孔难以采用湿式钻孔时，可采用干式钻孔，但必须采取捕尘、降尘措施，工作人员必须佩戴防尘保护用品。同时在水源缺乏的矿井、冬季容易冰冻的地区以及在一些尚无供水设施的零散工程中，使用孔口降尘装置是干式钻孔的有效降尘措施。

图 6.51 所示为一种采用文丘里结构进行孔口作业除尘的装置系统。孔口集尘装置将钻孔施工时产生的粉尘控制在相对密闭的空间内，由于采用负压抽气，所以集尘装置不需要较高的密封要求，主要考虑与钻机的可靠连接及处理喷孔、夹钻时能方便拆卸或打开[69]。

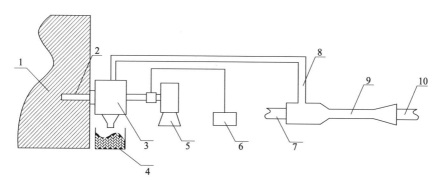

图 6.51　湿式钻孔除尘装置

1. 煤岩体；2. 钻杆；3. 集尘器；4. 收集桶；5. 钻机；6. 风源；7. 进水口；8. 抽尘管；9. 除尘器；10. 排灰管

孔口除尘装置工作过程为钻孔施工过程中产生的粉尘在压风作用下，由孔底以高速沿钻杆与煤壁之间的孔隙向外排出，进入孔口集尘装置，如图 6.52 所示，其中较大颗粒的粉尘在重力作用下沉降下来，经下部出渣口排入灰渣收集桶内。同时，水流以一定压力从文丘里喷嘴喷出，形成高速射流，使吸气室压力降低形成负压，集尘装置中的小颗粒粉尘被抽吸至吸入室，进行除尘，最后由排出管排至水沟。

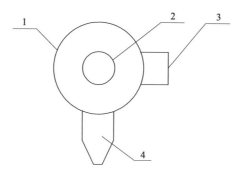

图 6.52　孔口集尘器

1. 集尘罩；2. 封尘装置；3. 抽尘管；4. 排灰口

系统特点:①设备成本低、投资少;②结构简单、体积小、拆卸方便;③射流泵除尘系统无需外加电动泵,直接利用井下供水系统水压提供动力,对钻孔施工影响小。

钻孔除尘采用负压的形式,针对煤层实施钻孔除尘时,钻头的旋转对煤体产生冲击力和破碎力,使得煤体破碎,瓦斯迅速解吸。因此,钻孔施工过程中瓦斯涌出是不可避免的,甚至产生喷孔现象,可能会造成巷道瓦斯浓度超限,对于高瓦斯煤层,该种隐患更突出,因而,做好钻孔除尘过程中的瓦斯治理是非常重要的。

### 6.3.3 干式除尘器

干式除尘器的特点是不以水为除尘介质,以布袋式除尘器为代表,由德国最先研制,具有除尘效率高、设备运行稳定、易损件少等优点。其缺点是不能去除气体中的有毒、有害成分,处理不当时容易造成二次扬尘,且其除尘过程为干式,存在出现静电火花等诱发装置失爆的危险,使得在煤矿的应用性受限。对于缺水或水资源紧张的地区,干式除尘器具有重要的使用价值,本节介绍三种干式除尘器:重力除尘器、袋式除尘器和旋风除尘器。

#### 1. 重力除尘器

重力除尘技术是利用粉尘颗粒的重力沉降作用而使粉尘与气体分离的除尘技术。含尘气流在风机的作用下被吸入沉降室,由于沉降室内气流通过的横断面面积突然增大,含尘气体在沉降室内的流速将比输送管道内的流速小得多。一般认为,在沉降室内的气流呈层流状态,尘粒和气流具有相同水平速度,但气流中质量和粒径较大的尘粒在重力作用下获得较大的沉降速度,经过一段时间之后,尘粒降落到沉降室底部,从气流中分离出来,从而达到除尘的目的。图 6.53 为重力除尘器的工作示意图。

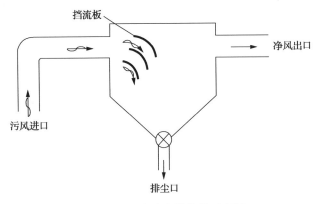

图 6.53 重力除尘器结构示意图

重力除尘器的主要优点是结构简单,阻力低,一般为 50~150Pa,运行稳定,维修费用较低;其缺点是除尘效率低,一般只有 40%~50%,不适用于捕捉密度和粒径较小的粉尘,设备庞大;仅适用于处理中等气体量的常温或高温气体,常作为多级除尘的预除尘使用。

图 6.54 所示为气动孔口除尘系统。它由封孔器、重力除尘器、湿式过滤除尘器、抽尘管路等组成。压缩空气经过空气过滤器进入空气引射器并驱动其工作,空气引射器使除

尘器内部产生负压,并通过抽尘管路连接到封孔器,使封孔器内产生一定负压。工作过程中,粉尘通过抽尘管路被引导到除尘器的进口段,大颗粒的粉尘在重力除尘段由于自重沉降下来,经下部的排渣口排出,细微粉尘进入湿式过滤除尘器,大部分粉尘被拦截下来,并与水形成混合物经排污管排出。少量穿过过滤网的粉尘与水雾混合物进入水汽分离器,在水汽分离器中气流进行进一步净化,最终从排气口排出干净气流[70]。

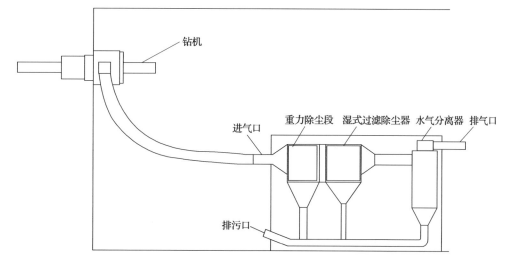

图 6.54　湿式过滤孔口降尘装置结构示意图

### 2. 袋式除尘器

袋式除尘器是利用有机或无机纤维作为过滤材料,将含尘气体中的固体粉尘通过过滤而分离出来的高效除尘设备,因过滤材料多做成袋状而得名。

含尘气流通过纤维层时,由于气体中所含粉尘的尺寸往往较过滤层中的空隙要小得多,因此通过筛滤效应清除粉尘的作用很小。粉尘从气流中分离出来主要靠粉尘与滤料纤维间的惯性碰撞、截留、扩散及静电吸引等作用。①截留作用:随气流一起流动的粒子,因与捕集体直接接触而被阻留;②惯性碰撞作用:粒子因惯性与捕集体相碰撞而被捕集;③扩散作用:微小粒子在气体分子撞击下,像气体分子一样做布朗运动,如果粒子在运动过程中与捕集体表面接触,就会黏附在捕集体的表面上;④重力作用:比较大的粒子依靠重力自然沉降,从气流中分离出来;⑤静电力作用:荷电的粒子和(或)纤维之间产生静电引力,通过静电引力的作用使粒子吸附在捕集体(纤维)上,从气流中分离出来。

粉尘被阻留在滤料上,滤料表面形成初始粉尘层。初始粉尘层比滤料更致密,孔隙曲折,细小而且均匀,捕尘效果好。初始粉尘层形成后捕尘效率提高,随着捕集粉尘层的增厚,效率虽仍然有增大,但阻力随之增大。阻力过高,将减少处理风量且可使粉尘穿透滤布而降低效率,所以,阻力达到一定程度(1000～2000Pa)时,要进行清灰。清灰要在不破坏初始粉尘层情况下,清落捕集粉尘层。清灰方式有机械振动、逆风流反吹、压气脉冲喷吹等。袋式除尘器一般由箱体滤袋架及滤袋、清灰机构、灰斗等组成,以风机或引射器为动力。图 6.55 为袋式除尘器脉冲喷吹清灰示意图[71]。

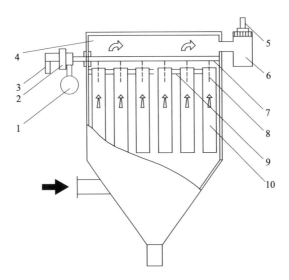

图 6.55 袋式除尘器脉冲喷吹清灰示意图

1. 气包;2. 脉动阀;3. 电磁阀;4. 净气室;5. 气动阀;6. 净气出口;7. 喷吹管;8. 压缩空气流;9. 花板;10. 滤袋

袋式除尘器脉冲喷吹清灰以压缩空气为动力,当滤袋阻力达到规定值时,通过控制仪和电磁阀(或气动阀)的作用,开启脉冲阀,在喷吹管上开有直径为 6mm 左右的小孔,小孔正对每条滤袋的中心,压缩空气以很高的速度通过袋口处的文丘里管,同时引射空气一同吹入滤袋,滤袋突然膨胀,引起冲击振动,使滤袋表面的粉尘溃散和脱落。

袋式除尘器的优点是:对呼吸性粉尘以及全尘的降尘率都很高,可到达 99%;使用灵活,处理风量范围大,可做成直接安装于室内、机器附近的小型机组,也可以做成大型的除尘器室;结构简单,可以采用简易袋式除尘器,或采用效率更高的脉冲清灰袋式除尘器。它的缺点是:应用范围受到滤料耐温、耐腐蚀性能的限制;不适合处理湿度大的含尘气流,以及黏结性强、吸湿性强的粉尘;由于采用干式过滤除尘,风速过大,会造成二次扬尘;在掘进巷道中使用时,由于处理风量大,袋式除尘器体积较大,不适用于小断面巷道掘进应用。

目前德国煤矿煤矿井下普遍使用干式除尘[72],我国掘进面干式除尘的应用相对较少,图 6.56 所示为重庆煤科院研制的一种矿用袋式除尘器。

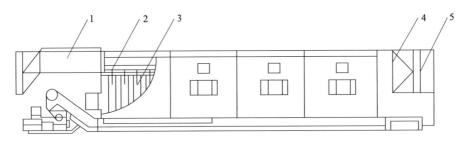

图 6.56 袋式除尘器结构示意图

1. 排气管;2. 脉冲清灰系统;3. 滤袋组;4. 预选箱;5. 进气口

该除尘器是一种高效干式除尘器,采用两级除尘:前级采用重力沉降除尘,使粗尘从含尘气流中分离而沉降下来;后级采用过滤除尘,使细粒粉尘通过布袋,在筛分、惯性、黏附、过滤、静电等作用下被捕捉下来,从而达到高效除尘的目的。

石炭井乌兰煤矿综掘工作面采用袋式除尘器进行工作面除尘。该掘进工作面巷道净断面面积为 $9.24m^2$,用 11 号工字钢支护。该综掘巷道采用长压短抽通风除尘系统,压入式风筒末端安装了附壁风筒,压入风流沿附壁风筒径向送出,形成螺旋风流,并向工作面推进,阻止工作面煤尘向巷道后方扩散,袋式除尘器通过风筒与抽出式风机连接。通风除尘所有设备与部件,全部吊挂在单轨吊上,由液压牵引车牵引移动,实现通风除尘系统与掘进机同步移动。如图 6.57 为袋式除尘器在石炭井乌兰煤矿掘进巷道应用示意图[73]。

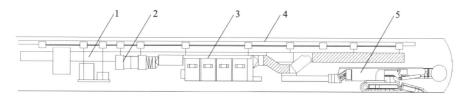

图 6.57  袋式除尘器应用示意图

1. 压入式风筒;2. 抽出式风机;3. 袋式除尘器;4. 单轨吊轨道;5. 掘进机

通风除尘系统的运行参数为:压入风量为 $180m^3/min$,风机抽出风量为 $150m^3/min$,压入式风筒出口距迎头 15m,负压风筒吸尘口距迎头 2.5m。测得降尘效果为:掘进机司机处的总粉尘浓度由平均 $318.1mg/m^3$ 降至 $21.4mg/m^3$,降尘率为 93.3%;呼吸性粉尘由平均 $102.4mg/m^3$ 降至 $9.6mg/m^3$,降尘率为 90.6%;除尘器后方巷道中的降尘率,总粉尘为 88.2%,呼吸性粉尘为 88.4%。

袋式除尘器现场布置如图 6.58 所示。袋式除尘器体积较大,适合于 $10m^2$ 以上大断面综掘工作面使用;如果巷道内不设单轨吊作为辅助运输,则要频繁地撤接单轨,工作量较大,难以保证吸尘口前移到位,影响除尘效果。

(a) 除尘器整体图          (b) 除尘器掘进巷道安装图

图 6.58  袋式除尘器现场安装图

**3. 旋风除尘器**

旋风除尘器是干式除尘器的典型代表,是利用旋转气流所产生的离心力,将固体颗粒或液滴从气流中分离出来的一种干式气固分离的机械设备,对于直径 $5\sim10\mu m$ 以上的颗粒粉尘,除尘效率较高,其结构如图 6.59 所示。

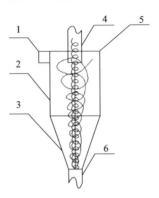

图 6.59　旋风除尘器示意图
1. 进气口;2. 圆筒体;3. 圆锥体;4. 排气口;5. 顶盖;6. 排灰口

其工作原理是:含尘气流由进气口以较高的速度沿圆筒切线方向进入,气流由直线运动变为圆周运动,并向上、向下流动,向上的气流被顶盖阻挡返回,向下的气流在筒体部分和锥体部分做自上而下的螺旋运动。含尘气体在旋转过程中产生离心加速度,由于尘粒重度大于气体,尘粒将产生远离螺旋中心的运动,尘粒将被甩向器壁。尘粒一旦与器壁接触,便失去惯性力而靠进口速度的动量和向下的重力沿壁面下落,进入排灰管。旋转下降的外旋气流在圆锥部分运动时,随圆锥形收缩而向除尘器中心靠拢,当气流到达锥体下端某一位置时,便以同样的旋转方向在除尘器中部形成一股做自下而上的螺旋运动气流(内旋流),并经排气管外排出,部分未捕集的粉尘颗粒也随气流而排入大气中。

旋风除尘器的性能随着尺寸改变而发生变化,表 6.9 列举了除尘器各个部分结构尺寸的改变对除尘器性能的影响[74]。

表 6.9　旋风除尘器尺寸对性能的影响

| 增加尺寸 | 阻力 | 除尘效率 | 造价 |
| --- | --- | --- | --- |
| 圆筒体直径 | ↓ | ↓ | ↑ |
| 入口面积(风量不变) | ↓ | ↓ | — |
| 入口面积(风速不变) | ↑ | ↑ | ↑ |
| 圆筒体高度 | ↑ | ↑ | ↑ |
| 圆锥体高度 | ↑ | ↑ | — |

注:↑表示上升,↓表示下降。

旋风除尘器除尘效果受入口风速及含尘浓度影响较大,当旋风除尘器的入口粉尘浓度较小时,旋风除尘器的除尘效率较低,随着粉尘浓度的增大,除尘效率也增大,但是当达到一定值时,除尘效率不再增大,甚至下降,对于特定尺寸的旋风除尘器,存在一个最佳的入口风速,超过或低于该风速值,除尘效率均会有所减小。

旋风除尘器已在煤矿应用,特别是在钻孔除尘方面得到了一定规模的应用。旋风除尘器具有以下特点:①适用于粉尘相对湿度低于 50% 的任何巷道;②不需配套水路设施,操作、维护比较简单,使用方便;③对 $1 \sim 5\mu m$ 粉尘除尘效率为 $10\% \sim 40\%$,$5 \sim 10\mu m$ 粉尘除尘效率高于 $90\%$。一般作为多级粉尘处理的预处理使用。

图 6.60 为干式孔口降尘装置结构示意图,可用于手持式凿岩机的除尘。它由橡胶制成的孔口集尘罩和除尘器两部分组成。该部分除尘器由旋风除尘器与袋式除尘器组成。压缩空气进入引射器后,形成较高的负压。钻机产生的粉尘在诱导气流的作用下,通过集尘罩沿着导尘管以切线方向进入旋流器中,在离心力的作用下被甩向器壁发生浓缩,较粗的粉尘又在重力和轴向力的作用下,顺着器壁落入收尘袋中;一些较小的粉尘上升进入袋式除尘器的滤袋中,在过滤、拦截等综合作用下,得以净化。净化后的通过引射器与压缩空气混合一同排入大气中。

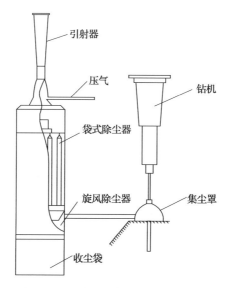

图 6.60 干式孔口降尘装置结构示意图

装置在使用过程中,必须注意以下几点,否则会影响除尘效果:①孔口捕尘器必须紧贴煤壁,尽量用破棉布封堵好,做到不漏气;②必须确保压风排渣的风压在 0.5MPa 以上,抽放负压控制在 13kPa 左右;③粉尘集尘箱内的粉尘装满后,要及时处理;④粉尘集尘箱下的收集袋必须扎紧;⑤施工钻孔时,如遇到瓦斯喷孔,必须调整好进钻的速度,防止因钻屑量大而堵塞捕尘器。

## 6.4 本章小结

通风排尘主要依靠风流稀释粉尘浓度,将悬浮于空气中的粉尘排出,防止其过量积聚。控尘设备为辅助通风设施,可以改变含尘风流运行轨迹,对粉尘进行隔离阻挡,减少粉尘扩散。除尘器除尘是利用抽出式通风方法将产尘点粉尘吸到除尘器中,通过湿式或干式方法除去粉尘,这是一种高效的除尘技术。

除尘器除尘技术形式多样,广泛应用于各产尘区域。如在掘进工作面,使用前抽后压式通风方式,配合附壁风筒等辅助通风设施,实行掘进面封闭式除尘;在短壁采煤工作面,通过采煤机机载除尘器配合压入式通风,构成局部抽出式除尘系统;在长壁采煤工作面,采用除尘滚筒、负压二次降尘器等除尘装置,对采煤机滚筒产尘点进行抽尘处理;在打钻作业点,利用集尘罩隔离粉尘,将粉尘抽入到除尘器净化。

除尘器分为干式除尘器和湿式除尘器。湿式除尘器结构简单,安装方便,除尘效率较高,目前使用较多;干式除尘器中的重力除尘器及旋风除尘器一般作为多级处理的预处理,袋式除尘器除尘效率高,处理风量大,应用前景好。根据尘源点的粉尘特性、空间位置及风流状态等因素,选择合适的除尘器对粉尘处理,可达到净化粉尘的目的。

## 参 考 文 献

[1] 暨朝颂. 最小排尘风速. 冶金安全,1978,03:12,13

[2] 王德明. 矿井通风与安全. 北京:中国矿业大学出版社,2012

[3] 国家安全生产监督管理总局. 煤矿安全规程. 北京:煤炭工业出版社,2010

[4] 陈宝智,关绍宗,陈荣荣. 掘进巷道压入式通风的风流结构及排尘作用的研究. 东北工学院学报,1981,3:97-105

[5] 陆新晓,王德明,任万兴,等. 掘进面产尘机理及粉尘迁移规律的研究分析. 煤矿开采,2012,17(5):19-22

[6] 杨胜强. 粉尘防治理论及技术. 徐州:中国矿业大学出版社,2007

[7] 金龙哲. 矿井粉尘防治. 北京:科学出版社,1993

[8] Hargreaves D M, Lowndes I S. The computational modeling of the ventilation flows within a rapid development drivage. Tunneling and Underground Space Technology,2007,22:150-160

[9] Sasmito A P, Birgersson E, Ly H C, et al. Mujumdar. Some approaches to improve ventilation system in underground coal mines environment-A computational fluid dynamic study. Tunneling and Underground Space Technology,2013,34:82-95

[10] Toraño J, Torno S, Menéndez M, et al. Auxiliary ventilation in mining roadways driven with road headers:Validated CFD modeling of dust behavior. Tunneling and Underground Space Technology,2011,26:201-210

[11] 煤炭研究院重庆煤研所掘进通风课题组. 掘进混合式通风排尘试验. 煤炭科学技术,1984,12:6-10

[12] 刘荣华,王海桥,施式亮,等. 压入式通风掘进工作面粉尘分布规律研究. 煤炭学报,2002,27(3):233-236

[13] 秦跃平,张苗苗,崔丽杰,等. 综掘工作面粉尘运移的数值模拟研究. 北京科技大学学报,2011,33(7):790-795

[14] 赵书田. 抽压混合式通风除尘系统布置方式的选择和技术参数的确定. 中国安全科学学报,1993,3(1):32-38

[15] Kissell F N. Handbook for Dust Control in Mining. US Department of Health and Human Services, Public Health Service, Centers for Disease Control and Prevention, National Institute for Occupational Safety and Health, Pittsburgh Research Laboratory,2003

[16] Trancossi M, Dumas A. Coanda Synthetic Jet Deflection Apparatus and Control. SAE international,2011

[17] 中国煤炭工业劳动保护科学技术学会. 矿井粉尘防治技术. 北京:煤炭工业出版社,2007

[18] 王福威,王英敏. 利用附壁风筒延长射流射程进行通风的模拟试验. 金属矿山,1989,(10):27-30

[19] 煤炭科学研究总院重庆分院. 导流附壁柔性风筒:中国,98229976.1,2000

[20] 周福宝,张云峰,刘应科,等. 一种柔性附壁风筒. 中国,200920038791.1,2009

[21] Divers E F. Mine face ventilation system. US4235163 A,1979

[22] Grassmuck G. Applicability or air stopping and flow regulators in mine ventilation. C. I. M. M. Bulletin,1969,62:1175-1185

[23] 王树德. 附壁风筒提高收尘率的实践. 工业安全与防尘,1996,(8):18-22

[24] 王宽,周福宝,刘应科,等. 柔性附壁风筒辅助降尘技术在葛泉煤矿的应用. 煤矿安全,2011,11:72-74

[25] Guyonnaud L, Solliec C. Mass transfer analysis of air curtain system. 2nd International Confereneeon Advaneesin Fluid Mechanics, Udine, Italy,1998:139-148

［26］张小康，周刚. 全岩巷综掘工作面高效综合除尘技术. 煤炭科学与技术，2013，41(8)：81-83

［27］Goodman G V R, Organiscak J A. Laboratory Evaluation of a Canopy Air Curtain for Controlling Occupational Exposures of Roof Bolters. //Wasilewski S. Proceedings, 7th International Mine Ventilation Congress, Krakow, Poland，17-22 June，2001

［28］Goodman G V R, Beck T W, Pollock D E, et al. Emerging technologies control respirable dust exposures for continuous mining and roof bolting personnel. Proceedings of 11th US/North American Mine Ventilation Symposium, University Park, PA，2006，5-7：211-216

［29］刘荣华，李夕兵. 综采工作面隔尘空气幕出口角度对隔尘效果的影响. 中国科学安全学报，2009. 12：128-134，205

［30］王海桥，施式亮，刘荣华. 综采工作面司机处粉尘隔离技术的研究及实践. 煤炭学报，2000，25(2)：176-180

［31］Listak J M, Beck T W. Development of a canopy air curtain to reduce roof bolters' dust exposure. Mining Engineering，2012，64(7)：72-79

［32］Kissell F N. Dust Control Methods in Tunnels and Underground Mines. Handbook For Dust Control In Mining，2003

［33］罗根华. 转载点粉尘扩散模式与综合治理方案研究. 阜新：辽宁工程技术大学硕士学位论文，2005，12

［34］刘何清，王海桥，施式亮. 综采机组隔尘风帘的设计与应用效果研究. 中国安全科学学报，2000，10(5)：21-25，82

［35］Ford V H W, Hole B J. Air curtains for reducing exposure of heading machine operators to dust in coal mines. Ann Occup Hyg 1984，28(1)：93-106

［36］程卫民，刘向升，阮国强，等. 煤巷锚掘快速施工的封闭控尘理论与技术工艺. 煤炭学报，2009，34(2)：203-207

［37］刘伟. 综掘工作面高效除尘技术及工艺研究与实践. 青岛：山东科技大学硕士学位论文，2008

［38］吴百剑. 综采工作面粉尘分布规律研究. 北京：煤炭科学研究总院硕士学位论文，2008

［39］金龙哲，傅国珏，刘建，等. 一种煤矿用液压支架架间封闭尘源装置. 中国，200910080033.0，2009

［40］郭金刚，金龙哲. 潞安矿区防尘技术及实践. 北京：科学出版社，2010

［41］Jankowski R A, Jayaraman N I, Potts J D. Update on ventilation for longwall mine dust control. Pittsburgh, PA：U. S. Department of the Interior, Bureau of Mines，1993

［42］Rider J P, Colinet J F. Reducing worker exposure to dust generated during longwall ming. National Institute for Occupational Safety and Health Pittsburgh Research Laboratory Dust and Toxic Substance Control Branch Pittsburgh, PA 15236 USA

［43］Jayaraman N I, Divers E F, Derick R L, et al. Evaluation of a new half-curtain technique for continuous miner faces. //Proceedings of the Symposium on Respirable Dust. University Park, PA：The Pennsylvania State University，1986

［44］Jayaraman N I, Colinet J F, Jankowski R A. Recent basic research on dust removal for coal mine applications. Proceedings of the Fifth International Mine Ventilation Congress，1992，395-405

［45］Divers F E. Guideline for selecting dust separators for use in coal mines. Information Circular，1976，(8753)：37-47

［46］胥奎，李建国. 新型矿用除尘器的研究. 矿业安全与环保，2006，(3)：33-35，89

［47］杨胜强. 粉尘防治理论及技术. 徐州：中国矿业大学出版社，2007

［48］钟孝贤. 国内外矿用润湿层除尘器简介. 工业安全与防尘，1989，(6)：23-24，20

［49］栾昌才，陈荣策. 国内外矿用湿式除尘器发展概况. 煤矿安全，1994，(6)：36-40

［50］刘玉顺，赖贵，王英敏. 湿式金属网过滤除尘性能的研究. 环境污染与防治，1994，16(5)：8-10

［51］刘军，晋树青，袁文博，等. 湿式振弦除尘器气液分离机理与实验研究. 武汉科技大学学报，2013，(4)：299-302

［52］Hole B J, von Glen F H. Dust capture effectiveness of scrubber systems on mechanical miners operating in larger roadways. Final report on project COL 310. Johannesburg, Republic of South Africa：Bluhm Burton Engineering，1998

[53] Gerrit V R, Douglas E. Use of a directional spray system design to control respirable dust and face gas concentrations around a continuous mining machine. Journal of Occupational and Environmental Hygiene，2004，1(12)：806-815

[54] Colinet J F, Jankowski R A. Silica collection concerns when using flooded-bed scrubbers. Min Eng, 2000, 52 (4)：49-55

[55] Gerrit V R. Using water sprays to improve performance of a flooded-bed dust scrubber. Applied Occupational and 5Environmental Hygiene，2000，15(7)：550-560

[56] 王树德. 新型湿式旋流除尘器的试验研究. 矿业安全与环保，2001，(6)：102-103，200

[57] 程卫民，周刚. 矿用喷雾旋流除尘风机. 中国专利：201110140008. 4，2011

[58] 隋金君. 湿式旋流除尘器的研究及应用. 重庆：重庆大学硕士学位论文，2003，12

[59] Calvert S, Lundgren D, Mehta D S. Venturi Scrubber Performance. Journal of the Air Pollution Control Association 1972，22(7)：529-532

[60] 陆宏圻. 喷射技术理论及应用. 武汉：武汉大学出版社，2005

[61] 赵瑞珍. 洗涤式除尘器的发展现状和趋向. 建筑技术通讯，1976，(2)：40-46

[62] RDC 科拉克，曾昭刚. 兼有通风除尘作用的采煤机滚筒. 煤矿机械，1991，(4)：11-14

[63] 马中飞，施帮华，张周权. 采煤机吸尘滚筒降尘技术的初步研究. 煤炭科学技术，2001，29(1)：7-9

[64] 何茂金. 设计 ZB2 型采煤机吸尘滚筒. 山东煤炭科技，1995，(3)：45-46，49

[65] RDC 克拉克，张登海. 用作通风装置的引流式滚筒，煤矿机电，1988，(5)：61-63

[66] 李岚，周维奇. 吸尘滚筒原理及其除尘效果. 世界煤炭技术，1994，(1)：37-39

[67] 李继民，戚险峰，杨欣，等. 采煤机负压二次降尘器在综采工作面的应用. 煤矿安全，2007，(9)：12-13

[68] 郭金刚，金龙哲. 潞安矿区防尘技术及实践. 北京：科技出版社，2010

[69] 卢义玉，王洁，蒋林艳. 煤层钻孔孔口除尘装置的设计与实验研究. 煤炭学报，2011，36(10)：1725-1730

[70] 陈颖兴，张小涛. 新型孔口除尘器研究及应用. 煤矿安全，2011，(4)：13-16

[71] 中国环保产业协会袋式除尘委员会. 袋式除尘器滤料及配件手册. 沈阳：东北大学出版社，2007，06

[72] Löffler F, Dietrich H, Flatt W. Dust collection with bag filters and envelope filters. 1988

[73] 刘德政. 煤矿"一通三防"实用技术. 太原：山西出版集团·山西科学技术出版社，2007，01

[74] 赵萍. 旋风除尘器结构尺寸优化设计的研究. 阜新：辽宁工程技术大学硕士学位论文，2002，12

# 第7章 喷雾降尘

喷雾降尘是指将水分散成雾滴喷向尘源的抑制和捕捉粉尘的方法与技术,是国内外矿山粉尘防治工作中最常使用的技术措施,具有系统简单、布置灵活、使用方便、成本低等优点。喷雾降尘的作用体现在抑尘和捕尘两个方面,抑尘的本质是提前润湿煤岩体,使粉尘无法向空气中逸散,捕尘是利用雾流捕捉悬浮在空气中粉尘,使其沉降。抑尘作用发生在粉尘逸散之前,而捕尘过程发生在粉尘逸散之后,本章介绍喷雾降尘机理、雾化原理及方法和矿用喷雾降尘技术。

## 7.1 喷雾降尘机理

喷雾对粉尘的作用可分为抑尘与捕尘,抑尘是利用水雾润湿已沉积的粉尘或新生的粉尘,使其相互聚团或黏附在破碎煤岩块上,对粉尘进行湿润可以有效控制向空气中逸散粉尘量;捕尘是通过碰撞、截留等作用使分散在空气中的粉尘被雾滴捕集,由于雾滴的质量远大于粉尘,所以被捕集的粉尘会随着雾滴迅速沉降。

### 7.1.1 抑尘

喷雾抑尘的本质是在粉尘及煤岩体的表面形成水膜,利用水分子之间的吸引力使小颗粒粉尘相互聚团并黏附在大块煤岩的表面,失去向空气中分散的能力。需要进行湿润抑制的粉尘可分为两大类,一类是沉积粉尘,另一类是新生粉尘。

沉积粉尘广泛分布于破碎煤岩块附近,暂时处于沉积状态,一旦有风流或机械的扰动就会分散到空气中,造成污染。利用喷雾对这类粉尘进行湿润时,一方面要保证水量充足和雾滴分布均匀,另一方面还要避免喷雾的压力过高而使粉尘扬起。此外,由于水分会不断蒸发,因此从采掘到运输的整个过程都要对煤岩进行多次湿润。在低流量喷雾条件下,增加喷嘴个数,扩大喷雾面积可实现较好的喷雾抑尘作用。

新生粉尘产生于对煤岩的截割、破碎、爆破等过程,这类粉尘不仅在煤岩的表面产生,而且会顺着裂隙向深部发展,因此对表面的喷射难以做到对深部粉尘的充分湿润。并且,由于巨大的冲击作用,新生粉尘往往具有向空气中分散的初动能,湿润效果不良将导致大量分子逸散到空气中,造成污染。此外,要提高新生粉尘的湿润效果必须是雾化喷嘴靠近尘源,例如在采掘工作面,安装在截齿部位的内喷雾的降尘效果比外喷雾的降尘效果好,这是由于截齿能够使内喷雾的水滴与破碎煤块充分混合,将煤块均匀润湿,而外喷雾只能够润湿煤块表面。但在这些产尘点往往有挤压、摩擦、冲击等作用,十分容易引起喷嘴的损坏,因此对新生粉尘的湿润是喷雾抑尘的难点。

抑尘是喷雾降尘的第一个环节,其原理简单,技术难度较低,产生的效果明显,可以从粉尘的源头抑制其逸散。

### 7.1.2　捕尘

长期实践表明,抑尘手段能够有效地避免沉积粉尘的飞扬,从根本上消除粉尘。但对于截割、破碎、爆破等过程产生的新生粉尘,由于产尘量大、粉尘初动能高等原因,抑尘效果有限,导致总有一部分粉尘向空气中逸散。因此,必须利用喷雾对粉尘进行捕捉,使其沉降。捕尘过程是粉尘云与雾流相互作用的过程,其中涉及的机理复杂,而且实现高效捕捉的技术难度大,因此多年来对喷雾降尘技术研究的重点是捕尘机理和捕尘方法。

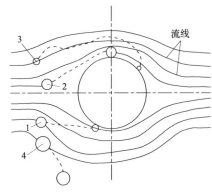

图 7.1　典型的喷雾捕尘机理

1. 惯性碰撞;2. 截留;3. 布朗扩散;4. 重力

**1. 捕尘机理**

煤矿井下对人体危害最大的粉尘为粒径低于 $10\mu m$ 的呼吸性粉尘,沉降呼吸性粉尘是矿井捕尘工作的关键。受煤矿井下环境的限制,目前常用喷雾技术产生的雾滴粒径一般在数十至数百微米。雾滴的粒径通常是粉尘粒径的数倍至数十倍,因此若把雾滴视为参照物,则可以把捕尘过程简化为含尘气流相对于静止液滴的绕流运动,如图 7.1 所示。

目前,对喷雾捕尘机理的探讨,主要是根据空气动力学原理来进行的。较为广泛的看法认为水雾之所以能捕集空气中飞扬的粉尘,是因为含尘气流绕过雾滴时,尘粒由于惯性会从绕流的气流中偏离而与雾滴相撞,进而被捕捉,即通过粉尘粒子与液滴的惯性碰撞、拦截以及凝聚、扩散等作用实现捕捉,其被捕捉的概率与雾滴直径、粉尘受力情况等有关。

1) 惯性碰撞

含尘空气在运动过程中如果遇到雾滴,会改变运动方向,绕过雾滴进行流动。其中细小的尘粒随气流一起绕流,而粒径和质量较大的尘粒具有较大的惯性,使得它们不能沿流线绕过雾滴,仍保持其原来运动方向而碰撞到雾滴,从而被雾滴捕集。

惯性碰撞的捕集效率取决于三个因素:一是气体速度在液滴周围的分布,它随气体相对液滴流动的雷诺数而变化;二是尘粒运动轨迹,它取决于尘粒的质量、尘粒所受的气流阻力、液滴的尺寸和形状及气流速度;三是尘粒对液滴的附着,通常假定与液滴碰撞的尘粒能全部附着。惯性碰撞捕尘效率会随着尘粒直径的增大、水雾粒直径的减小及尘-雾相对速度的增大而提高,当气流速度超过 $0.3m/s$ 时及粉尘粒径超过 $5\mu m$ 时,雾滴与粉尘的惯性碰撞是雾滴捕捉粉尘的主导机理之一。

2) 截留作用

雾滴附近的颗粒会沿着流线做绕流运动。因尘粒有体积,尘粒质心所在流线与水雾粒的距离小于尘粒半径时,尘粒便会与雾滴接触,从而被拦截下来,使尘粒附着于水雾上,这就是截留捕集作用。截留效应捕尘效率随着尘粒与雾滴的粒径比增大而增大。对于粒径大于 $2\mu m$ 的粉尘颗粒,截留作用沉降效果最明显。截留效应与惯性碰撞往往同时发挥作用,然而,在较高的气流速度条件下以惯性碰撞为主。

3）扩散效应

对于粒径细小的尘粒，在气流中受到气体分子的不规则撞击，做布朗运动。在宏观上，在气相介质中的尘粒会向局部浓度低的区域扩散，而并不沿着流线运动。雾滴附近的粉尘浓度梯度会导致微细尘粒相雾滴运动，进而与雾滴相碰撞而被捕集，称为扩散效应。研究表明，当粉尘颗粒减小、气流速度减慢、温度升高时，尘粒热运动加速，从而与雾滴的碰撞概率增大，扩散效应增强。对于直径小于 $0.6\mu m$ 的粉尘，扩散效应为雾滴捕尘主导机理。

扩散作用指的是微小粉尘颗粒通过布朗运动与雾滴发生接触而被捕捉。但在空气中粒径接近气体分子平均自由程的颗粒才会发生明显的布朗运动。这些颗粒的粒径通常低于 $0.2\sim0.6\mu m$，能够随着人的呼吸进入人体的肺泡，但难以在肺泡中沉积，并且井下这类粉尘的含量极低，通过控制喷雾的参数对捕尘效率影响不大，因此矿井捕尘不需考虑扩散作用。

4）重力效应

当尘粒具有一定的大小和密度时，尘粒会因重力作用而沉降到液滴上，被液滴捕集。在重力作用下粉尘的沉降取决于尘粒的大小、密度和空气流速。只有当尘粒比较大、密度大，同时气体流速小时，重力沉降的捕集效率才明显。

5）静电效应

煤岩体在采掘机械的冲击、摩擦等作用下发生断裂、破碎，会产生带电荷的粉尘，而高速水流与喷嘴的摩擦作用会使喷出的一部分雾滴带上电荷。此外，由于外加电场、感应或高压雾化等作用，可能使水雾荷电，或尘粒荷电，或两者荷极性相反的电荷。由于雾滴或粉尘带静电而产生的相互吸引力将增加尘粒与捕尘体碰撞的可能性，这种捕尘机理称为静电效应。

要使静电效应发挥明显的作用，必须利用高压电源使雾滴和粉尘携带足够的电荷量，但是煤矿井下对防爆要求较高，高压荷电方法会带来极大的安全隐患，因此难以利用静电效应捕捉矿尘。

6）凝聚作用

凝聚作用是指微细水雾迅速蒸发，使喷雾区内水蒸气迅速饱和。过饱和水蒸气凝结在含尘区内悬浮颗粒的表面，使尘粒的直径和质量增大，碰撞概率增大，并且由于尘粒已被润湿，即使是憎水性尘粒，也可减少反弹，从而提高了除尘的效率，这称作凝聚作用。这种机理对抑制小粒径的呼吸性粉尘特别有效。

煤矿井下粉尘难以控制的原因，一方面是产尘量大，另一方面是尘源暴露在风流中。要发挥凝聚作用的优势，要求雾滴的粒径低，但小粒径的雾滴动量小，在风流中十分容易被风流吹散，无法作用于粉尘。此外，凝聚作用只能使粉尘的表面湿润，并不能使粉尘明显增重，因此不是捕尘的主要作用。

综上所述，捕尘机理虽然较多，但是在煤矿井下捕尘的主要机理是惯性碰撞和截留作用。

### 2. 捕尘效率

喷雾捕尘效率是评价其技术特性的指标。本节首先根据惯性碰撞和截留作用对雾滴的捕尘过程建立数学物理模型,然后对影响捕尘效果的各项因素进行分析,最后结合生产实践中的喷雾捕尘效果,阐明各项参数对捕尘效率的影响规律。

如图 7.2 所示[1],由于含尘气流遇到雾滴时会发生绕流,因此并非所有正对雾滴运动的粉尘都能与雾滴发生接触,只有碰撞中心线附近的粉尘才能通过碰撞和截留作用与雾滴发生接触,这些粉尘通过的流线可组成一个横截面直径为 $y$ 的流管。流管的截面直径 $y$ 低于球形雾滴的直径 $D_w$,因此粉尘与单个雾滴接触的概率为流管横截面积与雾滴横截面积的比,用字母 $E$ 表示,计算公式为[1]

$$E = \frac{y^2}{D_w^2} \tag{7.1}$$

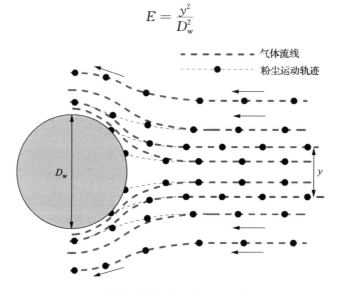

图 7.2　单个雾滴捕尘示意图

假设气流中的粉尘浓度为 $n$ 粒/m³,则单个雾滴捕捉粉尘的速率为 $Enu_r\pi\dfrac{D_w^2}{4}$[粒/(滴·s)],式中,$u_r$ 为含尘气流与雾滴的相对速度。

假设与雾滴作用的含尘气流流量为 $Q$(m³/s),则单个雾滴对单位体积含尘气流内的粉尘捕捉速率为 $Enu_r\dfrac{D_w^2}{4}\dfrac{1}{Q}$[粒/(滴·m³)]。

假设雾滴呈球状,则单个雾滴的体积为 $\pi D_w^3/6$(m³),在供水流量为 $W$(m³/s)时,在单位时间内产生并通过捕尘空间的雾滴数为 $\dfrac{W}{\pi D_w^3/6}=\dfrac{6W}{\pi D_w^3}$(滴/s)。

将单个雾滴对单位体积含尘气流的捕尘速率与通过捕尘空间的雾滴数相乘,则得到雾滴群对单位体积含尘气流的粉尘捕捉速率,

$$-\frac{dn}{dt} = Enu_r\pi\frac{D_w^2}{4}\frac{1}{Q}\frac{6W}{\pi D_w^3} = \frac{3}{2}Enu_r\frac{W}{D_w}\frac{1}{Q} \tag{7.2}$$

如图 7.3 所示[1],雾流与含尘气流以相对速度 $u_r$ 做相对运动,将雾流视为静止,在时

间 $dt$ 内,含尘气流将进入雾流的距离为 $dx$。含尘气流通过厚度为 $dx$ 的雾流后,粉尘浓度从 $n$,减小为 $n-dn$,浓度的降低速率为

$$-\frac{dn}{dt} = -\frac{dn}{dx}\frac{dx}{dt} = -\frac{dn}{dx}u_r = \frac{3}{2}E\frac{n}{D_w}u_r\frac{W}{Q} \qquad (7.3)$$

变形后得

$$\frac{dn}{n} = -\frac{3}{2}\frac{E}{D_w}\frac{W}{Q}dx \qquad (7.4)$$

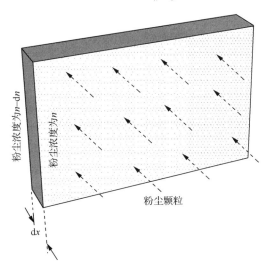

图 7.3 雾流捕尘示意图

将方程沿含尘气流穿过雾流的长度 $L$ 进行积分,可得出含尘气流通过厚度为 $L$ 的雾流前后粉尘浓度的减少量

$$\int_{N_{in}}^{N_{out}} \frac{dn}{n} = -\frac{3}{2}\frac{E}{D_w}\frac{W}{Q}\int_0^L dx \qquad (7.5)$$

$$\frac{N_{out}}{N_{in}} = \exp\left(-\frac{3}{2}\frac{E}{D_w}\frac{W}{Q}L\right) \qquad (7.6)$$

式中,$N_{in}$ 为含尘气流通过雾流前的粉尘浓度,粒/m³;$N_{out}$ 为尘气流通过雾流后的粉尘浓度,粒/m³。

雾滴群的捕尘总效率为

$$\eta_P = \frac{N_{in} - N_{out}}{N_{in}} = 1 - \frac{N_{out}}{N_{in}} = 1 - \exp\left(-\frac{3}{2}\frac{E}{D_w}\frac{W}{Q}L\right) \qquad (7.7)$$

得出的喷雾捕尘效率公式(7.7)对于分析各项因素对捕尘效率的影响有很大帮助。首先,$E$ 是单个雾滴的捕尘效率,雾滴群的总捕尘量会随着 $E$ 的值的增大而增大。$E$ 的值一方面取决于气体流动特性,另一方面取决于雾滴与尘粒的相对大小。对于完全发展的湍流运动,$E$ 的近似估算值为

$$E = 0.266\ln K + 0.59 \qquad (7.8)$$

式中,当无量纲参数 $K$ 满足 $0.2 < K < 4$ 时,计算公式为

$$K = \frac{u_r\rho D_p^2}{9\mu D_w} \qquad (7.9)$$

式中，$\rho$ 为粉尘颗粒的密度，$kg/m^3$；$D_p$ 为粉尘颗粒的直径，$m$；$\mu$ 为空气的动力黏度，$N \cdot s/m^2$。

根据式(7.7)、式(7.8)和式(7.9)，随着相对速度 $u_r$、粉尘直径 $D_p$ 和粉尘密度 $\rho$ 的增大，雾流捕尘效率会上升，并且随着雾滴粒径的减小、捕尘效率的增大而更加迅速。雾滴粒径的大小除了对单个雾滴的捕尘效率有重要影响外，还会影响捕尘空间内的雾滴数量。从两个方面看，雾滴粒径的降低都会促进捕尘效率的提高。另一个影响捕尘效率的关键参数是水流量与含尘气体流量的比 $W/Q$。从直观上看，相同量的含尘气流所使用的水量越大，则捕尘效果越好。但这种结论是在假设雾滴粒径相同的情况下得出的，实际情况是水流量过大会造成雾滴之间的相互聚集，导致雾滴粒径增大，反而降低捕尘效率。此外，还有一个可以从公式中得出的影响因素是含尘气流在雾流中运动的距离 $L$，因此雾流的覆盖范围越大、含尘气流与雾流的作用时间越长，则捕尘效率越高。

综上所述，对喷雾捕尘效率造成影响的因素包括雾滴粒径、粉尘的粒径与密度、雾滴与含尘气流的相对速度、水流量和含尘气流在雾流中的运动距离。但是在对以上公式进行推导时，为了简化模型做了大量的假设，例如：将雾滴视为直径相同的球体，认为含尘气流中的粉尘浓度均匀，假设能够与雾滴接触的粉尘都能被捕捉，不考虑水雾蒸发，每个雾滴的捕尘概率相等。因此理论公式得出的捕尘效率影响因素主要是雾滴的动力学特性和雾流的几何特性，并没有考虑雾滴与粉尘的表面物理化学特性。不能依靠理论公式对雾流的捕尘效率进行定量计算。下面结合降尘实验数据对实际降尘效率的影响因素进行分析与总结。

1）雾滴的动力学特性

（1）雾滴粒径。如图 7.4 所示，以雾滴为参照物，雾滴粒径较大时绕流气体的流线在距雾滴较远的位置流线就开始出现平缓的偏转，颗粒有足够的时间和距离使速度方向沿流线发生改变，需要的加速度相对较小。相反，遇到粒径较小的雾滴时，气流流线在距雾滴很近的位置才发生突然的偏转，在这种情况下没有足够的距离和加速度使尘粒沿气体流线运动。因此粒径较小的雾滴具有更高的惯性碰撞和截留效率，有利于增大式(7.7)中的 $E$ 值。此外，在相同流量下，雾滴粒径越大，则雾流场的比表面积越小，雾滴之间的间隔空间越大，不利于提高尘粒与雾滴的碰撞概率。因此雾滴粒径越小，越有利于提高捕尘

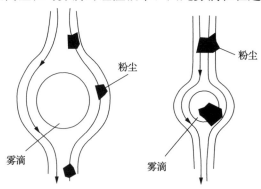

图 7.4　粉尘颗粒在雾滴表面的绕流和碰撞

效率。

但是,水滴的粒度不能太小,因为水滴大小还受到其本身蒸发时间的限制。研究表明,在相对湿度为 90% 的条件下,10μm 的水滴的蒸发时间约为 4s,50μm 的水滴的蒸发时间约为 20s,水滴越小,蒸发时间就越短。因此,过小的水滴即便能捕捉到粉尘,也会迅速蒸发,无法使粉尘明显增重,难以使粉尘沉降[2]。

对于全尘,考虑液滴的存在时间及捕尘效率,美国国家职业安全卫生研究所(NIOSH)出版的《矿物开采和加工工业粉尘控制手册》指出用于捕尘的雾滴有效粒径为 60~160μm[3,4]。国内的学者通过理论分析、现场实验等手段也对雾滴有效捕尘粒径进行了研究,大量资料表明,虽然不同专家给出的粒径范围略有差别,但普遍认为 50~160μm 的雾滴对粉尘具有最佳的捕集效果[5~10];而对沉积粉尘进行预先湿润时,要求压力不可过高,喷雾过程中尽量避免沉积状态的颗粒再次扬起,对雾滴粒径的要求不高,因而喷雾粒径一般超过 100μm,合适的粒径为 200~500μm[11]。在喷雾捕尘系统设计过程中,应针对粉尘的粒径分布选择最佳的喷嘴型号和喷雾工况,从而产生粒径合适的水雾。

(2) 雾尘相对速度。根据惯性碰撞原理,尘粒与雾滴的相对速度越大,则尘粒相对于雾滴的运动方向越容易保持不变,从而脱离气流的绕流流线,提高直接与雾滴碰撞的概率,即式(7.7)中的 $E$ 值。此外,较高的相对速度能够提供较高的碰撞能量,有利于克服水的表面张力、破坏粉尘表面的空气膜,使尘粒被湿润捕捉[12]。在实验中观察到,当界面张力很大时,与水滴碰撞的尘粒没有被捕获,反而被弹开[13,14]。有理论研究认为,对于难湿润的粉尘,只有尘-雾相对速度超过一定值时,尘粒才具有足够的能量来克服界面间的阻力,从而进入水滴[15,16]。并且,水滴速度高,则在空间运动距离长,可以提高与空间内粉尘碰撞概率。所以,增加雾粒的运动速度,有利于提高喷雾的捕尘效率。当雾粒与尘粒碰撞时,雾粒和尘粒的相对速度应不小于 20~30m/s,由于雾滴在空气阻力的作用下速度衰减较快,因此雾滴在喷嘴出口处的速度应不小于 80~100m/s[17]。计算表明,出口孔径为 1mm 的机械式雾化喷嘴供水流量达到 4.71L/min 时,出口速度为 100m/s。实验研究表明[18~20],对于出口孔径为 0.8mm 的机械式雾化喷嘴,压力超过 2.5MPa 时,距喷口 2m 的范围内雾滴速度将超过 24m/s。

2) 雾滴的表面物理化学特性

在雾滴捕尘机理的研究中,通常假定与液滴碰撞的粉尘颗粒能全部被捕捉,而实际上雾滴与粉尘接触后并不一定全部能被捕捉。由于大多数矿尘为疏水性粉尘,特别是煤尘,不易被水湿润(表 7.1)[21],导致水雾捕尘效果不佳。

表 7.1　矿岩与水的接触角

| 矿岩类别 | 石英 | 碳质页岩 | 黏土页岩 | 砂页岩 | 无烟煤 | 贫煤 | 肥煤 | 气煤 | 长焰煤 |
|---|---|---|---|---|---|---|---|---|---|
| 接触角/(°) | 0~10 | 43 | 0~10 | 0~10 | 68 | 71 | 78 | 65 | 60 |

湿润过程本质上是液-气界面和固-气界面变为固-液界面的过程,影响湿润特性主要有三个因素[22~24]:首先是粉尘表面化学基团与雾滴表面分子的亲和程度。例如,石英尘的表面大部分是极性基团,与极性较强的水亲和程度高,容易被湿润。而煤尘的表面大部分是非极性基团,难以被水湿润。其次是粉尘表面能的大小。随着粉尘粒径的减小,其表

面能会升高,导致吸附在颗粒表面的空气分子形成稳定的空气膜,阻碍雾滴对粉尘的湿润。再次是颗粒表面的粗糙度及孔隙率也会影响雾滴对粉尘的湿润能力。在工程实践中常常通过添加表面活性剂、水雾荷电、磁化水等水处理手段降低雾滴的表面张力,从而提高雾滴对粉尘的湿润效果。液体对固体的湿润能力一般可以用接触角或湿润速度来定量描述,测量接触角时要求固体有光滑、平整的表面,而测量湿润速度时要求固体呈粉末状。

3) 雾流几何特性

实际喷雾捕尘过程是雾滴群与粉尘群的相互作用,因此捕尘效果与雾流场的外形和雾流密度密切相关。雾流的覆盖范围和雾滴密度分别对应公式(7.7)中的 $L$ 和 $W/Q$,均对喷雾捕尘效率有决定性影响。其中能对雾流场尺寸进行定量描述的参数包括有效射程和扩散角度。

(1) 有效射程。雾流在其整个长度上分为两个区:一是雾流做直线运动的有效作用区;另一是由于重力与空气阻力的作用,雾流做抛物线运动的衰减区。其中有效射程是指喷嘴水平喷雾时,沿雾流轴线方向,累积沉降水量占总沉降水量为 50% 的地点到喷口的水平距离[25]。有效长度越长,则雾流在纵向有效捕尘距离越远。在煤矿井下常常出现喷嘴难以靠近尘源的情况(如采掘工作面的外喷雾),此时有效射程的长短制约着捕尘效率的高低。

(2) 扩散角度。水雾从喷嘴喷出后,雾流外形多呈圆锥形或扇形,扩散角度指的是喷口处雾流边界线的夹角,反映了雾流横向扩展的快慢。扩散角度与有效射程共同构成的三维体反映了雾流能够覆盖的空间范围大小,覆盖范围越大,能够被净化的空间就越大。

(3) 雾滴密度。雾滴密度是指单位空间内雾滴的颗粒数。雾滴密度越大,粉尘与雾滴碰撞、结合的概率越高。当雾滴密度达到 $10^6 \sim 10^8$ 粒/m³ 时便可获得良好的捕尘效果[17]。假设雾流的某一横截面上的截面面积为 0.1m²,并且雾滴均为粒径为 $100\mu m$ 的球体,雾滴速度为 20m/s,当雾流场的雾滴密度达到 $10^8$ 粒/m³ 时,喷雾流量将达到 6.3L/min。

在供水流量不变的情况下,雾流的有效射程、扩散角度和雾滴密度三个参数的值是相互制约、相互影响的。扩散角度越大则雾滴向前运动的分速度越小,因此有效射程降低。并且扩散角度大必然导致雾滴分散快,使雾滴密度下降。因此雾流尺寸和雾滴密度不是相互独立的,在选择喷嘴和工况参数时必须综合考虑三个参数的相互关系,使捕尘效率达到最佳。

## 7.2 雾化原理及方法

随着人们对雾滴捕尘机理的认识不断深入,为了使喷雾参数满足高效降尘的要求,多种水雾化方法也不断涌现。自从狄塞尔在 1892 年首先将直射式喷嘴用于柴油机后,喷嘴开始在众多领域得到普遍应用。20 世纪三四十年代中期,雾化方式以直射雾化为主。到了 20 世纪 50 年代,离心雾化、旋转雾化、撞击雾化等方式开始出现。从六七十年代开始,国际上对空气雾化的研究逐渐增多。80 年代以后又相继出现了声波雾化、磁化水喷雾、荷电喷雾等新方法,但由于装置复杂,只在实验室和一些特殊行业使用[26]。

　　当前可用于煤矿井下降尘的雾化方式,按雾化原理的不同大体可分为水力雾化与空气雾化。其中水力雾化方式是煤矿井下喷雾降尘的传统雾化方式,使用最方便、应用最广泛。空气雾化方式的雾化效果更好,但需要高压气源,它也是在煤矿井下常用的雾化方法。

### 7.2.1　雾化机理

#### 1. 雾化动力

　　由于分子引力的作用,液体具有保持最低表面能的自然趋势。从流体力学的角度看液体的内力(表面张力和黏性力)力图抵抗扭曲变形,保持液体表面的完整性,以阻止分裂。因此水雾化的本质是克服液体内力做功,增大液体的表面能。对于水力雾化方式,促使连续液流发生破碎的动力可分为外界空气动力(包括阻力、拉伸力)和液体微团的惯性力(如离心力)两种类型。

　　空气动力作用是指当液柱、液膜或液滴在气体介质中做高速运动时,由于气液界面附近的速度梯度较大,液体会受到外界空气动力和液体内力的相互作用。空气动力使液流或液滴扭曲变形,在紊流扰动下,液体表面的凸出部分会脱离液体主体,并分裂成小液滴。当空气动力超过液体内力的作用时,液体就会分裂,一直分裂到各液滴的内力与外力达到平衡时为止。

　　惯性力的作用是指对于产生旋转或经过导流的液体,内部不同位置的流体微团具有不同的惯性力方向。由于相邻液体微团之间的惯性力方向存在偏差,因此具有相互分离的趋势。当相邻液体微团的惯性力矢量差超过液体内力时,液体会发生破碎。

#### 2. 雾化过程

　　水力雾化的过程基本相似,分为初次破碎和二次破碎两个阶段。初次破碎过程是指液体刚开始破碎的阶段,首先液体从喷嘴中喷出,在空气中形成液柱或液膜,液体在外界空气动力的作用下气液交界面产生波动、褶皱,然后随着喷射距离的增长液体表面的形变不断加剧并且液流整体会发生振动,最后连续相液体表面会出现滴状、丝状和膜状等小的液体单元与液体脱离,液流本身发生断裂。若喷嘴中有旋流、导流等结构,还能使离开喷嘴的液流中不同位置的微元体具有不同的速度方向,除了空气动力外,还能利用惯性力促进液体的分裂、破碎。初次雾化通常产生尺寸为毫米级的液滴,液柱破碎和液膜破碎的形态分别如图 7.5 和图 7.6[27]所示。

图 7.5　液柱破碎

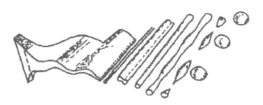

图 7.6　液膜破碎

　　经过初次破碎,产生的液滴依然与气体之间保持着较高的速度差,在气动力的作用下液滴在减速的同时不断发生变形,当内力无法抵抗外力引起的变形时,液滴会不断发生二次破碎,直到气动力无法提供足够的能量继续降低雾滴粒径。经过二次破碎后雾滴粒径一般为数十至数百微米。

　　对高速气流中的液滴进行受力分析如图 7.7[28] 所示,此时的液滴与气体之间存在较大的速度差,这一速度差的存在必然产生高速气体绕过液体的运动,在球形液滴迎着气流的方向的正面受到较大的阻力作用,在背面则不断有漩涡产生和脱落。液滴的前后产生压差使球形液滴与气流方向垂直的方向上的压强增大,液滴发生变形,中心变薄,这是液滴发生二次破碎的原因之一。在高速湍动气流的作用下,液滴后部的涡流通常是不对称也不稳定的,液滴表面产生持续的压力脉动,导致液滴的振动,这种振动在气流作用下不断增强,成为液滴继续破碎的又一主要作用力。

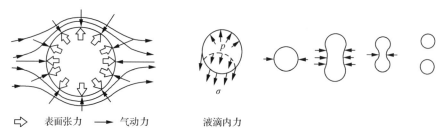

　　⇨　表面张力　　⟶　气动力　　　　　液滴内力

图 7.7　液滴二次破碎受力示意图

　　此外气动作用引起的表面破坏也是二次雾化的主要作用。液滴表面形成黏性边界层,较高的速度梯度引起的摩擦力致使液滴表面产生表面褶皱,随着气动力的不断作用,表面褶皱不断发展,进而产生更小的雾滴,向背风面方向剥落,如图 7.8 所示。

表面剥离

气流

图 7.8　液滴表面剥落过程示意图

### 7.2.2　雾化方法及雾化效果

　　煤矿井下使用的雾化方法主要包括水力雾化和空气雾化,两种雾化方法都利用了空气动力和惯性力使液体发生破碎,具体雾化过程与喷嘴的结构有关。雾化效果的评价必须以高降尘效率为标准,因此采用影响降尘效率的相关参数作为定量评价雾化效果的指标。雾化效果一方面取决于喷嘴的结构,另一方面取决于喷雾的工况参数。因此分别从喷嘴结构和工况参数两方面分析雾化效果的差异。

1. 水力雾化

水力雾化是水基介质在压力作用下直接从喷孔高速喷出或经过旋流后从喷口高速喷出,使液体发生破碎、雾化的方式,具有成本低、体积小、系统简单、安装灵活等优点,在煤矿井下得到了广泛应用。

1) 喷嘴结构

喷嘴的结构决定了液体在喷出后的流动特性,雾流的外形和扩散角基本由喷嘴的结构决定,而雾滴的速度、粒径、雾流的射程等参数由喷嘴结构和供水压力共同决定。

水力雾化喷嘴按内部结构可分为四类,分别是直射式、折转式、旋转式和离心式。不管采用哪一种类型的喷嘴,液体都会以较高的速度从喷孔喷出,因此空气动力是促使液体发生初次雾化和二次雾化的主要动力。此外,对于折转式、旋转式和离心式喷嘴,经过内部结构的约束,从喷孔喷出的液流内相邻流体微团之间的速度方向存在偏差,所以对于这几种类型的喷嘴,惯性力也是促进初次雾化的动力。

a. 直射式雾化

直射式喷嘴是利用高压液体通过小孔射到环境空气中,喷口处液柱的速度能达到数百米每秒。利用液体与环境空气的速度差,产生强烈的空气动力,使液流发生雾化。由于这种雾化方式只利用了空气动力的作用,难以为液体破碎提供充足的能量,因此产生的雾滴粒径较大,在煤矿井下通常作为抑尘的手段。直射式喷嘴一般通过喷口的大小来控制雾滴和雾流的物理和几何参数,而利用喷口的形状控制雾流的外形。

根据雾化机理,要产生粒径足够小的雾滴就需要足够强烈的空气动力去破坏液体内力试图维持的液体连续性,因此一方面要增强空气动力对液流破坏的作用,另一方面要减小液体内力的抵抗作用。空气动力的作用强弱直接取决于气液相对速度,界面上的速度梯度越大,气动作用力越强烈。而在液柱或液膜横截面上,表面张力的合力会随着液柱的直径或液膜的厚度的降低而降低。因此设计喷嘴时要以提高液体的喷射速度、降低液柱的直径或液膜的厚度为目标。根据流体力学原理,在供水压力不变的情况下,缩小喷口的孔径能够促进喷射速度的提高,并且喷孔越小则喷出的液柱越细、液膜越薄,有利于降低连续液体的内力,因此缩小喷孔的大小是促进雾滴粒径降低的主要手段。此外,降低喷孔的大小,还有利于提高雾滴的速度、增长雾流的有效射程。但是在设计直射式喷嘴时,不能无限制地降低喷孔的孔径,因为孔径越小引起的阻力损失越大,孔径过小会引起喷雾的流量不足。此外,喷孔直径过小还可能引起堵塞、加剧喷孔的磨损。经过长期的实践和完善,常规的雾化喷嘴喷孔直径一般不低于 $1\sim2$ mm。

具有圆形喷孔的直射式喷嘴产生的雾流呈实心锥形,扩散角通常低于 $25°$,冲击力强,基本不用于煤矿井下降尘。而具有扁平状喷口的直射式喷嘴虽然也有雾滴粒径较大的缺点,但液体喷出后可产生扩散角度较大的平扇形雾流,如图 7.9 所示。这种喷嘴产生的雾流分布均匀、冲击力小,常用于皮带运输过程中的沿程加湿,既能均匀地湿润岩块,又能避免沉积粉尘因为冲击力过大而被扬起。然而为了保证雾化效果,扁平状喷口的切缝需要设计得较窄,因此它比圆形喷口更容易磨损和堵塞。

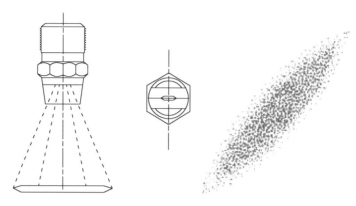

图 7.9　扁平口平扇形喷嘴

b. 折转式雾化

为了克服扁平口直射式喷嘴易堵和易磨损的缺点,如图 7.10 所示的折转式喷嘴得到了发展。通过在圆形喷口外部增加一段导流体,使离开喷口的柱状液体在随着导流曲面偏折的过程中渐变为扁平状并发生雾化,进而产生平扇形雾流。

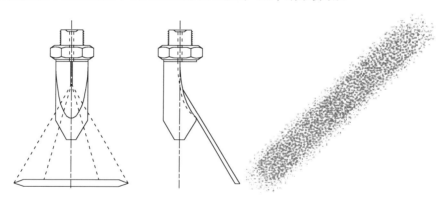

图 7.10　折转式平扇形喷嘴

液体从喷孔喷出后与导流曲面发生冲击,使液流从圆柱状转化为发散的平扇状,随着液体流整体形状的改变,其内部的流体微团的运动方向也发生了显著变化。原先的柱状液流内流体微团均按轴线方向运动,而经过了导流作用后,液体微团的速度方向呈扇形发散,有相互分裂的趋势。由于液体喷射的速度较大,因此流体微团的惯性力能够克服液体内力,促进初次雾化。

与直射式喷嘴类似,折转式喷嘴依靠减小喷孔的孔径来增大喷射速度、促进液体的雾化,但喷孔孔径过小时,面临与直射式喷嘴相同的防堵和流量不足的问题。虽然折转式喷嘴同时利用了气动力和惯性力促使液体雾化,但是导流方式产生的流体微元间的惯性力偏差较小,并且在液体冲击导流面的过程中也造成了一定的动能损失,所以在常规压力下得到的雾滴粒径同样较大。不同的是折转式喷嘴通过导流面的形状来控制平扇形雾流的扩散角,在产生平扇形雾流的同时,克服了扁平口直射式喷嘴的缺点,并使雾流的扩散角调节范围更大,雾滴的空间分布更加均匀。

c. 离心式雾化

要进一步降低水力雾化喷嘴的雾滴粒径,光从增大空气动力的角度去改善喷嘴结构往往收不到明显的效果,而使液体在喷嘴中形成高速旋流,却能显著提高惯性力,充分发挥其破碎能力,明显降低雾滴粒径,因此离心式喷嘴和旋转式喷嘴得到了发展。其中,离心式雾化也称为切向旋流式雾化,其内部结构主要由液体切向入口、液体旋转室、喷嘴孔等组成,如图 7.11 所示。高压液体由切向入口进入喷嘴的旋转室中,具有切向初速度的液体受旋流室壁面的约束而产生离心加速度,发生旋转运动。根据旋转动量矩守恒定律,旋转速度与旋涡半径成反比。因此越靠近轴心,旋转速度越大,其静压力也越小,结果在喷嘴中央形成一股压力等于大气压的空气芯,而液体则形成绕空气芯旋转的环形薄膜。液膜从喷嘴高速喷出后伸长变薄,最后分裂为小雾滴[29],这样形成的雾滴群的形状为空心锥形。离心式雾化喷嘴除了能产生空心锥形的雾流场外,还能产生实心锥形的雾流场,通过改变旋转室的形状和喷口的大小能够使喷嘴内液体的周向分速度减小,轴向分速度增大。随着液体旋转速度的下降,喷口内的空气芯逐渐变小,旋转速度降低到一定值时空气锥会消失,在这种情况下产生的雾流场呈实心锥形[30]。离心式雾化喷嘴的内部旋转室空间较大,特别适合于产生空心锥形的雾流,市场上采用离心式雾化方式产生的雾流多呈空心锥形,产生实心锥形雾流的种类较少。

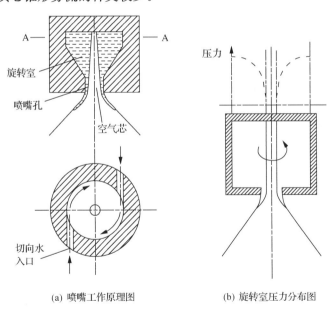

(a) 喷嘴工作原理图　　　　(b) 旋转室压力分布图

图 7.11　喷嘴结构示意图

在相同水压力下各种类型的水力雾化喷嘴中,一般空心锥形的离心式喷嘴产生的雾粒径最小,其雾流形状如图 7.12 所示。其原因有三:一是离心式喷嘴充分发挥了惯性力的作用,喷口处高速旋转引起的离心力能够有效地促进初次雾化。二是虽然通过内部结构的约束使液体的流场发生了改变,但离心式喷嘴的喷口较大,对液体造成的阻力明显低于直射式喷嘴和折转式喷嘴,因此液体喷出后保持了较高的速度,惯性力的增大并没有引起空气动力的减弱。三是由于旋流室内形成了空气芯,液体喷出后呈薄膜状,薄膜的形成降低了液体横截面内表面张力的合力,液膜抵抗惯性力和空气动力的能力大大减弱。

图 7.12　空心锥雾流形态

### d. 旋转式雾化

旋转式雾化也称为轴向旋流式雾化,与离心式雾化的不同点在于液体沿轴向进入旋转式雾化喷嘴,因此要使产生液体产生旋转运动,必须在喷嘴内安装旋涡片或斜槽内插头。液体通过旋涡片或斜槽内插头导流槽后产生周向分速度,在旋流室中发生旋转运动,然后由喷嘴口喷出。内插头结构类型如图 7.13 所示,图 7.14 为旋涡片和斜槽内插头喷嘴的装配图[28]。

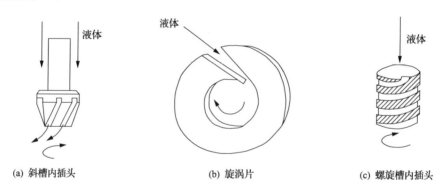

|(a) 斜槽内插头|(b) 旋涡片|(c) 螺旋槽内插头|

图 7.13　旋转式雾化喷嘴的内插头结构类型

旋转式和离心式雾化喷嘴在雾化机理方面,基本上无差别,都是利用离心力增强液体的破碎程度。旋转式雾化喷嘴也能产生空心锥和实心锥两种类型的雾流形状。但一方面由于旋转式喷嘴在内部安装了涡旋片或内插头,导致其旋转室的空间普遍较小,不利于形成较大的空气芯;另一方面由于液体由轴向进入喷嘴,导致液体进入旋转室后轴向分速度较大,切向分速度较小,液体在喷口处的旋转速度往往低于离心式喷嘴。因此旋转式雾化喷嘴产生的雾流多为实心锥形,其雾流形态如图 7.15 所示。

由于实心锥喷雾没有在喷口处形成空气芯,液体离开喷口时呈柱状而非膜状,因此抵抗离心力和空气动力的能力较强,通常实心锥喷雾的雾滴粒径大于空心锥喷雾。但由于利用了离心力的破碎作用,其雾化效果明显优于直射式和折转式喷嘴。

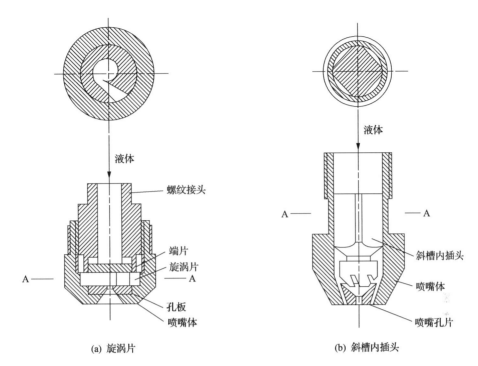

图 7.14 旋涡片和斜槽内插头喷嘴的装配图

图 7.15 实心锥形雾流形态

2) 供水压力对雾化效果的影响

描述雾化效果的参数可分为雾滴的物理特性和雾流的几何特性。对于水力雾化,对雾化效果产生决定性影响的因素,除喷嘴的结构外还有供水压力。虽然水力雾化喷嘴的内部结构多种多样,但各项雾化参数随供水压力的变化趋势相同,这里进行总结性分析。

a. 雾滴的物理特性

(1) 雾滴速度。根据伯努利方程,在液体流动过程中动压与静压之间可以相互转化,并且不考虑阻力损失时液体的总能量守恒。随着供水压力的提高,喷嘴出口处水的总压增大,由于出口处的静压恒为大气压,因此液体的动压会随着总压的增大而增大。综上所述,液体的喷射速度会随着供水压力的提高而增大。

苏联的实验研究[31]结果表明,当喷雾压力由 2.5MPa 提高到 10MPa 时,在距喷嘴 2m 的横截面内雾粒的运动速度从 24m/s 增加到 34m/s,并且速度衰减到 20m/s 的雾滴 的运动距离从 2.3m 增加到 3.1m。因此,提高喷雾压力是水力雾化喷嘴增加雾粒的运动 速度的有效措施。

(2) 雾滴粒径。根据水雾化机理,促使连续液体破碎的动力是空气动力和惯性力,对 于水力雾化方法这两种动力都会随着液体喷射速度的增大而增大。根据对雾滴速度的分 析,供水压力越大,液体的喷射速度越大,因此不论对于哪一种结构的水力雾化喷嘴,提高 供水压力均有利于降低雾滴粒径。

当恒压供水时,对出口直径为 1mm 和 1.2mm 的直射式喷嘴在不同供水压力下产生 的雾滴粒径进行统计,结果见表 7.2[31]。雾滴粒径随供水压力的增大逐渐减小,当喷雾压 力为 7.5~10MPa 时,雾粒的粒度在 $100\mu m$ 左右;压力为 12.5~15MPa 时,雾粒粒度为 $50\sim80\mu m$。

**表 7.2　恒压喷雾时压力与雾滴粒度的关系**

| 喷雾压力/MPa | 喷嘴直径/mm | |
| --- | --- | --- |
| | 1 | 1.2 |
| 2.5 | 452 | 564 |
| 5.0 | 198 | 286 |
| 7.5 | 96 | 102 |
| 10 | 75 | 97 |
| 12.5 | 60 | 80 |
| 15 | 43 | 63 |

增大供水压力,能够使液体获得更大的机械能,一方面能够提高液体的喷射速度,从 而增强空气动力对液体的破碎作用;另一方面能够增大液体微团的惯性力,同样有利于提 高液体的雾化效果。

b. 雾流的几何特性

(1) 雾流的有效射程及外形。低压喷雾时雾粒从喷嘴出口射出后分为两个区域,如 图 7.16 所示。在靠近喷嘴出口处的为圆锥形有效作用区。在这一区域水雾密集,由于空 气的阻力而分散成的雾粒有很高的喷射速度,此时重力对它不产生影响;离开喷嘴出口一 段距离后,雾粒由于空气阻力而运动速度开始减慢,并在重力的作用下自由下落,这一区 域称作衰减区。此刻的雾粒已无足够的能量与尘粒碰撞凝结,因此这一区域的降尘效率 极低。与低压喷雾不同,高压喷雾时,从喷嘴喷射出的高速雾流经过很短的距离就分散成 雾粒并在它之后形成一股气流,如图 7.17 所示。这股气流具有卷吸作用,能把含有粉尘 的气流卷吸进入雾粒区内将其沉降。当压力达到 6MPa 时就具有较强的卷吸作用,压力 一旦超过了 10MPa,卷吸作用就十分强烈,雾粒在雾流全长上的运动速度超过了沉降速 度,而且不会出现低压喷雾时明显的衰减区[31]。

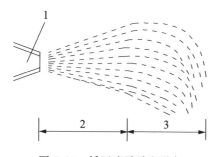

图 7.16　低压喷雾雾流形态

1. 喷嘴；2. 有效作用区；3. 衰减区

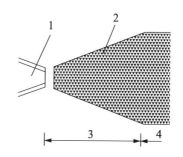

图 7.17　高压喷雾雾流形态

1. 喷嘴；2. 卷吸区；3. 圆锥段；4. 圆柱段

　　实验表明,从喷嘴喷射出的雾流形状与压力有关,随着压力的增加,达到 6MPa 以上即可明显观察到雾流圆锥形部分长度缩短,雾流逐渐变为圆柱形。国内外对不同压力下雾流段的长度进行了实验,实验结果见表 7.3 和表 7.4[31]。提高喷雾压力能够增加雾流段圆柱形的长度,使粉尘在雾流内通过的距离增加而取得良好的降尘效果。

表 7.3　原苏联对孔径 1mm 喷嘴在不同压力下雾流段长度的实验结果

| 喷雾压力/MPa | 雾流段长度/m | |
|---|---|---|
| | 圆锥形 | 圆柱形 |
| 2.5 | 4.5 | 0.6 |
| 5.0 | 4 | 1.5 |
| 7.5 | 3.5 | 2.5 |
| 10 | 3.5 | 2.6 |
| 12.5 | 2.5 | 3.5 |

表 7.4　国内对孔径 1.5mm 喷嘴在不同压力下雾流段长度的实验结果

| 喷雾压力/MPa | 雾流段长度/m | |
|---|---|---|
| | 圆锥形 | 圆柱形 |
| 2 | 2.5 | 1.0 |
| 4 | 2 | 1.5~2 |
| 6 | 1~1.5 | 2~3 |
| 10 | 0.5~1.0 | 3~4 |

　　(2)雾滴密度。对于同一个喷嘴,供水压力的提高必然导致水流量的增大,并且雾流场的覆盖范围主要由喷嘴结构决定,压力的增长不会对扩散角造成太大的改变,因此在供水压力提高时在几乎相等的喷雾横截面内通过了更多的水量,并且在高压力下水滴的粒径更小、数量更多,因此使空间内雾滴的密度显著提高。

### 2. 空气雾化

空气雾化是借助高压气体形成高速射流,利用液体和空气的速度差,使液柱或液膜发生分裂,进而产生细小雾滴的一种雾化方法,也称为双流体雾化。

根据雾化机理,破坏液体连续性的主要动力是空气动力和惯性力,其中空气动力的作用强弱取决于气液相对速度。水力雾化方式依靠提高液体的喷射速度来促进空气动力的破坏作用,要实现水的高速喷射就必须要求供水压力高和喷口孔径小,但阻力过大、易堵塞、压力不足等现实问题,使得水力雾化产生的雾滴粒径较大。同样是提高气液相对速度,空气雾化方式放弃了提高液体速度的思路,却通过提高气体的速度来达到增大空气动力作用的目的。这样做的好处有三:一是由于不强调液体的高速喷射,所以不需要提供太高的供水压力,喷嘴内水的流道和喷口的截面面积也得到了增大,缓解了磨损和堵塞的问题;二是由于气体的密度比水缩小近1‰,因此提供较小的压力就能使气体拥有极高的速度,甚至达到超声速,气动力得到成倍的增大,对液体的破坏作用明显增强;三是在水力雾化过程中,由于气体相基本处于静止状态,因此气动力对液体的破坏作用都是从液体表面逐渐向内部发展,进行初次雾化的过程较长,且破碎粒度较大,而空气雾化方式由于引入了压缩气源,可以通过设计喷嘴的结构来调整气体对液体的冲击方式,高速气体以一定的角度对液柱或液膜进行冲击时,能直接切断液柱或液膜,初次雾化的效果更好,并且保留了充足的能量对液滴进行二次雾化。

1) 喷嘴结构

喷嘴的结构决定了气、液两相的运动特性和作用方式,因此雾流的外形主要由喷嘴的结构决定,其他参数由喷嘴结构与气液压力共同决定。

按气、液两相接触位置的不同,空气辅助雾化喷嘴主要分为两种形式:一种是在喷嘴外进行气、液相互作用的外混合式雾化喷嘴;另一种是在喷嘴内进行气、液两相相互作用的内混合式雾化喷嘴。图7.18(a)和图7.18(b)所示分别为典型的外混合式雾化喷嘴和内混合式雾化喷嘴的结构示意图[32]。

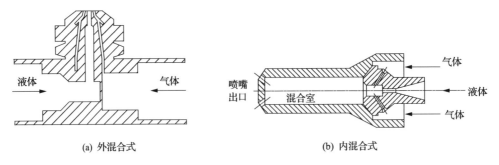

(a) 外混合式　　　　　　　　　　　　　(b) 内混合式

图 7.18　空气雾化喷嘴内部结构示意图

内混合与外混合的雾化原理是相同的,它们的主要区别有两点:①内混合式雾化喷嘴可能会出现液体进入气路的情况,因此要保持较高的气体压力,水压不可过高;而外混合式喷嘴中两种流体各行其道,互不干扰,可以有效防止液体进入气路,并且气、液压力有更大的调节范围。②和外混合比,内混合能够较好地利用气体能量来雾化液体。因为气体离开外混合喷嘴端面时总要耗散掉一部分,此部分不能用来雾化液体。从能量利用的角度来看,采用内混合式喷嘴雾化效果更好[33]。

　　无论是内混合式喷嘴还是外混合式喷嘴,液体流道都位于喷嘴的轴线上,气体流道则位于液体流道周围。高速气体对液体的冲击方式可分为平行冲击、斜交冲击、正交冲击和旋流冲击,其中经过平行冲击后喷出的雾滴粒径较大、速度较高,而正交冲击和旋流冲击后产生的雾滴粒径较小、速度较低,斜交冲击产生的雾滴的粒径和和速度适中[34]。

　　a. 内混合式雾化

　　内混合式喷嘴能产生实心锥、空心锥和平扇三种形状的雾流场,在冲击室内发生雾化的雾滴从圆形口喷出时,会形成实心锥形的雾流场,如图 7.19 所示。要产生空心锥雾流,则需要在喷嘴头部按环形设计多个喷口,多个小实心锥雾流重叠后形成空心锥形雾流,如图 7.20 所示。而产生平扇形雾流的方法与直射式喷嘴相似,可以将喷口设计为扁平状,也可以利用外导流体产生折转式平扇形雾流,如图 7.21 所示。

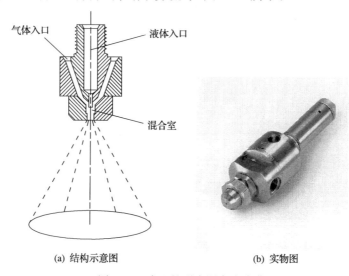

(a) 结构示意图　　　　　　　　　　(b) 实物图

图 7.19　实心锥形内混合式喷嘴

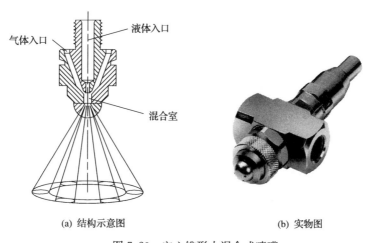

(a) 结构示意图　　　　　　　　　　(b) 实物图

图 7.20　空心锥形内混合式喷嘴

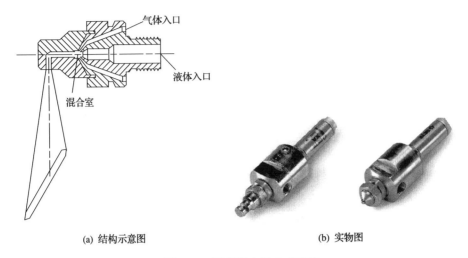

(a) 结构示意图      (b) 实物图

图 7.21 平扇形内混合式喷嘴

**b. 外混合式雾化**

外混合式喷嘴的雾流场外形由气体喷口的设计方式决定,能产生小扩散角实心锥和平扇两种形状的雾流场。当气体喷口均匀地布置在液体喷口周围时,雾流呈实心锥形,如图 7.22 所示。当气体喷口只布置在液体喷口的两侧时,雾流呈平扇形,如图 7.23 所示。

空气雾化主要优点是可以在较低的水压下获得良好的雾化效果,大多数雾化喷嘴都能在低于 1MPa 的水压下产生粒径低于 $150\mu m$ 的雾滴,并且通过调节气体压力,可以根据需要改变雾滴的粒径和雾流场的外形,在气体的冲击下雾滴的空间分布更加均匀。由于空气雾化方式不需要过高的液体流速,因此液体流道的孔径通常比直射式喷嘴大,有效降低了堵塞的概率。但是使用空气雾化喷嘴时必须增加高压气源,从而增加了系统的复杂性和成本。此外,由于雾流附近伴随着高速气流,可能直接将含尘气流吹走,使粉尘无法与雾滴碰撞。因此空气雾化喷嘴在井下的开放空间主要发挥阻隔含尘气流的作用,在封闭空间可发挥捕尘的作用。在开放空间使用空气雾化喷嘴时,必须全面考虑雾流对风流的扰动作用。

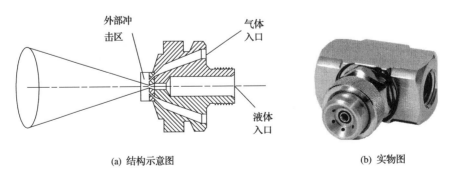

(a) 结构示意图      (b) 实物图

图 7.22 实心锥形外混合式喷嘴

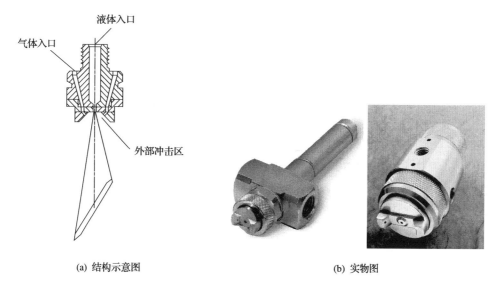

(a) 结构示意图　　　　　　　　　　　　　　　(b) 实物图

图 7.23　平扇形外混合式喷嘴

2) 气液压力对雾化效果的影响

对于空气雾化喷嘴,各项雾化参数可分为雾滴的物理特性和雾流的几何特性,所以雾化参数均由喷嘴结构和气液压力共同决定,下面分别介绍在气液压力的影响下各项参数的变化趋势。

a. 雾滴的物理特性

(1) 雾滴粒径。由于空气雾化喷嘴的内部结构并不完全相同,高速气流对液柱或液膜的冲击方式存在差异。但是对于同一空气雾化喷嘴,在供水流量不变的条件下,气-水压力比的增大将提高气流对液膜或液柱的冲击强度,从而降低雾滴粒径。

(2) 雾滴速度。由于雾滴与高速气流同时从空气雾化喷嘴的出口喷出,因此增大水压力和增大气体压力均有利于提高雾滴的速度。并且由于气流速度往往远高于雾滴速度,因此高速气流能够减缓雾滴速的衰减,提高雾滴的喷射距离。因此随着气液压力比的增大,雾滴的整体运动速度将得到提升。

b. 雾流的几何特性

(1) 雾流射程。雾流的有效射程是雾滴整体速度的宏观表现,增大水压力或增大气体压力均有提高雾流有效射程的作用。

(2) 雾滴密度。影响雾滴密度的因素较多,雾流的覆盖范围、水流量、雾滴粒径均会对其产生影响。仅增大水压力虽有利于提高水流量,但随着气、液压力比的降低,可能会导致液滴的粒径增大扩散角,反而不利于提高单位体积内的雾滴数量。因此提高雾滴密度的主要方法是在保持气液压力比的条件下,同时提高高水压力和气体压力。

(3) 雾流扩散角。对于内混合式喷嘴,在喷嘴内部就已经进行了比较充分的雾化,因此雾流的外形主要由喷嘴的结构决定,改变气、液压力,对外形的影响不大。而对于外混合式喷嘴,雾化过程发生在喷嘴外部,气液的压力对雾流的外形有比较显著的影响。例如,图 7.16 所示的实心锥喷嘴,气体喷孔分布于液体喷孔的四周,增大气、液压力比会增大雾滴的轴向分速度,因此会导致雾流的扩散角减小。而对于如图 7.17 所示的平扇形喷嘴,气相喷孔分布在液体喷孔的两侧,增大气、液压力比会使平扇形雾流的厚度变薄,扩散角增大。

# 7.3　矿用喷雾降尘技术

从 20 世纪 90 年代起,我国高等院校、科研机构以及厂矿企业等单位将防尘工作的重点放在了综采、综掘工作面,重点开展了对采煤机、掘进机及放煤口粉尘的高效治理技术的研究,其中包括采煤机高压外喷雾降尘技术及液压支架放煤口的自动喷雾降尘技术。并且对声波雾化降尘技术、磁化水降尘技术、预荷电喷雾降尘技术和高压喷雾降尘技术等在煤矿井下的应用进行了尝试,取得了一定的效果。在 20 世纪 90 年代末期,还针对掘进机除尘器难以使用、高压水源距掘进机太远等一系列问题,研制出了掘进机机载增压喷雾泵。近年来,煤矿井下包括综掘综采工作面的降尘技术正在朝智能化和精确化方向发展[35,36]。煤矿井下的产尘地点较多并且不同地点的产尘特点差异较大,所以在喷雾技术的实际应用过程中,必须根据具体情况因地制宜地选择喷雾降尘技术。因此本节将现有的喷雾技术按煤矿井下受粉尘危害的地点进行分类,分别加以介绍。煤矿井下受粉尘危害的地点包括采煤工作面、掘进工作面、运输系统和回风巷道。其中,采煤工作面的粉尘主要来自采煤机截割煤体和液压支架的移架及放煤过程,掘进工作面的粉尘主要来自于掘进机截割岩石、放炮和扒装等过程,运输系统中的粉尘则通常来自于煤岩体的破碎、转载等过程。这些尘源的特征各不相同,因此需要针对其各自的特点选择降尘效率高、经济效益好的喷雾降尘技术。

## 7.3.1　采煤工作面喷雾降尘

采煤工作面是煤矿井下受粉尘污染最严重的地点之一,大量的粉尘一方面来自于采煤机滚筒对煤体的截割,另一方面来自于液压支架的移架、放煤等过程。

截割滚筒处尘源的特点是产尘量极大,并且尘源直接暴露在工作面内的风流中,因此控制粉尘的首要目标就是在尘源处实现对粉尘的高效捕捉和湿润,尽量降低扩散到空气中的粉尘量。目前主要利用内喷雾和指向滚筒的外喷雾对尘源处的粉尘进行捕捉和湿润。然后,对于沉降在底板和机械上的粉尘,通常用压力较低的外喷雾进行湿润。此外,由于分散在风流中的粉尘扩散范围大,难以实现高效捕捉,通常利用布置在采煤机机身和液压支架前探梁上的喷雾将含尘风流阻隔在采煤机的割煤侧,使行人侧的新鲜风流不受污染。

支架处的产尘点较多,分别来自顶板、采空区、放煤口和截割产生的扩散粉尘。并且支架处粉尘的产生具有间断性,只有支架在进行移架、放煤等动作时,才会产生大量粉尘。因此支架喷雾只需在支架动作时发挥捕尘作用,其他大部分时间主要进行湿润抑尘。由于以上特点,不仅要求支架喷雾的喷嘴布置合理,还要求喷雾的启闭实现自动控制,既能及时开启,又能充分发挥控制粉尘的作用,还能及时关闭,防止工作面湿度过大。

1. 采煤机喷雾

1）采煤机内喷雾

内喷雾的概念最初是在 20 世纪 70 年代由美国的研究机构提出的。它是指将高压水通过旋转滚筒内部输送到截齿附近的喷嘴后喷出，目的是预防摩擦火花，防止瓦斯、煤尘爆炸[37]。随后的研究表明，内喷雾能在煤尘产生的瞬间消灭在尘源附近，显著降低采煤工作面的粉尘浓度。由于密封和堵塞问题难以解决，直到 90 年代初，美国才开始强制使用内喷雾系统[38]。目前内喷雾技术在世界范围内受到广泛关注，被认为是能够大幅度降低呼吸性粉尘的浓度的关键技术。

a. 尘源特点及内喷雾设计

（1）内喷雾的降尘特点。内喷雾主要发挥抑尘的作用，采煤机截割滚筒处尘源的特点是产尘量大、暴露在风流中、粉尘具有较大的初动能。因此对内喷雾的要求是精确覆盖截齿作用点，水流量充足，避免高水压造成粉尘逸散。

（2）喷嘴的选型和布置。内喷雾喷嘴通常通过螺纹连接在焊接于滚筒的喷嘴座上，一个截齿配一个或多个喷嘴，由于采煤机的型号不同，单个滚筒上可布置 30～60 个喷嘴。喷嘴距截齿 100～150mm，为了精确湿润产尘点，滚筒上一般安装流形为实心锥形的旋转式喷嘴或直射式喷嘴，指向截齿与煤岩的作用点喷射。通过内喷雾湿润截割区域的新生粉尘时，不仅要求内喷雾有充足的流量，而且必须避免喷雾的冲击力过大而造成粉尘飞扬，因此通常选用喷孔超过 1.5mm 的喷嘴。采煤机内喷雾实际效果如图 7.24 所示。

图 7.24 采煤机内喷雾实际效果图

（3）喷雾工况参数。研究表明，内喷雾喷嘴出口处的动压为 0.5～0.7MPa 时湿润效果最佳，当出口动压达到 0.7～1.1MPa 时，反而会引起空气中的粉尘浓度提高。由于滚筒内供水管路的直径小、阻力大，要使喷雾的出口动压达到最佳范围，一般供水压力需达到 3MPa 以上。采煤机内喷雾的耗水量可根据煤质情况和工作面条件按吨煤单位耗水量确定，一般为 25～50L/t，其中内喷雾耗水量占 60%～80%。一般中厚或厚煤层煤层的采煤机，相应的供水量及水压选择见表 7.5。

**表 7.5 采煤机内喷雾水压及供水量范围**

| 适用范围 | 实际工作压力/MPa | 供水量/(L/min) |
| --- | --- | --- |
| 单滚筒采煤机 | 3.6～5.4 | 80～120 |
| 150～200kW 双滚筒采煤机 | 4.6～5.4 | 200～250 |
| 300kW 及以上双滚筒采煤机 | 5.4 | 320 |

b. 内喷雾存在的主要问题

采煤机内喷雾存在的主要问题表现为喷雾流量不足、雾化效果不好并受到堵塞的威胁。由于内喷雾只有供水管路，无法接入压缩气体，因此内喷雾喷嘴只能采用水力雾化式喷嘴。这种类型的喷嘴的特点是喷口较小、阻力较大。此外，由于滚筒内的供水通道内径较小，造成了较大的压力损失，因此虽然喷嘴处水的出口动压的最佳范围不超过 1MPa，但供水压力一般要超过 3.6MPa 才能满足喷嘴处充足的供水量。由于内喷雾的供水管路一方面要通过冷却器，另一方面要通过旋转密封，这两个位置都无法承受过高的水压力，若发生漏水将导致采煤机故障，造成巨大的经济损失。现场调研表明，采煤工作面使用内喷雾时水压一般为 2～3MPa，难以达到对雾流量和雾流射程的要求。此外，对于堵塞的问题，原因有三方面：第一，由于井下用水中存在固体杂质，并且内喷雾管路细长而曲折、雾化喷嘴的喷口较小，容易因为固体杂质的沉积而堵塞；第二，由于通常井下用水来自于矿井涌水，水中的钙、镁离子浓度较高，会在内喷雾管路中沉淀，特别是在冷却器附近温度较高，会加速沉淀过程和管路的锈蚀，从而造成堵塞；第三，由于雾化喷嘴布置于滚筒上的截齿附近，割煤过程中产尘量极大，被水湿润的一部分粉尘会黏附在喷嘴口周围，当煤块与截割滚筒发生挤压时，可能把粉尘挤入喷嘴口中，从而引起堵塞。因此实现高效内喷雾降尘的关键是解决密封和防堵的问题，下面分别对这两方面的技术进展现状进行介绍。

（1）内喷雾管路的防漏措施及密封技术。内喷雾管路中容易漏水的位置分别是冷却器处和旋转密封处，首先为了避免冷却器处漏水，可对采煤机的内喷雾供水管路进行改造。使冷却水与内喷雾用水实现分流，消除冷却器漏水的隐患，压力较低的冷却水喷出后可用于对底板沉积粉尘的湿润。

经过供水管路的改造，可以避开冷却器的漏水问题，但高压水要到达内喷雾喷嘴，必须通过旋转密封。如图 7.25 所示，在摇臂向截割滚筒转折处设有高压水接入口，中部转轴与壳体之间通过一系列旋转密封件进行密封，水通过转轴中心的管道送入截割头中，供雾化喷嘴产雾。影响旋转密封效果的因素：一是旋转线速度的大小；二是水压力的大小。采煤机内喷雾管路中的旋转密封处，相对旋转线速度在 1m/s 以下，属于旋转速度低、压力高的情况，只能采用接触式密封技术。考虑成本因素，目前采煤机通常采用的密封方式为皮碗密封，密封材料通常是橡胶，可承受的压力一般不超过 2～3MPa，当利用合成高分子材料作为密封材料时，耐压能力可提高到 5～6MPa。

旋转密封的发生损坏的原因包括摩擦产热、杂质颗粒对密封材料的磨损、酸性水对橡胶的腐蚀、转轴形变引起的偏心跳动等，因此应加强对密封件的保养。一方面需要使用水质达标的水源，另一方面不能长时间截割硬度较高的矸石层。

（2）内喷雾管路的防堵措施与技术。经过分析，造成堵塞的原因分别是含有固体杂

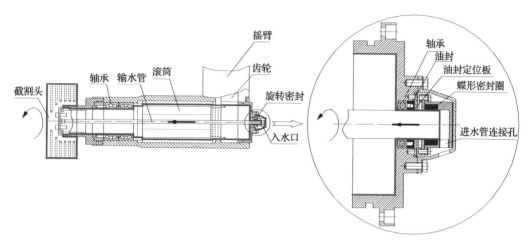

图 7.25　采煤机内喷雾管路示意图
粗线包围的部件为旋转部件

质的水进入管路、硬水中离子的沉淀以及截割区域的粉尘进入喷嘴。

对于矿井用水中的固体杂质,清除的主要方法是利用水质过滤器,通常过滤精度可达到 60~200 目,其中 200 目的滤网孔径为 $74\mu m$,能有效地清除水中的固体杂质;对于硬水中的钙、镁离子沉淀问题,如果条件允许可以更换水源或购买设备对水源进行净化,但这种方法往往会投入高额的成本,因此较经济的办法是定时清除管道内的水垢,此外冷却水与内喷雾用水的分流也能在一定程度上延缓内喷雾管路的堵塞;对于截割区域粉尘进入喷嘴的问题,可通过两种途径降低堵塞概率:一是可通过优化喷嘴的布置位置,利用截齿对喷嘴进行保护,降低挤压强度、减小挤压概率;另一方面可采用防外堵喷嘴,但是防外堵喷嘴内部结构复杂且液体流动空间小,不仅加工难度大,而且会造成旋转密封处的压力增大,加之喷嘴的可靠性也难以保证。

从现场调研情况看,由于采煤机的截齿较大,对布置在其根部的喷嘴能起到保护的作用,而且煤尘输水不容易聚集成块粘在喷嘴附近,因此喷嘴堵塞的概率较小。只要做好了过滤和定时疏通管路,采煤机内喷雾堵塞的情况会明显改善。

2) 采煤机外喷雾

由于截割滚筒处产尘量极大,仅仅依靠内喷雾不能完全抑制粉尘的逸散,因此还必须依靠外喷雾对悬浮粉尘进行捕捉。外喷雾是指供水通道不通过截割滚筒内部,而是直接利用外部管路将高压水输送到安装在截割臂和采煤机机身上的雾化喷嘴处喷出,从而发挥捕尘和抑尘的作用。

a. 尘源特点及外喷雾设计

(1) 外喷雾的捕尘特点。采煤机外喷雾负责处理的是处于悬浮状态的粉尘,这类粉尘在截割滚筒处产生,由于受冲击作用具有初速度,能够迅速逸散到空气中,并在工作面内较强风流的作用下污染整个工作面。为了达到较高的捕尘效果,首先要使雾流的各项技术参数满足高效捕尘的要求,然后要使雾流作用于粉尘浓度最高的关键区域,此外还要充分利用雾流与风流的耦合作用,防止含尘气流向人员活动区域扩散。

（2）喷嘴选型与布置。截割滚筒周围是粉尘浓度最高的区域，是实现高效捕尘的关键。因此需要在采煤机截割部和摇臂末端布置多组雾化喷嘴，使高密度雾流对高浓度粉尘进行有效捕捉。由于现场条件限制，喷嘴的安装位置距截割区域较远，选择喷嘴类型时要求雾流经过较长距离的运动后依然保持较高的密度。因此通常选用平扇形喷嘴将悬浮粉尘封闭在局部空间，同时利用旋转式或直射式喷嘴产生的实心锥雾流对高浓度粉尘进行捕捉。为了将供水压力尽可能多地转化为液体动能，喷孔的直径一般在 1.5mm 以下，采煤机滚筒外喷雾实际效果如图 7.26 所示。

图 7.26　采煤机滚筒处外喷雾实际效果图

此外，实践表明，工作面的风流与雾流场之间能够相互影响，风流会引起雾流的长度和方向发生改变，而雾流的卷吸作用也会引起局部风流随着雾流运动。因此布置喷嘴时还必须考虑风流与雾流的耦合作用，避免喷雾引起的局部紊流使含尘气流扩散到采煤工作面的行人侧。因此沿着采煤机机身，还可以顺着风流方向布置一系列喷嘴，将从截割区域逃逸的粉尘阻隔在煤壁侧继续进行捕捉，如图 7.27[39] 所示。在这种情况下实心锥形和空心锥形的雾流对风流引导能力较强，因此通常选用旋转式喷嘴和离心式喷嘴。

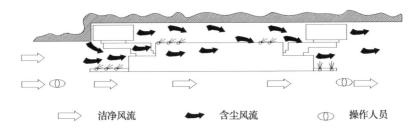

    ⇨ 洁净风流          ➡ 含尘风流          ◉ 操作人员

图 7.27　采煤机新型外喷雾系统俯视图

　　除了捕尘,外喷雾还能发挥一定的抑尘作用。冷却用水压力不高,产生的水雾无法满足高效捕尘要求,通常专门用于对刮板输送机附近煤岩的湿润,抑制粉尘飞扬。

　　(3)喷雾工况参数。为了有效捕捉截割区域的高浓度粉尘,要求雾滴的粒径小、速度大、密度高、有效射程远,常规的水压力无法满足这些要求,因此近年来高压喷雾技术应用较多。大量现场数据表明,经过机载泵增压后水压力能达到 $8\sim15$MPa,产生的雾滴中粒径低于 $150\mu$m 的占 $85\%$ 以上,喷嘴出口处雾流的速度可达 $60\sim80$m/s,距喷口 2m 处雾滴速度为 $14.5\sim18.5$m/s,因此经过远距离喷射后能够在滚筒周围形成物理特性优良的捕尘雾流。并且在雾流高速运动过程中能够卷吸周围的气流,使雾流范围内气体的湍流强度增大,有利于提高雾滴与粉尘碰撞的概率。在 $8\sim15$MPa 的水压下雾流的有效射程一般为 $2.6\sim3.4$m,总射程可达到 $4.2\sim6.8$m。单个高压喷雾喷头上通常布置 $4\sim6$ 个喷孔,对应的流量为 $9.5\sim18$L/min,形成的实心锥扩散角一般为 $45°\sim55°$,平扇形喷嘴的扩散角为 $60°\sim90°$,雾流体积可达 $2.4\sim4.2$m³。在局部地点也可布置单孔喷嘴,当压力达到 12.5MPa 时,流量约为 3L/min。通常指向滚筒的喷雾流量依据产煤量而定,一般情况下单个滚筒的喷雾流量达到 $40\sim60$L/min 时捕尘效率较高。

　　对于沿采煤机机身布置的喷雾,过高的喷雾压力会使含尘气流被冲向煤壁并引起粉尘回流入行人区域,如图 7.28 所示。压力过低又会导致雾化效果不良,因此喷雾压力一般控制在 $2\sim3$MPa,总流量为 $30\sim50$L/min。

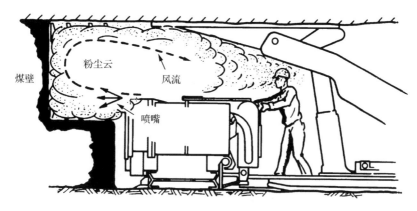

图 7.28　喷雾形成环状风流示意图

b. 外喷雾存在的主要问题

　　由于滚筒体积大而且外喷雾喷嘴只能安装在机身上截割部和摇臂上,因此大部分雾流都作用在了距机身较近的滚筒内侧面,由于摇臂和滚筒本身的阻挡,作用在滚筒外侧的雾流量明显不足,是粉尘逃逸的薄弱区,如图 7.29 所示[40]。此外,由于雾滴之间呈离散状态,不论如何提高雾流量,对于开放空间内的悬浮粉尘捕捉效率都有限。并且工作面内湿度过高对工人的健康不利,而且会引起煤质变差、皮带打滑、监测仪器损坏等问题。

　　对于滚筒外侧喷雾流量不足的问题,美国等发达国家在采煤机机身上设置了分流臂,分流臂由采煤机机身向外伸出,作用一方面是防止含尘气流向行人区域扩散,另一方面是通过在分流臂上设置喷嘴组对滚筒外侧的产尘区域进行喷雾降尘,如图 7.30 所示。即便

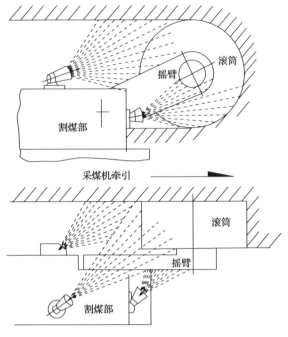

图 7.29　截割部箱体上喷嘴布置示意图

如此,采煤工作面的粉尘浓度还是常常超标,由于采煤工作面的条件特殊,降尘手段主要依靠喷雾和通风等传统方法,降尘率有限的问题困扰着世界上各个产煤国。目前发达国家在充分利用喷雾技术降尘的同时,正在不断努力提高采煤机械的自动化程度,尽量减少在工作面内人员数量,从而降低粉尘造成的危害。

(a) 停止采煤时

(b) 采煤喷雾时

图 7.30　分流臂实物图

### 2. 液压支架喷雾

支架处的粉尘主要来自顶板、采空区和放煤口,在采煤面内的产尘量仅次于采煤机截割产尘。由于液压支架之间排列紧密、空间较小,喷雾是最常用的降尘技术。

1) 尘源的特点及降尘策略

布置在支架上的喷嘴与尘源的距离较近,容易实现雾流对粉尘的充分覆盖,但在设计喷雾系统时必须考虑到喷雾的冲击力过大会引起粉尘逸散。支架产尘的特殊性在于通常只有在支架动作时才会发生粉尘的大量逸散,因此为了节约用水、防止工作面内湿度过大,只能针对正在动作的支架开启附近的喷雾,并且必须要在支架动作结束后及时关闭喷雾。支架喷雾的作用除了消除因支架动作而产生粉尘,还能对采煤机处逸散的粉尘进行捕捉,从而防止含尘气流污染行人区域的新鲜风流。综上所述,要实现支架喷雾的高效降尘,除了喷嘴的选型和布置合理外,还对喷雾的启闭控制系统有较高的要求。目前已经可以通过监测支架的动作情况和采煤机的运行情况实现对支架喷雾的精确控制。

2) 支架喷雾的设计

在支架进行移架、放煤等动作时有大量的粉尘从顶板、采空区和放煤口产生,此时喷雾主要发挥捕尘的作用,正在向风流中扩散的粉尘进行捕捉,使其沉降。此外,使顶梁和掩护梁等部位保持湿润,能减小支架与岩体的摩擦、黏附新生的粉尘,对降低支架动作时的产尘量有明显作用,湿润过程可在支架未动作时进行,也可以在移架时利用相邻支架的喷雾对顶梁和掩护梁进行湿润。支架喷雾除了要消除因支架动作而产生的粉尘外,还要承担阻隔采煤机割煤侧含尘风流的作用,因此支架前探梁上需要布置相应的喷嘴,防止粉尘对行人侧的污染。根据液压支架是否具有掩护梁,可将其分为支撑式液压支架和掩护式液压支架,两种类型的支架喷嘴布置方式存在差异,因此分别加以介绍。

a. 支撑式液压支架

支撑式液压支架有两种移架方式,第一种为顶梁与顶板不接触,第二种为顶梁与顶板相互接触。对于顶梁与顶板不接触的移架方式,通常将雾化喷嘴沿侧护板布置,向相邻的前移支架进行喷雾,对架间缝隙产生的粉尘进行捕集并且对前移支架的顶梁上部进行冲洗、湿润,如图 7.31 所示。此外,在支架尾部布置指向采空区的雾化喷嘴,抑制来自采空区的粉尘。合适的压力范围为 1.0~1.5MPa,向顶梁喷雾的流量为 30L/min,向采空区喷雾的流量为 20~25L/min。

对于顶梁与顶板相互接触的移架方式,喷雾无法对顶梁的上部进行冲洗、湿润。雾化喷嘴通常沿架间缝隙布置,喷射方向均指向采空区,如图 7.32 所示。合

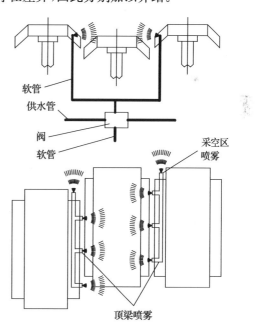

图 7.31　顶梁与顶板不接触移架的喷雾系统

适的压力范围为 1.0~1.5MPa,每个喷嘴的流量控制在 10L/min 以下,合适的扩散角为 35°~40°,可采用喷口直径为 2~2.5mm 的实心锥喷嘴[41]。

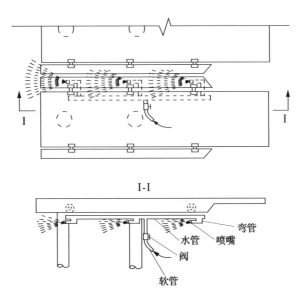

图 7.32　顶梁与顶板接触移架的喷雾系统

### b. 掩护式液压支架

目前掩护式液压支架多采用在顶梁的下方安设喷嘴来实现移架时的喷雾防尘。移架时,水由固定的掩护支架喷到前移的掩护支架上,水雾喷射到侧护板至采空区的全部空间,使顶板以及掩护支架支撑面保持足够湿润[42],掩护支架除顶梁下方设置喷嘴外,在掩护梁两侧也安装喷嘴,喷雾体可全部封住采空区空间[43],如图 7.33 所示。

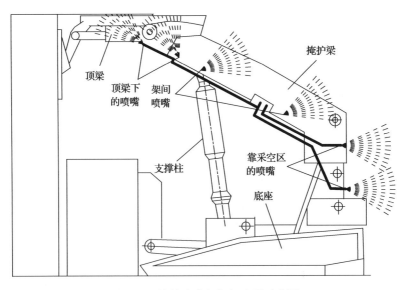

图 7.33　掩护式支架架间喷雾示意图

液压支架移动时,两侧的支架顶梁上布置的喷嘴同时向支架错位部分的空间喷雾,同一时刻正在移动的支架也要向采空区方向喷雾,如图 7.34 所示[44]。

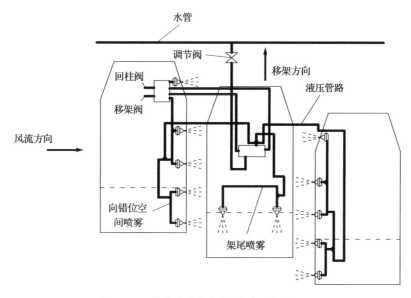

图 7.34 掩护式支架架间喷雾系统俯视图

为了对支架上方的煤、岩进行预湿,降低移架、放煤时的产尘量,可在支架上部设置内嵌式喷嘴,如图 7.35 所示。为了避免喷嘴堵塞,要求水压力较高,当水压达到 15MPa 时,可使放煤和移架时的降尘率提高 63%～76%。虽然支架上部的内嵌式喷嘴对粉尘有一定的抑制作用,但是由于支架上方的煤、岩体发生碰撞、挤压、摩擦,喷嘴容易损坏[44]。

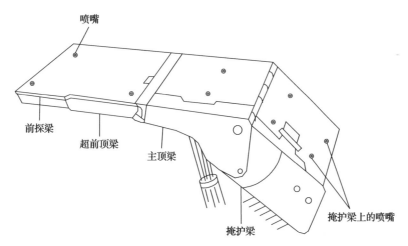

图 7.35 布置在支架上部的内嵌式喷嘴

对于综采放顶煤工作面,在支架连杆一侧和靠尾梁一侧布置雾化喷嘴,对放煤口产生的粉尘进行捕集,如图 7.36 所示;布置在前探梁上的喷嘴在捕集采煤机下风侧粉尘、移架时产生的落尘的同时,还起着润湿煤壁的作用[45]。现场实验表明,前探梁上的喷嘴选用直射式喷嘴,提供 8MPa 的供水压力时,能产生扩散角为 90°～120°的平扇形雾流,降尘效率较高[46]。

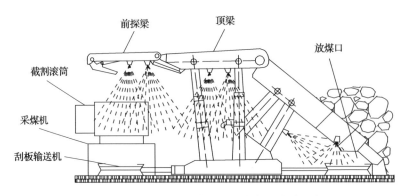

图 7.36 掩护式支架的前探梁及放煤口喷雾示意图

通常,单个支架上喷嘴的总耗水量为 30~60L/min,由于在生产过程中只有在动作的支架和采煤机附近的支架会进行喷雾,因此支架喷雾的总耗水量一般不超过 300L/min。

3) 喷雾启闭与采煤工序的配合

喷雾与支架动作联动可通过自动控制阀实现,其控制原理如图 7.37 所示。当操作前柱控制阀 5 进行降柱时,高压液同时打开多功能自动喷雾控制阀 1 通向移架组喷嘴组 6 的通水阀路而喷雾,移架时仍然通水喷雾;当升柱时,又同时关闭通水阀路而停止喷雾。这样就实现了移架自动喷雾。当操作尾梁操纵阀 4 进行放煤时,高压液同时打开多功能自动控制阀 1 通向放煤口喷嘴组 7 的通水阀路而喷雾,并且通过管路 9 向下风侧去邻架供水喷雾;当停止放煤时,又同时关闭通水阀路而停止喷雾。当采煤机割煤时,可打开本架或下风侧邻架的手动阀门 8 向移架喷嘴组供水喷雾,净化扩散的含尘风流。

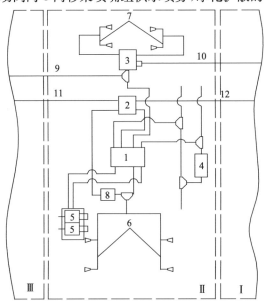

图 7.37 液压支架自动喷雾控制系统示意图
1. 多功能自动喷雾控制阀;2. 四通平面闸阀;3. 组合五通阀;4. 尾梁操纵阀;5. 前柱控制阀;6. 移架组喷嘴组;
7. 放煤口喷嘴组;8. 手动阀门;9. 去邻架管路;10. 喷雾水从邻架来;11. 主供水去邻架;12. 主供水管

一般情况下采煤机内外喷雾的降尘效率有限,利用布置在前探梁上的喷嘴进行辅助喷雾可随着采煤机的运动形成运动水幕,如图 7.38[47]所示,可进一步阻隔并捕捉逃逸的粉尘,防止采煤机割煤侧的含尘风流污染人员活动区域。在采煤机割煤时可利用布置在支架前探梁上的喷嘴组按以下方式进行跟踪辅助喷雾。

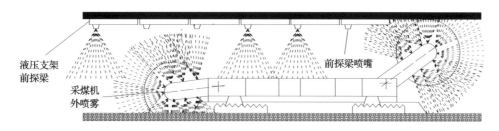

图 7.38　液压支架前探梁辅助跟踪喷雾示意图

当采煤机上行割煤时,距采煤机司机处下风侧第 4 架、第 9 架以及第 14 架喷雾装置跟踪采煤机进行喷雾,喷雾时间为 30s。当采煤机走过一架的距离时,原采煤机司机处下风侧第 4 架、第 9 架以及第 14 架已喷雾 15s,原采煤机司机处下风侧第 3 架、第 8 架以及第 13 架开始喷雾,喷雾时间同样为 30s。随采煤机前进,支架喷雾循环开启;当采煤机下行割煤时,距采煤机司机处下风侧第 7 架、第 12 架以及第 19 架喷雾装置跟踪采煤机进行喷雾,喷雾时间为 30s。循环方式同上行割煤[48]。

要实现前探梁跟踪辅助喷雾,必须根据采煤机的位置和工作状态统一控制所有支架上的喷雾启闭,因此为了保证不同位置喷雾的开启和关闭准确无误,必须实现智能化控制。一方面要能够监测相关机械的运行状态,另一方面要能够根据监测到的参数对各个位置的喷雾启闭进行相应的控制。枣庄矿业集团引进了一套综采工作面智能定位喷雾除尘控制系统。当采煤机作业时,安装于采煤机内部的红外定位发射器将采煤机的位置信号发送至固定在液压支架上的喷雾控制箱内,可以根据采煤机的运行位置,在其风流的下方自动开启或关闭多道扇形喷雾,同时采用联动开关,采煤机作业时,自动开启采煤机的内外喷雾。在工作面移架或放煤作业时,也可以通过移架、放煤传感器将所移支架或放煤口的位置信号传送至喷雾控制箱内,自动开启或关闭风流下方的喷雾,现场喷雾效果如图 7.39 所示。

图 7.39　采煤工作面支架喷雾效果

### 7.3.2　掘进工作面喷雾降尘

掘进工作面的截割作业和放炮作业是产尘量最大两个作业过程。

与采煤机类似,掘进机截割岩体时产生的大量粉尘直接暴露在风流中。为降低工作面的粉尘浓度,首先要利用内喷雾和外喷雾对截割区域的粉尘进行捕捉和湿润,尽量减少向空气中扩散的粉尘量。此外,在掘进机铲板工作时可能引起底板上的沉积粉尘再次扬起,因此通常会设置专门的喷雾对铲板和附近的底板进行湿润。

在掘进工作面进行放炮作业前,必须先利用喷雾对工作面两帮和底板进行充分湿润,使沉积粉尘黏附在底板和壁面,可明显降低放炮后分散在空气中的粉尘量。在放炮时,人员必须撤离至远离工作面的安全区域,放炮后粉尘会迅速弥漫在整个工作面内。因此在控制放炮产尘时喷雾必须实现自动启闭,并且除了发挥捕尘的作用,还必须将粉尘尽量阻隔在工作面内,防止含尘气流向其他地点扩散。在放炮结束后扒装岩石时,同样可能造成粉尘飞扬,因此一方面要对破碎岩块进行预先湿润,另一方面需在扒装机上安装自动喷雾装置,捕捉装载岩石时扬起的粉尘。

#### 1. 综掘机喷雾

综掘机喷雾由内喷雾和外喷雾组成,内喷雾用水通过掘进机旋转主轴送到截割头喷出,主要起湿润抑尘的作用。由于截割过程产尘量大等原因,难以完全抑制粉尘的逸散,因此外喷雾的作用是捕捉向空气中逸散的粉尘使其沉降,并湿润底板上的沉积粉尘。

1) 掘进机内喷雾

a. 内喷雾的设计

(1) 尘源特点与降尘策略。由于岩石的硬度大,综掘机截割岩石时不仅产尘量大,而且粉尘粒度小,呼吸性粉尘比例高。掘进工作面利用风筒供风,造成截割头处风速较大,容易造成粉尘逸散。内喷雾的作用是预先湿润截割产生的粉尘,从源头上降低向空气中逸散的粉尘量。提高湿润效果的关键是实现供水量充足,雾流精确覆盖截割产尘点,避免过大的喷雾冲击力造成粉尘的逸散。

(2) 喷嘴的布置与选型。在掘进机工作过程中,截割头前端的截齿与岩体的作用时间和作用强度均高于后端的截齿,因此布置在截割头前端的截齿密度大,没有足够的空间布置内喷雾喷嘴。并且由于截割头前端与岩体的作用最频繁,因此喷嘴布置得越靠前就越容易堵塞或损坏。但正是由于主要的破碎过程发生在截割头前端,必须使充足的水雾对截割头前端区域进行覆盖,因此喷雾的位置不能太靠后,一般情况下内喷雾喷嘴布置在截割头的中前端。为了减轻岩块的挤压,喷嘴均匀布置在截齿根部附近,单个截割头上喷嘴的数量通常为12~21个。为了使雾流充分覆盖截割头的前端并且降低雾流动量,单个喷嘴产生的雾流形状一般为实心锥形。

(3) 工况参数与雾化效果。掘进机的内喷雾无法像采煤机那样对每一个截齿都配置一个喷嘴,因此要求单个喷嘴具有更大的扩散角和雾流量。由于内喷雾的主要作用是湿润,对雾滴粒径的要求不高,并且由于喷嘴离尘源较近,雾流的速度不可过大,喷嘴出口处的动压应在1MPa左右。但由于掘进机内喷雾的输水管道长且截面面积小,造成较大的压力损失,因此供水压力要达到 3～6MPa 才能使喷雾对截割区域充分覆盖。综掘机的内喷雾流量主要取决于综掘机的功率,对于 100kW 以下的小功率综掘机,内喷雾总流量为 40～55L/min,而对于 132kW 以上综掘机,内喷雾流量能达到 55～65L/min。

　　b. 内喷雾存在的问题

　　与采煤机内喷雾类似,综掘机的内喷雾喷嘴容易堵塞,并且内部供水管路容易耐压能力不足。但由于掘进机的自身特点,其面临的旋转密封耐压不足和堵塞问题更加严重。

　　内喷雾管路中容易漏水的部位同样是冷却器部分和旋转密封部分。为了降低漏水的概率,可以将冷却用水与内喷雾用水进行分流(图 7.40[49]),防止冷却器漏水。由于掘进机的旋转密封处转轴的直径更大(图 7.41),因此旋转线速度可超过 5m/s,比采煤机增大

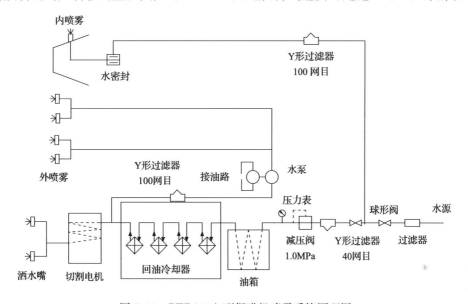

图 7.40　BEZ-160A 型掘进机喷雾系统原理图

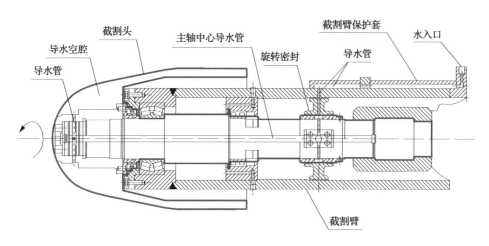

图 7.41　掘进机内喷雾前部供水管路示意图

粗线包围的部件为旋转部件

了数倍,导致密封材料的磨损更加严重。此外,掘进面的岩石硬度远大于煤,掘进头截割时受到的径向力更大,并且由于掘进机的转轴比采煤机滚筒的转轴长数倍,更容易变形,因此旋转密封处偏心跳动更严重,磨损加剧。综上所述,掘进机的旋转密封可靠度和耐压能力比采煤机更低。

内喷雾管路的堵塞原因也来自于水中固体杂质、钙镁离子沉淀和喷嘴处的粉尘堵塞三个方面。其中,来自于水中的固体杂质和钙镁离子沉淀的问题可以通过过滤、疏通等措施进行预防,但截割区域粉尘对喷嘴的堵塞比采煤机的情况更加严重。首先岩石粉尘的亲水性往往比煤尘强,遇水后十分容易相互集聚成块,黏附在截割头上,包围在喷嘴口附近。截割产生的较大岩块容易卡在截齿之间的缝隙中,随着截割过程与截割头发生挤压,将粉尘挤入喷嘴口中,引起堵塞。由于掘进机的受力强度高于采煤机,且掘进头经常被全部埋没在岩石碎块中,外堵的情况十分严重。此外,喷嘴的堵塞还会导致内喷雾管路中的水压力过大,引起旋转密封漏水。在国内,掘进机内喷雾基本无法使用。

在内喷雾正常工作的情况下,采用优质的旋转密封材料可以提升耐压能力,但是一旦喷嘴堵塞,管路内压力会急剧增大,超过耐压极限。至于喷嘴防堵的问题,虽然出现了一些利用顶针等内部结构进行防堵的喷嘴,但其防堵能力及耐用性还没有得到广泛的认可。

2)掘进机外喷雾

由于综掘机截割岩体时产尘量极大,并且从风筒的出口射程大,导致截割区域的粉尘容易向空气中逸散,因此仅仅依靠内喷雾无法彻底抑制粉尘,还需要利用外喷雾对向空气中逸散的粉尘进行进一步的捕捉。除此之外,外喷雾还要承担对已破碎并堆积在底板处的松散煤岩体湿润的作用。

a. 外喷雾的设计

(1)尘源特点与降尘策略。在综掘面内截割区域的粉尘在风流影响下迅速扩散,并且垮落的岩块在铲板的作用下也会引起粉尘飞扬。因此外喷雾的作用,一方面是捕捉截割头处逸散的粉尘,另一方面是对底板和铲板上的煤岩体进行预先湿润,防止沉积粉尘的飞扬。一般情况下,被截割的岩壁与综掘机机身的距离为2m左右,为了达到良好的捕尘效果,要求雾流的射程远、雾流密度大,全方位对截割区域进行覆盖,并且雾滴的粒径要小于$200\mu m$。对于底板和铲板处煤岩体湿润,则要求喷雾区域准确,雾流分布均匀,水流量充足,避免喷雾压力过高。

(2)喷嘴的布置与选型。针对截割区域的喷雾,为了保证较远的射程和较高的雾流密度,通常选用直射式喷嘴产生实心锥形和平扇形的雾流对粉尘进行捕捉和拦截。喷嘴的位置主要布置在掘进机截割臂上部和两侧的喷雾块上,上部喷雾块一般设计成条形或圆弧形,固定在掘进机截割减速箱上部,两侧喷雾块多为条形竖直布置在掘进机截割减速箱两侧,如图7.42所示[50]。这种布置方式的缺点在于喷嘴距离截割炮头距离太远,如掘进机具备伸缩功能,喷雾块不能随伸缩部同步移动,雾流无法充分覆盖截割区域。并且这种布置方式只能实现上部和两侧的三面降尘,掘进机截割上部岩体时截割区域下部的粉尘无法被捕捉。

另一种喷嘴布置方式是将喷嘴安装在固定的环形外支架上,如图7.43[50]所示,这种方式实现了雾流对截割区域下部的覆盖,并且由于喷雾装置固定在截割臂上,因此喷嘴与掘进头之间的相对位置不会随截割臂的伸缩而发生变化,雾流不会偏离截割区域,降尘效果得到了提高[51]。

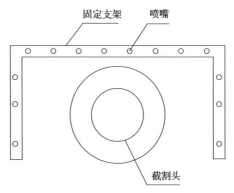

图 7.42　掘进机外喷雾喷嘴传统布置方式

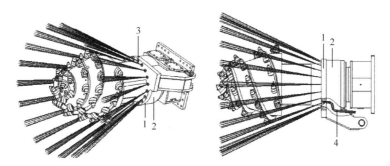

图 7.43　掘进机外喷雾喷嘴环形布置方式
1. 喷嘴固定板;2. 环形保护罩;3. 雾化喷嘴;4. 输水管

对铲板附近区域进行湿润抑尘时可选用离心式喷嘴或旋转式喷嘴,喷嘴布置在减速箱下部,指向铲板附近的岩块进行喷雾,如图 7.44 所示。

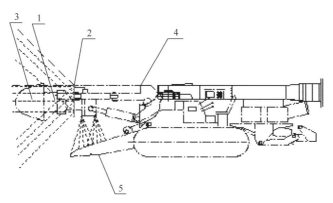

图 7.44　掘进机外喷雾喷嘴布置示意图
1. 截割臂;2. 喷嘴;3. 截割头;4. 掘进机主体;5. 铲体

(3) 工况参数与雾化效果。针对截割区域的喷雾要在风流影响下保持较远的有效距离并且对雾化效果要求较高,因此必须为捕尘喷嘴提供充足的供水压力。在较高的水压下相应的雾化效果参数见表7.6和表7.7。

**表7.6 喷雾压力与雾滴直径之间的关系**

| 喷雾压力/MPa | 雾滴直径/μm | | |
|---|---|---|---|
| | 喷口0.8mm | 喷口1.0mm | 喷口1.5mm |
| 6 | 107 | 157 | 223 |
| 8 | 75 | 109 | 155 |
| 10 | 56 | 82 | 117 |
| 12 | 45 | 65 | 93 |
| 14 | 37 | 54 | 77 |
| 16 | 31 | 46 | 65 |

**表7.7 某喷嘴的雾流特性参数**

| 喷口直径/mm | 扩散角/(°) | 不同压力下的水流量/(L/min) | | | | | 12.5MPa时的有效射程 | 1～2m/s垂直风速下的有效射程 |
|---|---|---|---|---|---|---|---|---|
| | | 8MPa | 10MPa | 12MPa | 14MPa | 15MPa | | |
| 0.8 | 60 | 3.94 | 4.27 | 4.41 | 6.52 | 6.90 | 8.8 | >3.0 |
| 1.0 | 60 | 5.50 | 6.02 | 6.21 | 6.82 | 7.04 | 9.0 | >4.0 |
| 1.5 | 60 | 6.56 | 7.24 | 7.91 | 8.63 | 9.08 | 9.6 | >5.5 |

根据截割区域尘源的特点,喷雾压力要超过6MPa,才能使雾化效果达到高效降尘的要求。一般情况下,井下的静压水的压力不足,可在掘进机上安装机载泵或在后部的皮带架上布置高压水泵,实现高压喷雾。而对于指向铲板附近的喷雾,需要的供水压力较低,通常利用冷却水专门对该处的岩块进行湿润。综掘机外喷雾的总供水量主要依据岩体的硬度、底板的岩性、掘进机功率等因素进行选择,一般情况下,总供水量为60～100L/min。

b. 综掘面外喷雾存在的问题

在掘进工作面采用外喷雾技术时,必须充分考虑喷雾带来的弊端。第一,外喷雾水量偏大,会造成掘进机下陷,恶化工作面的作业环境;第二,雾滴在风流的作用下会在工作面内四处扩散,影响作业人员的视线、淋湿人员的衣服,不利于安全和健康;第三,雾滴之间相互离散,必然导致喷雾捕尘的效率不高。因此在综掘面内不能仅仅依靠喷雾对粉尘进行控制,最好将喷雾与其他降尘技术联合使用,共同发挥降尘的作用。

**2. 炮掘工作面喷雾**

在炮掘工作面,造成粉尘扩散的过程分别是放炮破岩过程和扒装过程。在进行这两项作业之前,都必须利用喷雾对工作面的两帮和底板进行充分的湿润,使沉积粉尘黏附在底板和壁面,减少作业时扬起的粉尘量[52]。

1) 爆破作业喷雾降尘

在进行放炮破岩时,喷雾一方面要将含尘气流阻隔在工作面内,另一方面要发挥捕尘的作用,使悬浮颗粒沉降。此外,由于放炮时人员必须在安全距离以外,所以必须对喷雾实现远程控制,实现在粉尘产生瞬间就及时开启喷雾。

　　远程喷雾是沉降粉尘、吸收有害烟气的重要措施。放炮后分散在空气中的粉尘粒径较小,难以捕集,因此远程喷雾通常采用单相高压喷雾或风水喷雾技术,一方面是为了产生粒径低于 $100\mu m$ 的雾滴,提高捕尘效率,另一方面是为了雾滴充分扩散,在距工作面大约 30m 的距离形成水雾屏障,对整个断面内的粉尘进行捕捉、沉降[53,54]。

　　高压喷雾的压力超过 8MPa,其显著优点是雾滴粒径小、速度高、射程远、覆盖面积大、降尘效率高。图 7.45 是重庆煤科院开发出的炮掘工作面的高压喷雾降尘系统[54]。为了提高水压力,设置了可移动的高压泵及水箱,高压喷嘴利用三脚架固定,便于随着工作面推进。此系统的主要技术指标见表 7.8[55],实际雾化效果如图 7.46 所示。

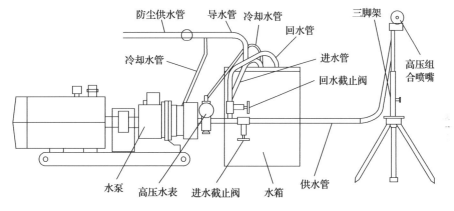

图 7.45　高压远程喷雾结构示意图

**表 7.8　高压远程喷雾系统技术指标**

| 喷雾压力/MPa | 耗水量/(L/min) | 雾滴分散度/% | 有效射程/m | 总射程/m | 降尘率/% |
|---|---|---|---|---|---|
| 9.8~14.7 | <33.3 | <$84\mu m$ 的雾滴占 85% 以上 | 7~9 | >20 | >95 |

图 7.46　高压远程喷雾工艺实际雾化效果

风水喷雾系统中增加压缩空气来促进水的雾化,在供水压力较低的情况下,能获得粒径小、速度大的雾滴,不需在系统中设置高压泵,可大幅度降低炮掘作业的劳动强度。图 7.47 为系统布置示意图,压缩空气和高压水通过管路输送到掘进工作面前端,通过启闭控制系统后水与气发生混合,最后从空气雾化喷嘴喷出。我国矿山使用的风水喷雾器种类较多,主要技术参数见表 7.9[55]。

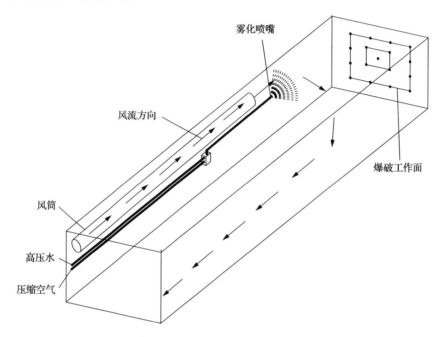

图 7.47　风水远程喷雾系统示意图

表 7.9　风水远程喷雾系统技术指标

| 名称 | 技术指标 | | | | | |
|---|---|---|---|---|---|---|
| | 风压 /kPa | 水压 /kPa | 最远射 程/m | 有效射 程/m | 张角 /(°) | 雾体最大 直径/m |
| YP-1 型压气喷雾器 | 294～784 | 294 | 5.5～6.0 | | | |
| 鸭嘴形喷雾器 | 490 | 294 | | 5～6 | | 2.5～3 |
| 扩散型喷雾器 | 490 | 147 | 18 | 16.5 | 30 | 4.8 |
| 喷射型喷雾器 | 588 | 294 | 17～22.5 | 16～19 | | 4.9 |
| 水炮弹 | 490 | 147 | 30 | 18 | | 3.7 |
| HTY-2 型喷雾器 | 490 | 294 | | 10～12 | | |
| 金属矿山风水喷雾器 | 588 | 392 | | 18.3 | 18 | |

传统的机械式放炮远程喷雾控制系统灵敏度差,受水压影响较大,喷雾距离短,雾化效果差,不能有效捕获放炮时产生的粉尘。新型的电子控制系统利用传感器捕捉爆破冲击波,监测到爆炸发生时传感器输出控制信号至控制器,控制器内的继电器控制电磁阀打

开水源洒水降尘,在爆破之后延时喷雾 20～30min。控制设备采用电池供电,井下无需外接电源。因此使用方便,安设简单,水源控制灵敏,对炮采工作面实用性更好。

2) 扒装作业喷雾技术

炮掘工作面爆破后,产生的煤矸需经过装岩机铲斗扒至皮带上或矿车中,铲斗与矿石的摩擦、碰撞会扬起大量粉尘,因此在装载工序进行洒水、喷雾是必需的降尘措施。在装载过程中对矿石进行人工分层洒水,保持矿石湿润,能大幅度降低装载区域的粉尘浓度。

使用装岩机装载时通常采用机载自动喷雾装置进行自动喷雾降尘,在扒岩、装岩时喷雾系统与装岩机联动开启。如图 7.48 所示[56],该装置是在扒装机两侧安装多喷头,在触控装置的控制下,多角度、全方位地对耙装煤岩过程进行喷雾降尘,进而有效防治煤、岩尘的飞扬,减少了人力的投入,提高了工作效率。

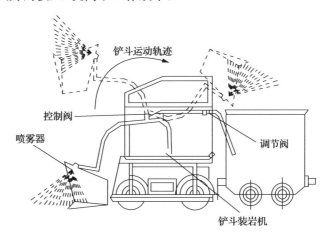

图 7.48　装岩机喷雾示意图

在铲斗装岩机的一侧,安装一个喷雾器控制阀,阀的结构如图 7.49 所示[56]。阀的前部用软水管与铲斗装岩机上的喷雾器连通,后端与调节水量的调节阀连通。当铲斗装岩

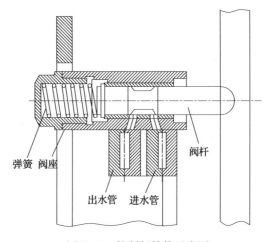

图 7.49　控制阀结构示意图

时,控制阀门打开,水路接通,喷雾器喷雾,当装岩机的摇臂运转到一定高度时,摇臂将阀杆压入阀内,水路被隔断,喷雾停止;铲斗到达卸岩位置时,又开始喷雾。这种机载式的自动喷雾降尘装置,既可按需喷雾、节约用水,又不会淋湿作业人员的衣服,实际喷雾效果如图7.50所示[56]。

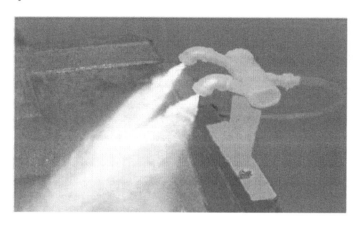

图7.50　扒装自动喷雾实物图

### 7.3.3　运输作业喷雾降尘

在煤矿生产过程中,采煤工作面生产的煤、矸通过运输系统运送到地面的过程中要经过转载、破碎环节进行处理。每一次装运都有可能造成粉尘飞扬,其中一部分是由于转载过程中煤、矸卸落时,与周围空气相对运动而引起的剪切气流,使原来处于静止状态的粉尘又悬浮于空气中,另一部分是原来悬浮的粉尘又被高速坠落的煤、矸所产生的诱导气流而带向下部卸装位置时,粉尘又反冲入巷道,弥漫于巷道空间。定点喷雾降尘,就是在一些固定地点用喷雾方法进行降尘。在井下需要设置定点喷雾的地点有胶带输送机和刮板输送机的装载机转载点、溜煤眼或煤仓的上下口、矿车的装车点及运行线、翻车点等[57]。按喷雾的控制方式可分为手动喷雾、机械自动喷雾和光电自动喷雾等。

#### 1. 传送带喷雾

随着矿井产量的增加和运输系统机械化程度的不断提高,采用传送带运输后,其产尘量相对增大,成为矿井又一个产尘源头,输送带运煤系统产尘浓度占全矿井的10%～20%,而输送带运输多处于矿井采煤工作面的进风流中,其产生的浮尘若不进行治理,将随风流进入工作面,形成二次污染。由于被充分湿润的煤、岩到达运输转载点时产尘量会降低,因此在胶带运输过程中可利用喷雾对煤、岩进行湿润。在风流作用下煤、岩中的水分会发生大量蒸发,因此需要沿着传送带按一定间隔对煤、岩进行多次加湿,其中平扇喷嘴和实心锥喷嘴最常用。为了避免喷雾引起的风流使传送带上的粉尘扬起,水压力不宜过大。压力约为0.4MPa,流量为4～15L/min时,抑尘效果较好[58]。

此外,冲洗传送带对于减少输送过程中的粉尘逸散具有重要作用[59~61]。黏附在传送带上的煤、岩颗粒容易在滚轴处发生破碎,在传送带空回时黏附在其上的煤、岩颗粒会发生干燥并逸散到空气中。因此有必要对空回传送带的顶部和底部进行清理和冲洗,如图7.51所示[62]。研究表明,安装了刮除装置并进行水喷雾冲洗后,运输过程中的呼吸性粉尘逸散量显著下降[63]。水喷雾对卸料点之后的传送带空回段进行的湿润是降低粉尘逸散强度的重要措施之一。

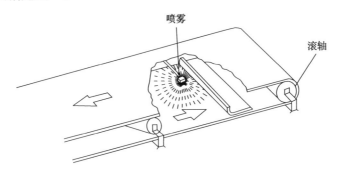

图7.51 传送带空回段喷雾示意图

### 2. 破碎机及装载机喷雾

破碎机无防尘措施时产尘量高达 $500mg/m^3$[64],为了避免破碎机和分段装载机对煤、岩进行破碎和装载时扬起大量粉尘,破碎机和分段装载机均要安装密封罩,密封罩不仅能够将粉尘限制在有限空间进行集中处理而且能够保护除尘喷嘴,避免其受撞击而损坏。刮板输送机与破碎机的连接处通常采用传送带条或风布条进行密封,避免粉尘飞扬。

如图7.52所示[64],喷嘴组分别布置在密封罩入口、破碎机锤头之上、破碎机卸料口以及装载机-传送带转载点四个位置,每个位置布置3~4个实心锥喷嘴。在密封罩入口处布置喷嘴的目的是对煤、岩进行预湿,减少破碎过程的产尘量,因此将喷嘴沿传送带宽度均匀布置[65]。为了防止入口处喷雾引起的紊流将粉尘吹出密封罩,通常采用大孔径的实心锥喷嘴,推荐喷雾压力低于 $0.4MPa$[66,67]。布置在破碎机锤头之上的喷嘴组的主要作用是捕捉破碎过程中新产生的粉尘,而破碎机卸料口和装载机-传送带转载点处喷嘴组

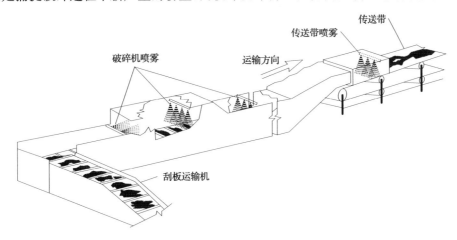

图7.52 破碎机及装载机喷雾示意图

的作用是控制转载过程扬起的粉尘。以上三处的粉尘均分散在气流中,因此需要小粒径、高速度的雾滴对其进行捕捉,采用的喷嘴孔径一般小于 1.5mm,供水压力达到 1.5～2.5MPa[60,61,67]。在美国,采煤工作面破碎机和装载机的喷雾的总耗水量达到 285L/min时[68],除尘率可达 94% 左右[69]。

### 3. 转载点喷雾

在转载点之前通常利用水雾喷头对煤、岩进行预湿,喷洒在传送带上的水能够使微细粉尘黏附在体积较大的煤块上,从而抑制煤块下落过程中的粉尘飞扬。预湿阶段通常采用扩散角较大的平扇喷嘴和实心锥喷嘴,由于预湿阶段对雾滴粒径要求不高而且需防止喷雾引起的湍流扬起粉尘,因此供水压力一般较低。对于煤块下落过程中飞扬起来的粉尘则需选用雾化粒径较低的喷嘴对其进行捕集,相应的水压较高[70]。

如采用单喷嘴喷雾,则应选实心圆锥雾体的喷雾器,并安装在转载点回风侧 1m 处,呈 45°角斜对尘源,这样可提高雾粒和煤尘尘粒碰撞概率,提高水雾降尘能力。如单喷嘴水雾不能消除矿尘飞扬,还可呈三星形设两个喷嘴,如图 7.53 所示,实现密封尘源式喷雾,试验证明其效果最佳[71]。

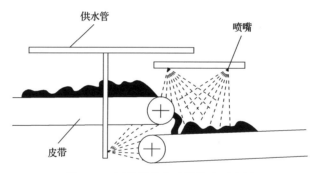

图 7.53　运输转载点喷雾降尘示意图

转载点降尘最有效方法是封闭加喷雾。通常在转载点加设半密封罩,罩内安装喷嘴,以消除飞扬的浮尘,如图 7.54 所示。为了保证密封效果,密封罩的进、出口处可安装半遮式软风帘,软风帘可用风筒布制作。

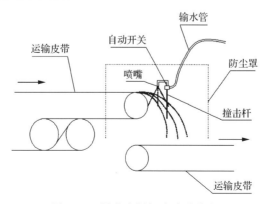

图 7.54　转载点封闭式喷雾除尘

目前很多矿井根据煤尘产生的特点和设备运转的条件,越来越多地采用了自动洒水喷雾。自动喷雾方法一种是靠喷嘴与生产设备连锁,另一种是靠生产设备的自重、撞击启闭供水阀门或靠光、电、声等效应实现供水阀门启闭操纵喷嘴工作的[72]。实现自动喷雾洒水的方法很多,也有生产厂家提供定型产品,在转载点取得了良好的降尘效果,既节省了喷雾用水,又避免了环境气象条件的恶化,还防止了由于水流量过大而导致的皮带打滑和煤炭质量下降[73]。

4. 井下煤仓喷雾降尘

图 7.55 所示[72]的煤仓是装运频繁的地点之一,采煤工作面的煤都由采区煤仓集中,然后装运、转载出井[71]。煤仓上部卸载、下部装运,由于剪切气流和诱导气流的作用,上、下口产尘量很大,一般矿尘高达几十甚至上百毫克每立方米。特别是两台刮板输送机或胶带机相对同时开动时,矿尘浓度会更高。如果煤仓口无防尘措施并且刮板输送机(或胶带)巷道又为进风巷道时,那么高浓度矿尘对巷道污染将蔓延几十米甚至上百米,造成整个巷道周壁和电气设备上大量积尘,潜伏事故隐患。此外,考虑运输方便等原因,煤仓一般处于进风巷道中,对进入回采工作面的风源会带来严重污染。消除煤仓口矿尘飞扬的简单方法是实现全封闭式喷雾和局部隔离净化。

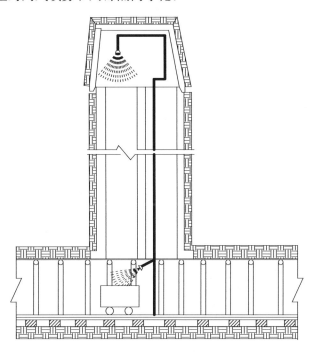

图 7.55 采区煤仓上部进料及下部装运喷雾降尘示意图

全封闭式水喷雾捕尘灭尘是煤仓进料口的主要防尘方式,如图 7.56 所示。用环状金属管制成的圆形微孔喷雾器,其直径等于或略大于煤仓口直径。迎风挡板可用木材、胶带或塑料板制成,板面与风流呈钝角安装,引导新鲜风流从喷雾环上部通过。隔离滤网使用透气塑料编织物或细金属丝编织物制成,最好为 2~3 层,使喷雾环的水雾不能沉降的粉尘在此通过碰撞而得到沉降[74]。

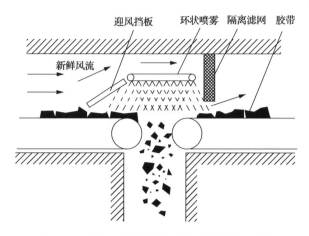

图 7.56　煤仓口进料封闭式水喷雾除尘示意图

　　煤从煤仓下部装运口卸入矿车,无法布置密封罩进行封闭喷雾降尘。通常将喷嘴布置在卸料口同侧,指向运料机车进行喷射,利用雾流对卸料口进行覆盖,抑制粉尘飞扬,如图 7.57[75]所示。空心锥和实心锥喷嘴的覆盖范围大、雾滴粒径小,降尘效果较好。喷雾启闭的控制方式有光电式或点触式自动控制。

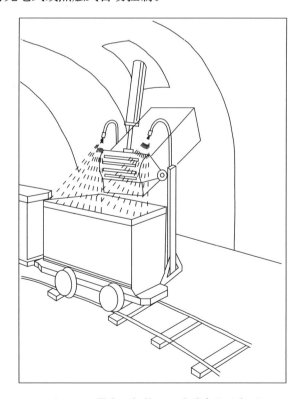

图 7.57　煤仓下部装运口喷雾降尘示意图

5. 翻笼喷雾

煤由采掘工作面运到翻笼硐室,沿程各工序虽都已进行多次喷雾除尘,但仍有一部分粉尘在翻笼卸煤时在剪切风流作用下而被扬起,因翻笼大多位于矿井主进风流中,故不能忽视翻笼的喷雾降尘工作。

如图 7.58 所示为用于翻笼的喷雾洒水装置[72];安装在翻笼旁的喷嘴应保证矿车与煤仓之间的整个空间为水幕遮挡,使卸出的煤(或矸)湿润和将悬浮的矿尘沉降。为此,顺翻转方向一侧的喷嘴安装位置要稍高,喷雾可用电磁阀或电磁铁牵引的阀门控制喷嘴工作[71]。

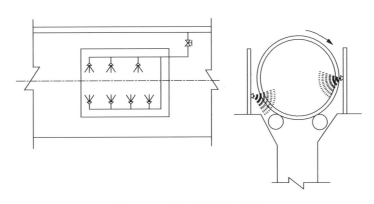

图 7.58 翻笼喷雾降尘示意图

### 7.3.4 巷道全断面喷雾降尘

在含尘浓度较高的风流所通过的巷道中,如采掘工作面、中央煤仓翻笼、锚喷作业等地点的回风道,粉尘已经均匀地分散在空气中。因此需要布置全断面巷道喷雾设备,对整个断面内通过的风流进行净化,喷雾主要发挥捕尘的作用。巷道全断面喷雾降尘装备主要分为固定式巷道喷雾降尘装备和移动式喷雾降尘装备两种。

在含尘量较大的区域可利用多个喷雾器形成水幕进行固定式全断面喷雾,使悬浮的矿尘沉降。《煤矿安全规程》规定:采煤工作面回风巷应至少安设两道风流净化水幕,并宜采用自动控制风流净化水幕。

1. 风流净化水幕的布置方式

在装车点、采掘工作面、中央煤仓翻笼等地点的回风道,有时要设 2～3 道水幕。对于装煤点,第一道风流净化水幕必须设置在下风侧 20m 内。对于采煤工作面回风巷的水幕,应随采煤工作面的推进及时移动。距离工作面 25～50m 处应安设第一道风流净化水幕,距离 80～100m 处安设第二道净化水幕。

为提高捕集采煤工作面粉尘的效率,目前我国矿井采用滤网与净化水幕配合使用,用以阻拦和捕集空气中的煤尘。采用双层耐压纱网制成一个覆盖全断面的拦截面,该网的网眼率为 52%～57%,网眼孔径为 5mm,纱网留有供行人通过的可启闭小门,如图 7.59 所示。水幕的水压控制在 1.4～1.5MPa,在敷设于巷道顶部或两帮内径为 19.05～25.4mm 的供水管上布置 9～10 个喷嘴,保持 0.8～1t/h 的耗水量。一般情况下,经第三道水幕后降尘率可达 95% 以上。

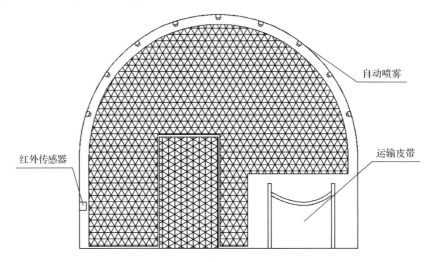

图 7.59　粉尘浓度超限自动喷雾空间布置(正视图)

### 2. 喷雾控制系统

安装在运输巷的水幕应该是自动的,避免人行和车辆通过时被水雾淋湿[69]。喷雾的启闭可由粉尘传感器控制,粉尘浓度测试仪设定了极限粉尘浓度值,当粉尘浓度超过此值时,喷雾器开启进行喷雾降尘,粉尘浓度降至设定值以下时,喷雾开关自动关闭。此外,在巷道中净化风流两侧安装红外线传感器,当有人经过时,红外传感器检测到人体散发出的热量,可以自动停止喷雾,延时 0～180s(可调)后,自动恢复喷雾洒水。控制系统原理图和自动喷雾水幕实物分别如图 7.60 和图 7.61 所示。

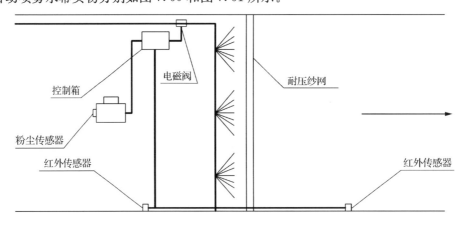

图 7.60　水幕自动喷雾控制系统原理图

图 7.61 粉尘浓度超限自动喷雾水幕

## 7.4 本 章 小 结

喷雾降尘是矿井防尘最常采用的技术之一。喷雾对粉尘的降尘作用分为抑尘和捕尘。抑尘是水雾作用在尘源上阻止粉尘向空气中逸散,捕尘则是雾滴对空气中粉尘湿润使其沉降。捕尘是通过液滴与粉尘粒子的惯性碰撞、拦截以及凝聚、扩散等作用实现捕捉,其被捕捉的概率与雾滴直径、粉尘受力情况等有关。由于悬浮粉尘与雾流的作用机理复杂,且实现对粉尘的高效捕捉难度较大,因而捕尘作用是喷雾降尘技术研究的重点。

雾化的本质是依靠空气动力和惯性力来克服液体的黏性力和表面张力,使液体的连续性发生破坏,从而产生粒径极小的雾滴。雾化效果一方面取决于喷嘴的结构,另一方面取决于供水及供气的工况参数。煤矿井下常用的雾化方法分为水力雾化和空气雾化,水力雾化方式虽系统简单但要求的供水压力较高,而空气雾化方式虽供水压力要求较低但系统较复杂。

煤矿井下产尘地点较多,各有特点。其中采煤机和掘进机的截割产尘是井下治理难度最大的尘源,其特点是产尘量极大、尘源暴露在风流中、截齿的冲击使粉尘具有逸散的初速度,通常利用内喷雾进行抑尘,利用外喷雾进行捕尘。对采煤机进行跟踪喷雾时,要求喷雾与采煤机的运行状态密切配合。

### 参 考 文 献

[1] McPherson M J. Subsurface Ventilation and Environmental Engineering. Chapman & Hall, USA, 1993

[2] Lee K W, Liu B Y H. On the minimum efficiency and the most penetrating particle size for fibrous filters. Journal of the Air Pollution control Association, 1980, (30): 377-381

[3] Rocha E. PowerPoint presentation slide # 43 presented by E. Rocha, General Manager, Spraying Systems do Brasil Ltda. Spray Technology Workshop for Pollution Control at Spraying Systems do Brasil Ltda, São Bernardo do Campo, Brazil. http://www. spray. com[2014-05-10]

[4] Andrew B C,Andrew D O,Jeseph S,et al. Dust Control Handbook for Industrial Minerals Mining and Processing . Department of Health and Human Services,Centers for D isease Control and Prevention,National Institute for Occupational Safety and Health. 2012. http://www. cdc. gov/niosh/[2014-05-10]

[5] 徐立成,孙和平. 超声雾化抑尘器及其应用. 工业安全与防尘,1995,5:13-15

[6] 叶钟元. 矿尘防治. 北京:中国矿业大学出版社,1991:2

[7] 李新宏. 高压喷雾在掘进工作面应用研究. 西安:西安科技大学硕士学位论文,2011:22-23

[8] 陈海安. 高压喷雾在炮采工作面应用研究. 西安:西安科技大学硕士学位论文,2010:31

[9] 刘向升. 综放工作面支架喷雾降尘装置的选择及优化. 青岛:山东科技大学硕士学位论文,2007:25

[10] 邓云. 纵轴式掘进机外喷雾的数值模拟与优化设计. 阜新:辽宁工程技术大学硕士学位论文,2010:18-20

[11] Martin M. Dust Control Handbook for Minerals Processing. https://www. osha. gov/dsg/topics/silicacrystalline/dust/dust_control_handbook. html[2014-10-10]

[12] Langmuir I,Blodgett K B. A mathematical investigation of water droplet tragectories. U S Army Air Forces, Tech. Tept. No. 5418. 40,1948

[13] McCully C R,Fisher M,Langer G,et al. Compounds present in cloud condensation nuclei that produced cloud droplets. Ind Eng Chem,1956,48(9):1512-1516

[14] Oakes B. Laboratory experiments Relating to the wash-out of particals by rain//Richardson E G. Aerodynamic Capture of Particles,London:Pergamon Press,1960:179-193

[15] Pemberton C S. Scavenging action of rain on non wettable particulate matter suspended in the atmosphere//Richardson E G. Aerodynamic Capture of Particles. London:Pergamon Press,1960:168-178

[16] Chander S,Alaboyun A R,Aplan F F. On the mechanism of capture of coal dust particles by spray. Symposium on Respiraable Dust in the Mineral Industries,Society for Mining,Metallurgy,and Exploration,1991:193-202

[17] 穆宏志. 煤矿防尘与粉尘检测. 济南:黄河出版社,1992:57,58

[18] 刘毅. 综采工作面粉尘运动规律及高压喷雾除尘技术的研究. 北京:北京科技大学硕士学位论文,2006

[19] 李高峰. 综采工作面高效喷雾降尘技术研究. 西安:西安科技大学硕士学位论文,2010:30-31

[20] 黄俊. 水射流除尘技术. 西安:西安交通大学出版社,1993

[21] 傅贵,金龙哲,徐景德. 矿尘防治. 徐州:中国矿业大学出版社,2002:79

[22] Yang U,Wu Q,Wang X W,et al. Wetting Behaviour between Droplets and Dust. Chin. Phys. Lett,2012,29(2):026802-1-4

[23] 郑仰昕. 薄煤层煤尘弱水防治技术及其工艺过程研究. 青岛:山东科技大学硕士学位论文,2005

[24] Yang J,Wu X K,Gao J G,et al. Surface characteristics and wetting mechanism of respirable coal dust. Mining Science and Technology,2010,20(3):365-371

[25] 王树德,隋金军,胥奎. 煤矿采掘工作面高压喷雾降尘技术规范. 国家安全生产监督管理总局. AQ 1021-2006. 2006

[26] 陈颖. 煤矿胶带输送机转载点喷雾降尘系统的研究. 北京:北京化工大学硕士学位论文,2009:18

[27] 侯凌云,侯晓春. 喷嘴技术手册. 北京:中国石化出版社,2002:63,64

[28] 顾恒祥. 燃料与燃烧. 西安:西北工业大学出版社,1993:122

[29] 谢兴华. 燃烧理论. 徐州:中国矿业大学出版社,2002:140

[30] 王喜忠,于才渊,周才君,等. 喷雾干燥(第二版). 北京:化学工业出版社,2003:77-89

[31] 邓云. 纵轴式掘进机外喷雾的数值模拟与优化设计. 阜新:辽宁工程技术大学硕士学位论文,2010:21-22

[32] 汪新智. 双通道气流式雾化喷嘴模拟计算与优化. 哈尔滨:哈尔滨工业大学硕士学位论文,2013:2,3

[33] 王喜忠,于才渊,周才君,等. 喷雾干燥(第二版). 北京:化学工业出版社,2003:50-53

[34] 安辉. 内混合式双流体渣油雾化喷嘴的试验研究. 大连:大连理工大学硕士学位论文,2003:2,3

[35] 李新宏. 高压喷雾在掘进工作面应用研究. 西安:西安科技大学硕士学位论文,2011:4-6

[36] 周刚. 综放工作面喷雾降尘理论及工艺技术研究. 青岛:山东科技大学博士学位论文,2006

[37] Merritt P C. The wet head miner comes back. Coal Age,1987,92:44-46

［38］ Phillips H R. To establish the current status of research,development and operational experience of wet head cut-ting drums for the prevention of frictional ignitions. Johannesburg:Safety in Mine Research Advisory Committee (SIMRAC),Report COL 426,1997

［39］ Jay F C,James P R,Jeffrey M L. Best Practices for Dust Control in Coal Mining . Department of Health and Hu-man Services,Centers for Disease Control and Prevention,National Institute for Occupational Safety and Health. 2010. http://www. cdc. gov/niosh［2014-05-10］

［40］ 穆宏志. 煤矿防尘与粉尘检测. 济南:黄河出版社,1992:166-176

［41］ 卢鉴章,王茂吉,陈治中,等. 煤矿安全手册第三篇矿井粉尘防治. 北京:煤炭工业出版社,1992:106,107

［42］ 王建阳,王维山. 矿尘防治. 太原:山西科学技术出版社,1993:36

［43］ 叶钟元. 矿尘防治. 徐州:中国矿业大学出版社,1991:109

［44］ 傅贵,金龙哲,徐景德. 矿尘防治. 徐州:中国矿业大学出版社,2002:78-88

［45］ 刘向升. 综放工作面支架喷雾降尘装置的选择及优化. 青岛:山东科技大学硕士学位论文,2007:68,69

［46］ 常海虎,刘子龙. 矿尘防治. 北京:煤炭工业出版社,2007:88

［47］ 刘德政. 煤矿"一通三防"实用技术. 太原:山西科学技术出版社,2007:350

［48］ 刘向升. 综放工作面支架喷雾降尘装置的选择及优化. 青岛:山东科技大学硕士学位论文,2007:71

［49］ 李忠,卢进南,谢苗. EBZ-160A 型掘进机高压喷雾系统的设计. 煤矿机械,2009,30(11):143-145

［50］ 张佃龙,曹拓,孔锐,等. 掘进机加强型前置外喷雾装置. CN201972705 U,2011

［51］ 穆宏志. 煤矿防尘与粉尘检测. 济南:黄河出版社,1992:102

［52］ Cummins A B,Given I A. SME Mining engineering handbook,Vol 1. New York:Society of Mining Engineers of the American Institute of Mining,Metallurgical,and Petroleum Engineers,Inc,1973

［53］ ILO. Guide to the prevention and suppression of dust in mining,tunnelling,and quarrying. International Labour Office,Geneva,Switzerland; Atar,South Africa,1965

［54］ 卢鉴章,王茂吉. 煤矿安全手册第三篇矿井粉尘防治. 北京:煤炭工业出版社,1992:54

［55］ 穆宏志. 煤矿防尘与粉尘检测. 济南:黄河出版社,1992:82-86

［56］ 叶钟元. 矿尘防治. 徐州:中国矿业大学出版社,1991:112

［57］ 王建阳,王维山. 矿尘防治. 太原:山西科学出版社,1993:39

［58］ Kost J A,Yingling J C,Mondics B J. Guidebook for dust control in underground mining. Bituminous Coal Research Inc U S Bureau of Mines contract J0199046. NTIS No PB 83-109207,1981

［59］ Kissell F N,Stachulak J S. Underground hard-rock dust control. In:Kissell FN,ed. Handbook for dust control in mining. Pittsburgh,PA:U. S. Department of Health and Human Services,Centers for Disease Control and Preven-tion,National Institute for Occupational Safety and Health,DHHS (NIOSH) Publication No 2003-147,IC 9465, 2003:83-96

［60］ Organiscak J A,Jankowski R A,Kelly J S. Dust controls to improve quality of longwall intake air. Pittsburgh,PA: U. S. Department of the Interior,Bureau of Mines,IC 9114. NTIS No PB 87-167573,1986

［61］ Shirey C A,Colinet J F,Kost J A. Dust control handbook for longwall mining operations. BCR National Laborato-ry. U. S. Bureau of Mines contract J0348000. NTIS No PB86-178159/AS. ,1985

［62］ Stahura R P. Conveyor belt washing:Is this the ultimate solution? TIZ-Fachberichte,1987,111(11):768-771

［63］ Baig N A,Dean A T,Skiver D W. Successful use of belt washers. Proceedings of the American Power Conference. Chicago,IL Illinois Institute of Technology,1994:976-978

［64］ 李新东,许波云,田水承. 矿山粉尘防治技术. 西安:陕西科学技术出版社,1995:134

［65］ Jankowski R A,Colinet J F. Update on face ventilation research for improved longwall dust control. Min Eng, 2000,52(3):45-52

［66］ USBM. Technology news 224:Improved stageloader dust control in longwall mining operations. Pittsburgh,PA:U S Department of the Interior,Bureau of Mines,1985

［67］ Kelly J,Ruggieri S. Evaluate fundamental approaches to longwall dust control:subprogram C:Stageloader dust control. Foster-Miller,Inc U S Bureau of Mines contract J0318097. NTIS No DE 90-015510,1990

[68] Rider J P,Colinet J F. Current Dust Control Practices on U S Longwalls. 2007 Longwall USA, Pittsburgh, PA,2007

[69] 李新东,许波云,田水承. 矿山粉尘防治技术. 西安:陕西科学技术出版社,1995:134

[70] Mike B. A Guide to Spray Technology for Dust Control. http://www. spray. cpm[2014-05-10]

[71] 常海虎,刘子龙. 矿尘防治. 北京:煤炭工业出版社,2007:89,90

[72] 叶钟元. 矿尘防治. 徐州:中国矿业大学出版社,1991:119-121

[73] 贾惠艳. 皮带运输系统转载点粉尘析出逸散规律及数值模拟研究. 阜新:辽宁工程技术大学博士学位论文,2007

[74] 李新东,许波云,田水承. 矿山粉尘防治技术. 西安:陕西科学技术出版社,1995:138

[75] 李崇训. 粉尘. 修订版. 北京:煤炭工业出版社,1990:51

# 第8章 泡沫降尘

泡沫降尘是将发泡剂按一定比例与水混合形成发泡剂溶液,通过发泡器将空气引入发泡剂溶液并产生泡沫,利用喷头将泡沫喷射于尘源,实现对粉尘的抑制和沉降。与水雾比较,泡沫具有接尘面积大、润湿粉尘能力强、吸附粉尘性能好的特点,可显著提高降尘效果。本章介绍泡沫基础特性及降尘原理、泡沫降尘技术及在煤矿井下的应用。

## 8.1 国内外矿用泡沫降尘技术概况

自20世纪中叶以来,国外先后在矿山钻孔凿岩地点、运输皮带转载点、机采工作面和机掘工作面试验和应用了泡沫降尘技术。早在1946年,英国肯特(Kent)、约克郡(Yorkshire)和南威尔士(South Wales)矿区的一些煤矿就在硬岩打钻时试验了泡沫降尘技术,即将泡沫注入钻眼,使粉尘在排出钻孔之前被泡沫湿润和抑制,取得了较好的降尘效果,如当时对一个煤矿采用泡沫降尘前后的粉尘浓度进行测量,凿岩作业中的平均粉尘浓度从干式打眼的2000~3000粒/cm³[1~3],平均降尘效率达到了83.6%。20世纪60~70年代,匈牙利劳工协会[4]以及加拿大麦吉尔大学[5,6]也进行了相关研究,降尘效果较显著,如匈牙利劳工协会的实测结果表明泡沫凿岩时的降尘效率达到了87.6%。

1966~1967年,苏联卡拉干达煤田的研究人员试验了数十种不同浓度的阴离子表面活性剂[7,8],研制了高倍数空气机械泡沫发生器,并在放炮点、采煤机、凿岩机等多个产尘点进行了试验,降尘效果显著。当时苏联科学家马克尼[9]在这方面也做了大量工作,他和全苏表面活性剂科研所联合研制了一种符合卫生和技术要求的起泡剂,与国立煤矿机械设计与实验研究所、顿涅茨煤矿机械设计院共同研制了一种在采煤机上使用的泡沫降尘设备,并在顿巴斯中心区的七个煤层进行泡沫降尘试验。结果表明,在缓倾斜煤层的降尘效率为94%以上,在急倾斜煤层的降尘效率为80%~90%。

1969~1970年,美国矿业局(United Sates Bueau of Mines)委托蒙桑特开发(Monsanto Research)公司和代顿实验室(Dayton laboratory)研究泡沫除尘技术,建立了实验室粉尘产生装置和泡沫降尘系统,改进了原有的泡沫发生器,将预混好的发泡液由压缩空气压入发泡器中,喷射到发泡网上,再由空气鼓吹发泡网发泡[10],如图8.1所示。

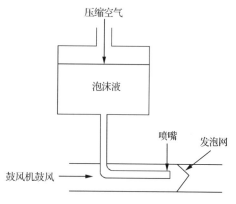

图8.1 美国采用的发泡器结构示意图

1971～1974 年,美国矿业局与迪特(Deter)公司[11,12]在俄亥俄州一处煤矿的采区皮带巷转载点采用泡沫抑制输煤过程粉尘的产生和飞扬,并与喷雾进行了比较。测试结果表明,采用泡沫降尘后,该转载点总粉尘浓度由 68.6mg/m³ 降低到 5.3mg/m³(降尘效率为 92.3%),呼吸性粉尘浓度从 5.7mg/m³ 降低到 0.2mg/m³(降尘效率为 96.5%);而采用喷雾时的总粉尘降尘效率为 57.7%,呼吸性粉尘的降尘效率为 56.1%。同时研究了泡沫尺寸大小和除尘效率之间的关系。其研究发现:微小泡沫比大泡沫更稳定,粉尘颗粒在与泡沫发生接触后,泡沫基本上不发生变化,捕尘效果好;另外,粉尘颗粒容易穿入到微小泡沫内部,导致泡沫破裂,进而湿润粉尘。据此,Deter 公司通过试验得出气泡直径为 100～200μm 的微泡沫,除尘效率最高。另外,该公司设计了以孔隙填充式发泡器制备微泡沫的降尘系统,并在多家煤矿和水泥厂等企业获得广泛应用。

1971～1973 年,美国矿业局与蒙桑特开发(Monsanto Research)公司[13]在两个连采机掘进面进行了高倍数泡沫抑制煤尘的试验。测试数据显示,泡沫对总粉尘的降尘效率比水雾高出 50%。为了获得足够的数据,1973～1975 年,美国矿业局又与矿山安全应用开发(Mine Safety Appliance Research)公司在一个连采机掘进面进行了泡沫与喷雾降尘技术的进一步评估和粉尘浓度采样测试。结果表明,在司机处泡沫对呼吸性煤尘的降尘效率比水喷雾提高了 27%～32%。

20 世纪 70 年代中期,随着美、苏、波兰等国表面活性剂工业的发展,泡沫降尘技术在生产中得到广泛的应用,并研制出了多种规格的廉价发泡剂;此后,又根据不同尘源的要求,开发出不同型号的泡沫降尘配套系列产品。1970～1972 年,苏联卡拉干达矿区在连采机上采用高倍数泡沫降尘[14],降尘效率比普通喷雾提高 2～5 倍,耗水量减少 80%～90%;在急倾斜采煤工作面效率比水喷雾提高 1～1.5 倍,耗水量减少 2/3～3/4[15]。

20 世纪 80 年代初,美国矿业局研制出了压缩空气型泡沫降尘装置。它是先将压缩空气、水、表面活性剂用混合机强行混合后,再送至发泡装置的金属网处,形成小泡沫,再通过导管,向指定地点喷射。他们用该装置于 1983 年和 1984 年分别在位于西弗吉尼亚州和犹他州的两处煤矿的长壁工作面进行试验[16,17]。结果发现,其降尘效率高出喷雾降尘 50%,而耗水量只有喷雾降尘的 1/5～1/10,其缺点是成本太高。

1983 年,日本的山尾信一郎、梅津富等[18]进行了泡沫降尘的研究,分析了网式泡沫喷射器的工作参数,并在采煤机上进行泡沫喷射器不同安装方式的除尘试验。试验结果显示,泡沫降尘比水雾除尘可使空气中悬浮煤尘含量降低 40%～50%。

我国对泡沫降尘技术的研究始于 20 世纪 80 年代末,1984～1986 年,煤科院上海研究所[19]进行了掘进机泡沫降尘模拟试验,但未进行现场应用。1988～1990 年,湖北省劳动保护科学技术研究所开展了矿山凿岩的泡沫降尘技术研究,在湖北省来凤县五台煤矿的毛口灰岩钻孔凿岩地点,将泡沫通过凿岩机的中心孔送入炮孔底部抑制粉尘逸出[20,21]。试验结果表明:钻孔泡沫降尘效率达到了 90% 以上,且用水量为湿式凿岩的 1/25～1/50。

20 世纪 90 年代后期,北京科技大学蒋仲安等[22,23]探讨了泡沫降尘模拟试验中的相似准则数,对泡沫降尘机理和发泡剂配方的要求进行了总结分析,开展了泡沫发生器的结构和性能实验,研究了运输机胶带转载点和爆破作业的泡沫降尘系统。

综上所述,国内外在矿山泡沫降尘技术及应用方面开展了较多的研究并取得了一些成果,但由于矿井条件复杂,加之泡沫降尘技术还面临降尘泡沫制备困难、运行成本高的瓶颈,严重阻碍了该技术的发展和应用。进入 21 世纪以来,作者带领团队针对以上瓶颈问题开展了创新性研究,开发出一套较完备的煤矿井下泡沫高效降尘技术,包括一种经济、环保和高效的发泡剂、小流量发泡剂的准确添加方法、低能耗和高可靠性的泡沫制备装置和可高效包裹尘源的泡沫喷射装置,该技术已在现场获得广泛应用并取得显著效果,成为了煤矿井下高效降尘的关键技术之一。

## 8.2　泡沫基础特性及降尘原理

### 8.2.1　泡沫的形成

泡沫通常是指由液体薄膜隔离开的气泡聚集体。在液体泡沫中,液体和气体的界面起着重要作用。仅有一个界面的,称为气泡,具有多个界面的气泡的聚集体,则称为泡沫,即泡沫由无数小气泡聚集而成,气相被分隔在小气泡内,而液相构成的液膜之间相互连通。泡沫主要通过充气、搅拌等方式使气相分散在液相中产生。发泡的过程就是将机械能转化为气液界面的表面能,使体系内的界面面积增大。由于气、液两相形成的泡沫结构具有较高的表面能,在表面张力的作用下,界面会自动发生收缩,局部的气泡又在不断地发生破裂和生成,泡沫体系始终处于动态变化的过程中。

一般来说,纯水不会产生泡沫。要实现发泡,一方面要提供连续的起泡动力,通过增强气液混合强度来提高气泡产生速率,使新气泡产生的速率高于气泡破裂的速率,使整体上泡沫的体积和气泡的数量增长;另一方面由于在纯水中气泡产生后会在几秒钟内发生破裂,难以形成泡沫,如图 8.2(a)所示,因此需要向水中添加化学物质,减缓气泡的破裂速率。

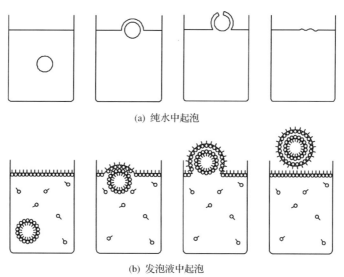

(a) 纯水中起泡

(b) 发泡液中起泡

图 8.2　不同介质中起泡现象

　　向水中添加的化学物质被称为发泡剂。其主要成分是表面活性剂,加入很少量就能显著降低水的表面张力,由于它们被吸附在气液界面上,在气泡之间形成稳定的薄膜而产生泡沫。表面活性剂分子的一端为亲水基团,另一端为疏水基团,因此表面活性剂溶于水中后疏水基团受到水分子的排斥会吸附在气液界面上,亲水端伸入水中,疏水端伸入空气中。在气液界面被表面活性剂分子排满后多余的表面活性剂会形成胶束分散在溶液中,如图 8.2(b)所示。在气液混合时,产生的气泡在两相体系内形成了新的气液界面,分散在溶液中的表面活性剂分子会自发地运动到界面处形成新的单分子层。正是气液界面上形成了单分子层,使得界面表面张力降低、液膜具有了弹性,降低了破裂、收缩的速率,此外分散在溶液内部的发泡剂增大了液相的黏度,也是降低气泡破裂速率的重要原因。

　　当促使新气泡产生的动力消失后,没有新生的气泡补充到泡沫体系内,而现有的气泡在不断地发生破裂,随着时间的延长,泡沫的体积将逐渐减小,最后完全消失。气泡发生破裂有三种原因:一是在外部冲击力的作用下使液膜发生破裂;二是在重力和表面张力的作用下液膜内的液体排出;三是小气泡内的气体向相邻的大气泡中扩散,导致液膜面积减小。影响泡沫破裂的主要因素是液膜的强度。降尘泡沫对其稳定性的要求较低,这是为避免泡沫在井下作业空间的过多堆积而影响作业,通过提高泡沫发泡倍数等措施,使液膜变薄就能达到该目的。

### 8.2.2　矿用降尘泡沫系统

　　针对井下条件和泡沫制备的需求,一般的矿用泡沫降尘系统如图 8.3 所示。系统所用动力源为井下作业点现有的压风和压力水,利用发泡剂添加装置将发泡剂按比例添加到水管路中,形成发泡液,空气与发泡液在泡沫发生器中,通过物理机械发泡产生高性能降尘泡沫,由泡沫分配器均匀分配至泡沫输送管路,最终通过喷射装置形成泡沫射流,喷洒至产尘点,进行泡沫降尘。

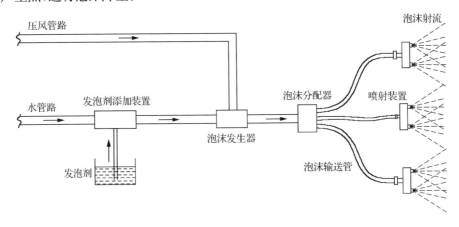

图 8.3　泡沫降尘系统示意图

　　降尘泡沫由水、发泡剂及空气经混合发泡形成,其中,水可直接取自井下防尘系统供水,防尘供水系统是矿井综合防尘最重要的基础部分,矿井供水的来源主要是地表水和矿井水,也可以是工业或生活用水,一般井下防尘供水中的水质、流量和压力,经适当处理和调节,均可满足泡沫降尘系统供水要求;降尘泡沫所需空气一般由矿井压风系统提供,矿井压风系统是矿井必备的基础设施,由空气压缩机、压风管路、阀门等装置构成,空气压缩机通常放置在地面,通过压风管路将压缩空气输送到各个用风地点,对于没有压风管路的作业地点,可以采用泡沫制备装置自吸空气的方法。

泡沫降尘具有降尘率高、耗水量小的独特优点,尤其是对呼吸性粉尘具有很强的捕获能力,其技术优势的具体实现涉及降尘发泡剂性能、发泡剂的添加、泡沫的产生和泡沫的喷射(利用)四个关键问题。根据煤矿井下特殊的环境要求和应用条件,泡沫降尘制备必须具备以下特性:

(1)降尘发泡剂能够在低浓度时高性能起泡,发泡剂润湿性强,润湿粉尘速度快,发泡剂不含有毒有害组分,能够实现经济性、降尘效果和环保性三者的统一;

(2)发泡剂的添加必须稳定可靠,添加装置简单、安全,易于操作,动力源应因地制宜利用采掘点已有的防尘供水条件,发泡剂可实现低比例下的自动连续添加,添加精度高,阻力损失小,添加装置工作所需压力低,受水压变化的影响小,抗干扰能力强;

(3)泡沫发生器具有高效发泡性能,产泡能力强,耗水量小,发泡倍数高,发泡过程阻力损失小,装置出口压力高,可实现泡沫在高驱动压力下的传输,泡沫发生器内部结构简单可靠,操作简单,维护方便,能够适应煤矿井下水质差,水压浮动的特殊要求;

(4)泡沫喷射装置喷出的泡沫不发生破裂雾化,泡沫喷射均匀,泡沫射流动量大,能对尘源进行有效的包裹与覆盖,泡沫喷射装置的安装要简单灵活,可适用于不同的采掘设备。

### 8.2.3　泡沫降尘原理

泡沫对粉尘的作用可分为抑尘和捕尘,与水雾不同,泡沫为气液两相混合体,具有较大的气液界面面积,增大了与粉尘的接触面积,而且泡沫中含有发泡剂成分,增强了泡沫的润湿性能,能够快速润湿粉尘,泡沫具有堆积性以及黏附性,可以在尘源处形成包裹层,抑制粉尘的产生,同时,泡沫喷射时形成的连续泡沫体,可通过有效包裹尘源而捕获和沉降已经产生的浮尘,因此,泡沫降尘的效果比喷雾降尘有显著的提高。依据泡沫抑尘和捕尘的作用机理,影响泡沫降尘效果的因素有两个:一是泡沫本身的特性,主要是液膜的表面积与湿润能力;二是降尘泡沫喷射过程中的射流工况参数,即射流的形状、流量和速度。

#### 1. 泡沫的抑尘作用

泡沫抑尘的本质是在粉尘及煤岩体的表面形成液膜,利用液相分子之间的吸引力使小颗粒粉尘相互聚团并黏附在大块煤岩的表面,失去向空气中分散的能力。泡沫抑尘的作用对象为两种:一是沉积粉尘;二是新生粉尘。

沉积粉尘是因自重而沉降在产尘源附近区域的粉尘,一旦有风流或机械的扰动就会重新扩散到空气中,对于这类粉尘,只要使其保持湿润就能达到满意的抑尘效果。由于泡沫的液膜面积较大,又含有可大幅度降低水表面张力的表面活性剂,因此,泡沫对沉积粉尘的抑制效果比水雾效果好。新生粉尘是采掘机械或其他动力对煤岩的截割、破碎或爆破过程中产生的粉尘,这类粉尘具有向空气中分散的初动能,利用水喷雾通常达不到满意的湿润效果,因为呈离散状态的雾滴粒径小、能量低,难以有效地作用在尘源处,但由于泡沫的体积大、润湿能力强、黏度大,可对尘源处的粉尘及扩散通道进行润湿与封堵。因泡沫由无数小气泡构成,泡沫的液膜形成了若干封堵层,即使粉尘颗粒具有较大的初始动能也难以穿透。因此泡沫能够大幅度提升对新生粉尘的抑制效果,甚至把粉尘完全抑制在产尘源处。图 8.4 为掘进过程中泡沫抑尘的实施效果图。

图 8.4　掘进机泡沫抑尘实施效果图

### 2. 泡沫的捕尘作用

泡沫的捕尘作用主要发生在泡沫射流段,其作用机理如图 8.5 所示[24]。当具有一定速度的泡沫(图 8.5 中 a)向粉尘运动(图 8.5 中 b)时,粉尘经过碰撞、截留和扩散等一系列作用后到达泡沫表面(图 8.5 中 c),被泡沫所黏附(图 8.5 中 d),由于液膜表面黏附的粉尘量不断增大,使得液膜内的液体聚集在粉尘表面,其他区域的液膜将变薄,并且由于受到空气摩擦力的作用,一部分泡沫将发生破裂,最终形成许多包裹粉尘的气泡(图 8.5 中 e),在重力作用下降落到地面,而未离开泡沫流的粉尘会跟随泡沫流运动,最终在重力的作用下沉降。

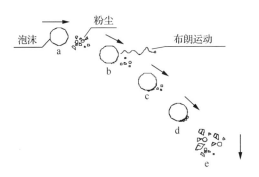

图 8.5　泡沫捕尘原理

水雾捕尘是依靠分散在空间内的雾滴对悬浮粉尘的捕捉,主要通过降低雾滴粒径的方式来增大捕捉粉尘的概率,但在喷雾距离较远时雾滴密度下降,捕尘能力减弱。在耗水量相等的条件下,泡沫流量可达水雾的几十倍,因此泡沫射流段能够在较远射程下仍有较高的捕尘能力,可对悬浮粉尘区形成连续的捕尘面。此外,泡沫对粉尘有较强的截留效应、惯性碰撞和扩散作用,并且泡沫具有比水滴大得多的液膜表面积、湿润能力与黏附能力,因而泡沫捕尘的效果优于常规的喷雾降尘技术。

泡沫的捕尘效果主要取决于泡沫射流段与浮尘的作用概率,只有当泡沫射流把悬浮粉尘封闭在尘源附近较小的空间内时,才能达到高效捕尘的目的。因此泡沫降尘效果还取决于泡沫喷射特性,主要是喷射速度、泡沫流量、气泡直径和射流形状这 4 个泡沫喷射参数。

1) 喷射速度

泡沫喷射的速度主要由喷嘴出口的直径和压力决定。由于在喷嘴与尘源间存在一定的距离,喷射过程中泡沫流会受到空气阻力和重力的作用,如果喷射速度过低,则泡沫无法到达产尘点,而喷射速度过快将加剧空气阻力和摩擦力对泡沫流的作用,引起大量气泡在喷射过程中破裂甚至雾化,造成泡沫流的连续性变差,不利于在射流段形成捕捉悬浮粉尘的连续面。

2) 泡沫流量

为了提高泡沫射流与浮尘的作用概率,一般通过增大喷口面积的方式提高泡沫射流的厚度,从而增强射流段抵抗空气阻力和摩擦的能力,保证泡沫运动到尘源之前不发生明显的分散。喷口面积的增大意味着在相同的速度条件下需要更高泡沫的流量,若泡沫流量不足,将无法形成包围含尘气流的连续面,也无法使泡沫准确冲击截割产尘区域。而流量过大,不仅增大成本,而且会导致泡沫堆积,恶化工作环境。因此,泡沫流量必须根据现场实际情况进行调节。

3) 气泡直径

气泡大小是影响泡沫捕尘效果的关键,气泡直径受喷射速度影响显著,喷射速度越大,气泡拉伸变形越严重,大气泡越易破裂,小直径气泡越多,形成的泡沫包裹层越致密,泡沫流量一定时,相应的泡沫射流厚度也变薄,泡沫层对粉尘的隔断性有所降低。

4) 射流形状

泡沫射流的外形必须依据尘源的几何形状及位置进行专门的设计,包括实心锥、空心锥、平扇形、弧扇形等。泡沫形状的设计一方面要尽量保证在喷射过程中泡沫流保持较高的连续性,从多个喷嘴喷出的泡沫射流能够共同形成捕捉悬浮粉尘的封闭面,另一方面要实现泡沫对尘源的准确喷射和均匀覆盖,尽量使所有泡沫都用于填充、封堵粉尘逸散通道,降低泡沫射流的重叠率,充分提高泡沫利用率。

以上 4 个参数之间的关系并不是相互独立的,而是相互依赖、相互制约的。其中泡沫的流量由射流速度和喷口截面面积大小共同决定,而在设计喷射装置时必须同时考虑喷口的截面面积和泡沫流的形状。因此,在确定泡沫射流工况参数时要综合考虑上述 4 个方面的要求,使泡沫的利用率达到最高。

## 8.3 降尘发泡剂

降尘发泡剂是制备泡沫中用量最小,但却是最关键的物质,直接影响泡沫的性能、降尘效果和使用成本。不同成分的降尘发泡剂其性能差别很大,优质降尘发泡剂需要实现使用比例低、发泡倍数高、润湿性强和环保性好的目标,这样才能够降低泡沫制备成本,提高泡沫的降尘效果。

### 8.3.1　降尘发泡剂的基本要求

发泡剂是一类能显著降低水的表面张力,具有良好起泡性能的物质,主要成分为表面活性剂。不同用途的发泡剂对其性能要求也各不相同,例如泡沫浮选要求发泡剂对矿物颗粒的吸附性强,泡沫驱油则要求发泡剂具有耐高温性并且泡沫稳定性好[25,26]。根据煤矿井下的特殊环境和应用条件,降尘发泡剂必须具备以下特性:

(1)抗硬水性能和耐酸碱性能好。在煤矿井下制备泡沫时,通常使用矿井水与降尘发泡剂进行混合发泡,但矿井水的硬度和酸碱度较大,因此降尘发泡剂必须具有较好的抗硬水性能和耐酸碱性能,其活性和起泡性不能受电解质和酸碱性的影响。

(2)起泡性能好。发泡剂的起泡能力越好,在相同条件下产生的泡沫越多,能够更好地覆盖尘源,增大泡沫捕获粉尘的概率;同时也可以降低发泡剂的添加浓度,减少用量,提高泡沫降尘技术的经济性。

(3)润湿性强。矿尘大多具有较强的疏水性,水很难对其润湿,要提高泡沫的降尘效果,就必须提高发泡剂对矿尘的润湿性,使泡沫能够快速湿润并沉降粉尘,因此,降尘发泡剂必须兼具湿润剂的性质,对矿尘要具有很强的润湿性。

(4)环保性好。煤矿井下是一个特殊的作业环境,空间有限,并且喷射出的降尘泡沫与工人作业地点的距离很近,因此,若发泡剂有毒或有刺激性气味,则会直接散发到工作环境中,对人的皮肤和眼膜造成伤害或经呼吸系统进入人体内,影响工人的身体健康;另外,若发泡剂的降解性能较差,长期使用就会对井下环境造成污染。因此降尘发泡剂必须安全环保,对人体和环境无害。

综上所述,降尘发泡剂必须能够适应复杂水质条件,具有良好的起泡性、润湿性和环保性,尤其是要具有较强的润湿性,这与其他用途的发泡剂的要求有很大的差异,因而其成分必然与其他用途的发泡剂有本质的区别。

### 8.3.2　普通发泡剂特性

表面活性剂按不同类型可分为阴离子型表面活性剂、阳离子型表面活性剂、非离子型表面活性剂等。发泡剂是由多种表面活性剂与助剂按一定比例配制而成,通常不使用单一表面活性剂。因为单一表面活性剂的性能有限,而两种或两种以上表面活性剂或加入无机盐、有机化合物等物质的复配体系,则能弥补单一表面活性剂的性能缺陷,提高发泡剂的综合性能,即产生协同效应。另外,多种表面活性剂或加入助剂复配之后,由于协同效应,发泡剂通常以较低用量就能达到所需效果,这样可以降低发泡剂的成本[27,28]。

阴离子型表面活性剂一般具有较好的起泡性能,并且来源广泛,如十二烷基磺酸钠(SDS)、十二烷基苯磺酸钠(SDBS)、十二烷基硫酸钠(K12)和脂肪醇聚氧乙烯醚硫酸钠(AES)等。因而现有发泡剂大多是由磺酸盐、苯磺酸盐或硫酸盐等阴离子型表面活性剂与其他类型的助剂按一定比例复配而成。然而,阴离子表面活性剂的抗电解质和耐酸碱性能相对较差,溶解度易受温度影响,由于矿井水硬度和酸碱度较大,会降低此类发泡剂的活性和起泡性能,因此,以阴离子型表面活性剂为主要成分的发泡剂不适用于水质复杂的使用环境;非离子表面活性剂在水中则不会发生电离,因而具有优良的抗硬水性能和耐酸碱性能。

　　润湿性强是降尘发泡剂的基本要求,煤尘表面含有大量的脂肪烃、芳香烃等憎水的非极性基团,同时含有少量的羧基、羟基等亲水性的含氧官能团,因而煤尘大多具有较强的疏水性。表面活性剂具有"两亲"结构,可以定向吸附于煤尘表面,将煤尘的疏水表面转化为亲水表面,从而提高其润湿性。表面活性剂在煤尘表面的吸附状况决定了煤尘表面亲水性的转化程度,表面活性剂分子在煤尘表面的吸附密度越大,则亲水性转化程度越高,润湿性就越好。煤尘中的少量含氧官能团在自身所含水分中发生电离呈现电负性,阴离子表面活性剂在水中也呈现电负性,两者之间的电性斥力会阻碍阴离子表面活性剂在煤尘表面的紧密吸附,而非离子表面活性剂则不受这种电性斥力的影响,能更紧密地吸附在煤尘表面,煤尘的亲水性转化程度更高,如图 8.6 所示,因此,非离子表面活性剂通常比阴离子表面活性剂对煤尘具有更强的润湿性。

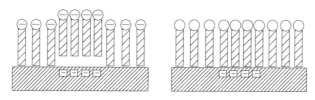

图 8.6　阴离子型和非离子型在煤尘表面吸附对比图

　　现有的以阴离子型表面活性剂为主要成分的发泡剂不适用于煤矿井下降尘,而非离子型表面活性剂能够更好地适应复杂的矿井水质,提高对煤尘的润湿效果,因此,以非离子表面活性剂为主要成分的降尘发泡剂,能更好地满足煤矿降尘发泡剂的要求。

### 8.3.3　一种高效环保的降尘发泡剂

　　根据降尘发泡剂的基本要求,作者带领的团队研制了一种绿色高效的矿用复合型降尘发泡剂。该降尘发泡剂由非离子型表面活性剂、阴离子型表面活性剂和其他助剂按一定比例配制而成,其主要成分为环保型的非离子表面活性剂,通过不同组分之间的协同效应,提高了该降尘发泡剂的起泡性能和对矿尘的润湿性,并且降低了使用比例。

#### 1. 起泡性能

　　起泡性能是衡量发泡剂性能的重要指标,用于表征生成泡沫的难易程度。常用起泡高度(体积)或发泡倍数来表示起泡性能的优劣。起泡高度(体积)是指一定体积和浓度的发泡剂溶液在恒温恒压条件下能够产生的泡沫高度(体积)。发泡倍数是指一定体积的泡沫与该体积泡沫内所含溶液体积的比值。起泡高度(体积)虽然可以反映发泡剂的最大起泡能力,但没有考虑发泡剂的用量,而发泡倍数则能表征单位用量发泡剂的起泡能力,即起泡效率。

　　常用的泡沫性能测试方法主要有气流法、振荡法、倾倒法和搅拌法[29],作者采用泡沫扫描仪(即气流法)对不同发泡剂的起泡性能进行测试。试验选用的三种具有良好起泡性能的阴离子型表面活性剂与复合型降尘发泡剂,其添加浓度均为0.2%,试验温度设定为25℃,气体流量为450mL/min,发泡倍数如图8.7所示。可以看出,该复合型降尘发泡剂具有优异的起泡性能,发泡倍数比常用的阴离子型发泡剂高出43%~68%。

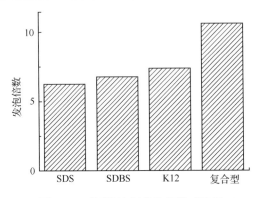

图8.7　不同发泡剂发泡倍数对比图

发泡剂溶液的起泡性能因发泡剂的添加浓度不同而异,对于该复合型降尘发泡剂,泡沫体积和发泡倍数与发泡剂添加浓度的变化关系如图8.8和图8.9所示。可以看出:当发泡剂浓度小于0.5%时,泡沫体积和发泡倍数呈增大趋势,即起泡能力和起泡效率随浓度的增大而增大;当浓度大于0.5%时,泡沫体积的增加趋势变小,而发泡倍数则有所降低。

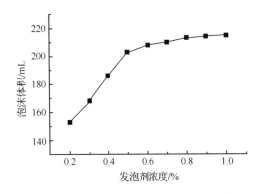

图8.8　泡沫体积随发泡剂浓度的变化关系　　　图8.9　发泡倍数随发泡剂浓度的变化关系

这是因为表面活性剂溶液的起泡能力来自溶液表面空间吸附层,最大起泡能力则来自饱和吸附层[30],当发泡剂浓度小于0.5%时,发泡剂分子在表面层的吸附密度尚未达到最大值,因此随发泡剂浓度的增大,表面吸附密度增大,泡沫体积和发泡倍数逐渐增大;当发泡剂浓度大于0.5%时,表面吸附层的分子吸附密度达到饱和,故起泡能力达到最大,若随发泡剂浓度的继续增大,泡沫体积增加有限;由于表面吸附层饱和后,发泡剂分子在溶液中形成胶束,在泡沫形成的过程中,胶束的存在致使气泡液膜变厚,液膜中部分发泡剂未参与形成泡沫,从而导致起泡效率下降,即发泡倍数降低。

## 2. 润湿性能

发泡剂的润湿性能直接影响泡沫的降尘效果。测试发泡剂润湿性能的方法有接触角法、滴液法、正向渗透法、反向渗透法、沉降法、动力试验法等[31,32]，最常用的是接触角法。水和复合型发泡剂溶液对煤尘的接触角如图 8.10 和图 8.11 所示，可以看出，水对煤尘的润湿性很差，接触角约为 90°，而在复合型发泡剂溶液对粉尘的接触角约为 20°，仅为前者的 22%，润湿性能大幅度提高。

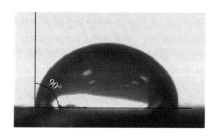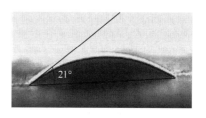

图 8.10　水的接触角　　　　　　图 8.11　复合型发泡剂的接触角

发泡剂溶液对煤尘的润湿效果与添加浓度有关，作者试验了十二烷基硫酸钠(K12)和复合型发泡剂在不同浓度条件下对煤尘的接触角，如图 8.12 所示。可以看出，复合型发泡剂对煤尘的接触角小于十二烷基硫酸钠(K12)对煤尘的接触角，这是由于十二烷基硫酸钠电离后呈电负性，与煤尘表面含氧官能团之间存在电性斥力，使其无法在煤尘表面紧密吸附，从而造成煤尘表面亲水性转化程度低于复合型发泡剂，导致接触角较大，另外，随发泡剂浓度的增加，十二烷基硫酸钠和复合型发泡剂对煤尘的接触角均变小，这是因为随发泡剂浓度的增大，表面活性剂分子在煤尘表面的吸附密度增大，亲水性转化程度升高，因而接触角下降，对煤尘的润湿效果增强。

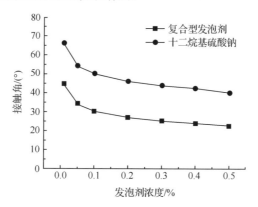

图 8.12　接触角随发泡剂浓度的变化关系

## 3. 环保性

为了测试复合型降尘发泡剂的安全性，对该发泡剂进行了急性经口毒性试验和皮肤刺激试验。试验结果见表 8.1 和表 8.2。

**表 8.1　受试物小鼠急性经口毒性试验结果**

| 剂量/(mg/kg) | 死亡动物数/试验动物数 | | LD$_{50}$值/(mg/kg) | |
|---|---|---|---|---|
| | 雌 | 雄 | 雌 | 雄 |
| 5000 | 0/10 | 0/10 | >5000 | >5000 |

在表 8.1 中,雌雄小鼠均无死亡,且 LD$_{50}$值均大于 5000mg/kg。在 *Globally Harmo-nized System of Classification and Labelling of Chemicals*(第四版)中将物质经口毒性划分为 5 个级别,第 5 级的标准为 2000mg/kg<LD$_{50}$≤5000mg/kg。按照欧盟的法规,LD$_{50}$大于 2000mg/kg 时,认为该物质是安全的,不会产生危害。按照美国环保局的急性毒性分类标准,当 LD$_{50}$>5000mg/kg 时,认为该物质无毒。在不同的法规条件下,对 LD$_{50}$的安全指标要求不同,一般为 2000~5000mg/kg。该降尘发泡剂的 LD$_{50}$值大于 5000mg/kg,证明该降尘发泡剂属实际无毒级,说明该降尘发泡剂对人体不会产生危害。

在表 8.2 中,该降尘发泡剂对家兔皮肤刺激反应积分均值为 0。按照《化学品急性皮肤刺激性/腐蚀性试验方法》(GB/T 21604—2008)的分类标准,最高总分值为 0~0.6 时,说明该物质对皮肤无刺激性,因此,该降尘发泡剂刺激强度为无刺激性。

**表 8.2　受试物对家兔皮肤一次刺激反应评分**

| 动物编号 | 性别 | 体重/kg | 1h | | | | | | 24h | | | | | | 48h | | | | | |
|---|---|---|---|---|---|---|---|---|---|---|---|---|---|---|---|---|---|---|---|---|
| | | | 样品 | | | 对照 | | | 样品 | | | 对照 | | | 样品 | | | 对照 | | |
| | | | 红斑 | 水肿 | 总分 | 红斑 | 水肿 | 总分 | 红斑 | 水肿 | 总分 | 红斑 | 水肿 | 总分 | 红斑 | 水肿 | 总分 | 红斑 | 水肿 | 总分 |
| 1 | 雌 | 2.4 | 0 | 0 | 0 | 0 | 0 | 0 | 0 | 0 | 0 | 0 | 0 | 0 | 0 | 0 | 0 | 0 | 0 | 0 |
| 2 | 雌 | 2.6 | 0 | 0 | 0 | 0 | 0 | 0 | 0 | 0 | 0 | 0 | 0 | 0 | 0 | 0 | 0 | 0 | 0 | 0 |
| 3 | 雄 | 2.5 | 0 | 0 | 0 | 0 | 0 | 0 | 0 | 0 | 0 | 0 | 0 | 0 | 0 | 0 | 0 | 0 | 0 | 0 |
| 4 | 雄 | 2.5 | 0 | 0 | 0 | 0 | 0 | 0 | 0 | 0 | 0 | 0 | 0 | 0 | 0 | 0 | 0 | 0 | 0 | 0 |
| 总积分值 | | | 0 | | | 0 | | | 0 | | | 0 | | | 0 | | | 0 | | |

综合分析:该复合型降尘发泡剂具有良好的环保性能,无毒无刺激性;在低浓度(0.5%)时具有良好的起泡性能和润湿性能,并且能够适应各种复杂的矿井水质。因此,该复合型降尘发泡剂能够很好地满足煤矿井下降尘发泡剂的要求,并且添加浓度较低,可以降低使用成本,有利于煤矿的广泛应用。

## 8.4　发泡剂添加装置

对于泡沫制备,发泡剂的添加量(比例)是一个重要参数。发泡剂添加比例过大,造成发泡剂浪费,增加泡沫制备成本;发泡剂添加比例过低,泡沫量及发泡倍数均难以保证,影响泡沫的应用效果。所以发泡剂的添加比例必须既要满足降尘效果要求,又要具有合理的经济性。根据降尘发泡剂的发泡特性,发泡剂的比例为 0.5%左右时,发泡效果较好,同时发泡剂的使用成本相对较低;降尘泡沫需用量少,因此小流量(小比例使用量)发泡剂的添加就是泡沫制备的关键技术之一。为实现发泡剂的稳定连续添加,又同时使添加装置出口压力满足后续发泡的驱动要求,泡沫降尘技术对添加装置有较为严格的要求。发泡剂的添加方式,按照添加动力的来源,可将添加装置分为定量泵添加和负压添加两种形式[33]。

### 8.4.1　定量泵添加装置

定量泵添加装置,根据水泵(或供水管路)供水流量和所需要的物料浓度,设定好定量泵的流量。当设备工作时,添加泵联动,物料通过定量泵压入到输水管路,在管路中,物料和水一起流动并混合,得到所需的物料溶液,最终运输到所需地点。目前煤矿应用最多的物料定量添加方式为螺杆泵添加[34],如图 8.13 所示,装置通常由防爆电机、无级调速丝杆和螺杆泵体组成,通过调节丝杆控制转速,确定添加量,针对发泡剂等具有较大黏度的物料,通常还需要使用专门的添加泵。

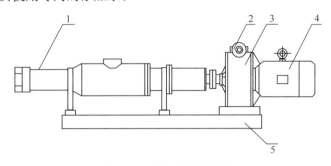

图 8.13　螺杆泵添加装置
1. 泵体;2. 调节丝杆;3. 变速箱;4. 电机;5. 基座

定量泵添加方式具有稳定的添加性能和较高的添加精度,可控性强,定量泵添加应用广泛,但由于存在电气失爆危险性,对于综掘、采煤面等对电气防爆有严格要求的场所,其应用受到一定限制,而且,泵体相对较长,占据空间较大,安装移动不便[35],在采掘面等作业点进行泡沫降尘时,采用定量泵添加装置较为困难。

### 8.4.2　负压自吸添加装置

为克服定量添加泵适用性差的缺陷,采用负压添加方式进行发泡剂的自动添加是泡沫制备的另一技术途径。负压添加方式是指利用供水压力形成一定的负压自动吸入发泡剂的方式。利用流体动力形成负压的装置主要有:孔板压差式、文丘里式和射流式三种形式。其工作过程都是通过改变流体的截面,使流体的压能与动能发生相互转化,在面积较小处形成低静压而产生负压,实现对物料的自动吸入(添加)。

#### 1. 孔板压差式

孔板压差式是指采用孔板节流形式进行液体添加的方式,结构如图 8.14 所示[36,37]。其工作原理为:当流体流经管道内的节流件孔板时,流速将在孔板处形成局部收缩,流速增加,静压降低,于是在节流件前后产生了压差,如果将该压差作用于盛有发泡剂的储液罐内,发泡剂将在该压差的作用下,由静止流入管道内,并与主流体进行混合,形成发泡液。

由于添加环节是利用压差将液体加入主管道的,因而,液体的压入形式非常重要,通

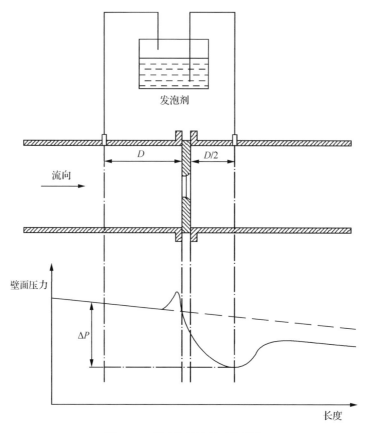

图 8.14　孔板压差添加原理图

常要考虑压入过程中设备的密封及承压问题。根据液体被压入的方式,可分为两种:隔膜型(胶囊型)和普通型,如图 8.15 所示为一种普通型孔板压差装置[38]。

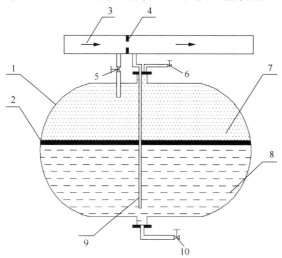

图 8.15　普通型孔板压差装置

1.储液罐;2.隔板;3.进液管;4.孔板;5.进水阀;6.排气阀;7.压力水;8.添加剂;9.吸液管;10.排液阀

隔膜型孔板压差压力储罐的容积一般小于 $5m^3$。该类型添加装置造价较高,检修较困难,且对胶囊要求较严,一旦胶囊破漏,添加装置将失效[39];普通型(无胶囊)添加装置工作时,水从泡沫液使用上方注入罐内,罐内隔板有效地避免了水与泡沫液混合,其特点是没有隔膜型添加装置存在胶囊的缺陷,造价也较低,但检修困难,对隔板的要求相对较高,混合浓度不大于 4% 时,储液罐容积应不大于 $5m^3$,在混合浓度大于 4% 时,储液罐罐容积应不大于 $10m^3$。

### 2. 文丘里式添加装置

文丘里添加方式如图 8.16 所示,其结构采用了"渐缩-喉管-渐扩"的结构,速度及压力变化较为平缓,不易形成湍流涡团等,缓解了孔板式结构形成负压时孔板附近小漩涡激增带来的压力波动大和压差不稳定的不足。

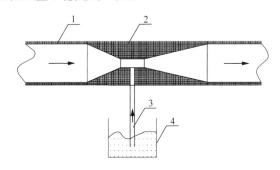

图 8.16　文丘里式添加装置
1. 主水管;2. 文丘里管;3. 吸液管;4. 储液罐

文丘里添加装置工作原理:压力水进入收缩段后,截面变小,流速增大,动能增大,势能减小,动能在喉管处达到最大,势能达到最小,当喉管直径达到一定值时,将在喉管处形成负压,发泡剂在外界大气压的作用下,被吸入喉管,与压力水混合,实现比例混合添加。

工作流量是影响文丘里式添加装置吸液性能的关键,在出口压力确定的条件下,工作流量越大,流速越大,形成的负压越低,喉部负压为 $-70\sim-20kPa$ 时,负压值与工作流量的平方符合较好的线性关系[40]。负压大于 $-20kPa$ 和小于 $-70kPa$ 时,负压与二者的线性关系变差,且不稳定性开始出现,当喉管负压值低于 $-90kPa$ 时,被吸液体将逐渐出现汽化现象,也即"空化",被吸液流量达到临界值[41,42];因而,实际工作过程中,经常取 $-70\sim-20kPa$ 作为文丘里添加装置能稳定吸液的两个临界值,通过确定文丘里结构尺寸,进而确定其工作流体允许的最大流量与产生负压所需的最小流量。

文丘里添加装置具有结构简单、安装组件方便、加工成本低廉、内部无运动部件、可靠性高的优点[43]。但由于井下采掘工作面水流速度较大,在文丘里管喉管部位产生较大负压,当负压达到水的汽化压力时,便会产生汽蚀,极大地影响了发泡剂的稳定添加。汽蚀的危害很大,主要表现在[44,45]:①汽蚀空泡改变了文丘里管内过流通道的线型和过流面积,致使装置的性能下降;②汽蚀空泡溃灭时,产生随机冲击波辐射和空泡振动产生辐射声,从而产生噪声污染;③空泡产生的力学作用,加上化学和电化学腐蚀,在过断流表面易造成剥蚀伤痕,以及过流断面表面穿孔和断裂;而且,文丘里添加装置压差损失大,在达到稳定发泡剂添加时,一般要损失 $1/2\sim2/3$ 以上的进口压力,同时装置对压力和流量的变化较为敏感,造成添加比例的波动较大,尤其是在小流量添加时,该缺陷更为明显。

### 3. 射流式添加装置

射流负压式装置主体结构为射流器,与文丘里管相比,增设了吸液腔体,如图 8.17 所示。其基本部分为喷嘴、喉管和扩散管,喷嘴与喉管之间为负压腔体。射流式添加属于有限空间伴随射流,其工作机理是工作流体产生高速射流,形成边界效应,带动被吸液体运动,喷嘴附近的空气和液体被流体带走,在喷嘴出口与喉管之间的混合室形成低压区,引射被吸液体,与主流体发生动量交换和能量传递,经过混合管的混合,压力水能量减弱,速度减小,被吸液体能量增强,速度逐渐增大,最终二者速度趋于一致,在扩散管,混合液速度逐渐减小,压力开始恢复,并在出口处压力恢复到最大值[46]。

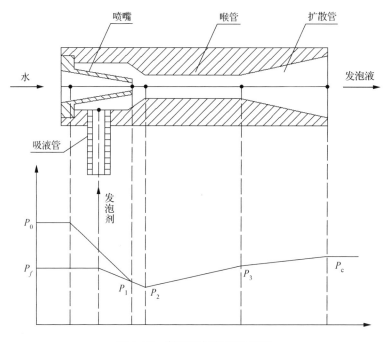

图 8.17　射流添加装置示意图

与文丘里式添加装置相比,射流式添加装置能够减小流体产生的伴随射流损失,更易产生负压,并且由于射流式添加装置具有较大的吸液腔体,恒定的负压区域较大,能够实现被吸液的稳定吸入,而且采用射流形式,主流体与被吸发泡剂在负压腔附近即达到了压力和速度的一致,在喉管及扩散管内二者压力及速度近似相同,由射流引起的伴随能量损失远小于文丘里的损失;射流式添加装置加工及拆装方便,喷嘴和扩散管可分别单独加工,加工难度小,喉部出现堵塞等问题时,可进行快速拆卸及维修。但与文丘里式添加装置类似,射流式添加装置压差损失也较大,有时损失可达 $90\%$[47,48],出口压力恢复有限,而且高速射流也易诱发汽蚀,对装置结构产生一定的负面影响,在进行发泡剂的小流量添加时,汽蚀还易引起吸液断流的问题,造成吸液过程的不连续[49]。

综合以上三种负压添加装置,射流式添加要优于孔板压差式和文丘里式,如能采取优化装置结构参数,解决该添加装置易汽蚀、压力损失过大、压力恢复不足等问题,射流负压添加装置是实现液体自动添加的一个重要选择。采用负压添加装置可实现发泡剂在无电动力情况下的自动添加,大大简化了泡沫降尘系统,安全可靠性好,操作也较为方便,是降尘泡沫制备的一项关键技术。

4. 新型并联射流式添加装置

针对泡沫降尘技术要求添加精度高、压力损失小的特点,利用射流式添加装置稳定添加发泡剂的优点,课题组研制了一种阀门并联射流式添加装置[50,51],并进行了系列实验。该装置将阀门设置在旁侧支管,通过分流降低了射流式添加装置易出现汽蚀的可能性,并减少了系统压差损失,提高了添加精度,很好地实现了发泡剂在低比例下的稳定连续添加,其结构如图 8.18 所示。

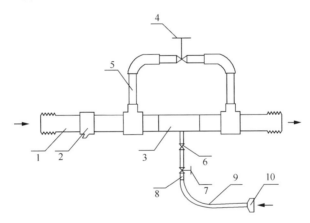

图 8.18　并联射流添加装置

1. 主管;2. 过滤器;3. 发泡剂添加装置;4. 截止阀;5. 支管;6. 逆止阀;
7. 针型阀;8. 软管接头;9. 吸液管;10. 滤网

其工作原理为:通过进口接头和出口接头与有压管路快速连接,有压管道中的流体经过滤器和三通后分成两股,一股进入支管路,一股进入射流添加装置主体部件(图 8.18),调节支管路调节阀,并观察压力表,可以改变两个管路的流量分配以及两端的压差,主管路的流体在发泡剂添加装置主体部件的喷嘴处增速降压、卷吸喷嘴周围的空气后形成负压,自动将吸液管内的发泡剂吸入,被吸入的发泡剂和水经过混合后,与支管路流体汇于三通,最后回到流体管路。吸液管上的逆止阀可防止管中流体流入吸液管,调节针形阀可以控制负压表的示数,调节吸液管内的流量,可以控制发泡剂添加比例。

阀门并联射流式添加装置,在减小通过发泡剂添加装置流量的情况下,有效降低了装置的压力损失,使得装置的出口压力恢复能力提升,提高了液体的驱动压力,与常规射流添加装置相比,阀门并联射流式添加装置具有所需进口压力小、压差损失小、不易汽蚀及添加精度高等优点。图 8.19 所示为并联式与常规射流式添加装置的进口压力对比,图 8.20 所示为二者的压力损失对比关系。由图可以看出,新型并联射流添加装置具有更小的进口压力和更低的压力损失,表明新型射流添加装置在应用中具有更小的工作压力需求,具有更小的能量损耗。煤矿井下压水管路错综复杂,有的矿井压水管路特别长,水管路沿程损失大,作业点水压相对较低,难以满足需要高压力水源添加装置的工作,往往需要配备增压设备,新型射流添加装置需要较小的工作压力和压力损耗,适用性强。

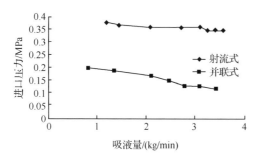 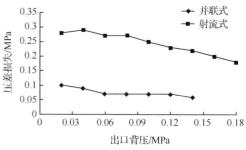

图 8.19　两种添加形式的进口压力对比　　图 8.20　两种添加形式的压力损失对比

图 8.21 所示为并联式与常规射流式添加装置形成负压大小的对比。可以看出,并联式添加装置形成的低负压(汽蚀压力)区段较射流式小,易造成汽蚀的区域少,装置可靠性高;图 8.22 所示为不同阀门开度时,两种类型装置的添加比例的对比关系,并联式添加比例远小于传统射流式添加装置,变化趋势也平缓得多。

采用并联射流式添加装置,工作水量为 1.5～2.5m³/h 时,可实现发泡剂约 1% 的稳定连续添加,添加过程中不产生汽蚀,装置出口压力可达 0.1～0.18MPa[52],满足了泡沫降尘系统后续发泡、传输及终端喷射的驱动要求。

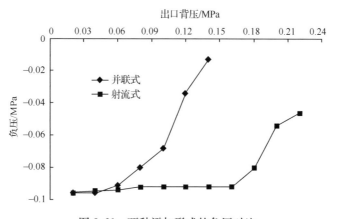

图 8.21　两种添加形式的负压对比

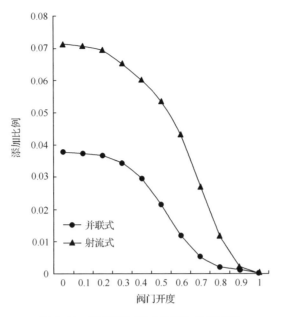

图 8.22 两种添加形式的添加比例对比

# 8.5 泡沫发生器

泡沫发生器是产生泡沫流体的专用设备,根据作业点的要求,空气、水、发泡剂按比例要求进行混合,通过泡沫发生器形成均匀致密的两相泡沫,由于在泡沫发生器发泡之后,还需进行泡沫的传输与泡沫的终端喷射,以形成泡沫对尘源的隔断性包裹,因而要求泡沫发生器在进行高效发泡的同时,还必须降低发泡过程的阻力损失,使得泡沫在装置出口仍具备一定的驱动压力,满足泡沫的喷射要求,下面介绍几种主要的泡沫发生器。

### 8.5.1 常规网式泡沫发生器

目前,应用较多的两相泡沫发生器是网式泡沫发生器,它在消防、石油等行业已得到普遍应用。20 世纪 70~90 年代,美国、苏联、日本和我国在矿山除尘泡沫的制备中也多采用网面式发泡器[53~55]。其基本组成部件是发泡网及喷嘴,如图 8.23 所示,其基本工作

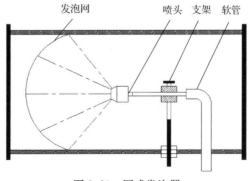

图 8.23 网式发泡器

原理是将液喷洒至网面,形成液膜,借助鼓风机(风扇)使网面上泡沫液起泡,若发泡液在网面分散均匀,产生的泡沫发泡倍数大于 200 倍,产泡量 100～200m³/min,风泡比小于1.3,泡沫转化率可达 95％[56]。

但采用网式发泡器进行降尘泡沫的制备,存在以下缺陷:

(1)煤矿井下适用性差。井下用风点多,风量及风压变化较大,很难设计确定网式泡沫发生器具体的结构尺寸,风流速度高,导致气流过于剧烈,吹散或者雾化液膜,降低发泡倍数,而且,煤矿井下水中常含有杂质,容易堵塞喷嘴或网面,影响液膜在网面上的分布效果。此外,网式发泡器中喷嘴和发泡网之间的距离固定不变,使用过程中的液体压力不同时,喷嘴的射程不一样,导致液体在发泡网上的成膜效率变化较大,影响发泡效果的稳定性。

(2)泡沫出口压力低,不能满足降尘泡沫较远距离喷射的要求。通常网式发泡供风压力为 1000～2000Pa,泡沫出口压力低,泡沫后续传输动力不足,而对于泡沫降尘,要求泡沫在喷射终端必须具备足够的喷射动量,网式泡沫发生器低出口压力的缺陷,使得形成的泡沫射流不足以对粉尘进行有效抑制,严重影响了泡沫的降尘效果。

(3)泡沫含水率低,不适用于降尘。该方式产生的气泡体积相当大,直径可达毫米数量级,气泡含气率极高,气泡受风流影响易变形,在工作面极易形成“飞泡”,影响作业环境,且泡沫易破裂,影响降尘效果。

(4)装置较笨重,移动不便。网式发泡器体积较大,外形直径可达 1000mm,目前基于网面发泡设计出的发泡机,机身质量达 200～300kg,电机功率达 10kW,不适应井下条件,如在掘进速度快、作业空间小的掘进工作面,安装移动该装置很困难。

### 8.5.2　文丘里式泡沫发生器

为消除网式泡沫发生器适用性差、装置较笨重的缺陷,课题组以中倍数发泡器为研究目标,早期设计开发了一种文丘里式泡沫发生器。其设计思路是:①采用文丘里式结构,在文丘里管的喉部使流体速压升高、静压降低,从而形成一定负压,保证压风的顺利引入,引入的压风量主要由供液量及供液压力决定,减弱井下风量浮动对发泡的影响;②采用集流器结构,扩大气液的混合区域,使得气液在集流器的作用下,两相间进行较充分的质能传递;③取消易堵塞的发泡网面,改用具有一定角度的挡板,加强气液两相流的湍流和涡流强度,简化装置结构。

根据以上思路,设计了一种文丘里式泡沫发生器(图 8.24)。它由筒体、文丘里管、集流器、挡板等组成。文丘里管扩散段表面上均匀布有若干进气小孔,文丘里管扩散段内固定有一个空心圆锥形的集流器,集流器的圆锥面与文丘里管的扩散段相对应,卧倒放置在文丘里管的扩散段内,其中轴线与文丘里管喉部中轴线在同一水平线上,它通过固定支架固定于文丘里管筒与筒体的连接处,连接处装有密封垫,筒体内间隔设有上下间插的多组挡板。

其工作原理是:发泡剂溶液(发泡剂和水的混合液)经管路从发泡器筒体进入,经文丘里管喉部时,静压降低,速压增大,形成射流,压缩空气经过进气管进入筒体后,在液体射流的卷吸和气体压力的共同作用下,由小孔均匀进入文丘里管内部,形成气液混合流。气

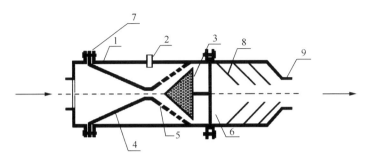

图 8.24 文丘里式泡沫发生器

1. 文丘里管筒体；2. 进气管；3. 集流器；4. 文丘里管；5. 进气小孔；
6. 固定支架；7. 固定板；8. 挡板；9. 筒体

液混合流撞击在集流器表面上形成湍流,压缩气体经设在筒体上的进气管进入筒体,并经文丘里扩散段进气小孔均匀进入,避免气体过于激烈,分散不均,在集流器与扩散段形成的狭小流道上,泡沫流与压缩空气初步混合,形成了部分泡沫。生成的泡沫和没有成泡的发泡剂溶液在气流的作用下继续向前运动,进入泡沫筒体内,经间隔交叉设置的挡板的扰动作用,使气液得到充分混合而形成均匀的泡沫。该泡沫发生器以井下压缩空气和压力水为动力、利用流体静压和速压相互转化而产生泡沫,该装置内部无运动部件,一定程度上提高了运行过程的可靠性[57,58]。

文丘里泡沫发生器产生的泡沫具有发泡倍数适中(20~30 倍)、泡沫含水率较高的特点,但由于其节流部件——文丘里管存在较大的压力损失,因而对水源的压力和流量要求偏高,一般要求水压>2MPa,水量>2m³/h,造成用水量和发泡剂添加量大,泡沫制备成本较高,且泡沫出口压力低。

### 8.5.3 射流泡沫发生器

射流泡沫发生器基本结构由喷嘴、接受室、吸入室、喉管、扩散管五部分组成。工作原理是流体由喷嘴喷入形成高速射流,通过射流的脉动湍流作用,接受室内产生低压,空气/液体直接被吸入或者压缩空气压入,空气与液体射流混合作用,在流体的紊动扩散及边界效应的作用下液体被切割成液滴,液滴通过与气体分子的冲击与碰撞将气体粉碎成微小气泡,气泡分散在液体中形成稳定的泡状流动,如图 8.25 所示。大致可将其分为三个过程:

(1)相对运动段,首先伴随流体形成相对运动,射流由喷嘴喷出后,能量交换将在接受室产生低压,由于射流边界层与气体之间的黏滞作用,气体/液体被吸入或压入,并与液体射流做相对运动,而后跟随液体射流进入喉管,这段过程气液射流均为连续介质。

(2)液滴运动段,气液形成的伴随射流进入喉管后,二者通过强力的相互冲击作用,液体会被剪切成大量的液滴与气体一起运动,液滴在喉管内做高速运动,与周围的气体分子进一步湍动碰撞,把能量传递给气体,对其进行加速和压缩,使二者混合更加充分,这段流动过程气体射流仍为连续介质,而液体射流变成了不连续介质。

(3)泡沫流运动段,液滴和气体射流混合进入扩散管进口段,由于从喉管进入扩散管体积的变化,混合液动能转变成压能,液滴对气体分子不断作用将其粉碎成大量的微小气泡,而液滴重新聚合为液体,气泡溶于液体射流中形成泡状流从扩散管出口流出。

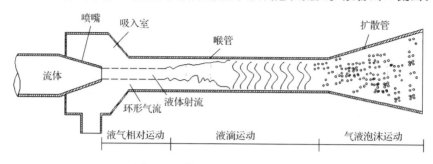

图 8.25　射流发泡器结构示意图

### 1. 压风射流泡沫发生器

利用井下压风供给便利的条件,课题组设计出了一种压风射流泡沫发生器[59],如图 8.26 所示。当压缩风流经风管路进入风动射流器喷嘴时,风流流道截面发生变化,在射流器喷嘴段增速减压,并在喷嘴出口处速度达到最大,由于风动射流边界层的紊动扩散作用,边界迅速卷吸周围空气,形成负压,将发泡液引入,二者发生质量、动量及能量的交换,并在扩散段进行压力恢复,形成泡沫群;为提高最终形成泡沫的效果,通常在发泡器的末端加设扰流器。

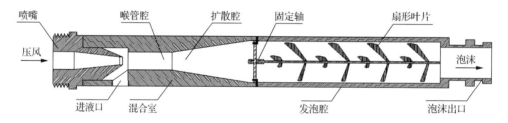

图 8.26　压风射流泡沫发生器

叶片在紊流器轴上交替布置,上端叶片倾角小于下端叶片倾角。通过采用叶片斜向上布置的设计方式可以延缓液体由于自重而滞留在筒体的下层,斜向上的叶片使其向上部流动,同时,斜向下的叶片可以将压风与发泡液的混合进行得更加充分。此外,叶片在周向的倾斜,使得紊流器筒体内的流体由二维流动变为三维流动,强化了发泡器内的混合力度。在紊流器筒体内,微小气泡群在紊流叶片的剪切、碰撞、搅拌扩散等多重作用下,大幅度提高了气液接触面积。

风量是影响压风射流泡沫发生器发泡效果的关键因素,在发泡过程中起主导作用。在发泡过程中,可充分利用高速气流喷嘴流动的特点,使其达到或接近临界"壅塞"状态[60]。在该阶段,气体质量流量为一定值,气体流速达到或超过声速而形成超声波,气体与发泡液混合过程加入了超声泡沫化的因素,超声波将能量转化为发泡液的内能,波动的压缩和扩张作用使液滴介质泡核激活,撕裂出大量的空穴,这些空穴瞬间生成、生长、崩溃,从而产生较高的瞬间压力,迅速形成大量细微小气泡(大气泡已消亡)。

图 8.27 所示为设计的一体化风动式泡沫降尘装置。该装置整合了发泡剂添加装置与压风射流泡沫发生器,其改变了传统的依靠水压驱动发泡的思路,借助水射流引射发泡剂,通过压风驱动发泡液高效发泡,一方面解决了比例混合器出口压力恢复不足的问题,保证了发泡剂在低比例工况下的连续添加;另一方面充分利用上了压风所具有的体积量大、膨胀性好、利于成泡的优势,保证了装置在低压水工况下的稳定可靠发泡。

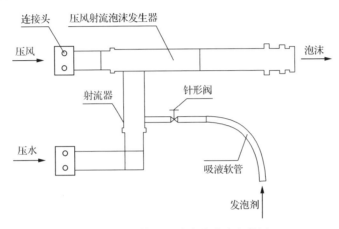

图 8.27 一体化风动式泡沫降尘装置

实践证明,风动射流式泡沫发生器具有产生泡沫均匀、泡沫粒径小、泡沫量大的特点,所需风压低(<0.5MPa),在井下大多数掘进面均可实现,而由于供水系统不作为装置主驱动力,降低了泡沫降尘系统对水动力要求,发泡剂添加比例在 5‰ 时,可实现发泡量 20～30m³/h,发泡倍数约 30 倍。

**2. 自吸空气射流泡沫发生器**

自吸空气射流泡沫发生器是指利用高速水射流产生负压,进行空气的自动吸入,与现有的泡沫发生器相比,无需单独配备供风管路,具有泡沫制备系统简单、操作方便、成泡率高、泡沫出口压力大的优点,图 8.28 所示为课题组发明的一种煤矿降尘用自吸空气式旋流发泡装置[61]。它主要由发泡液供给管、射流喷嘴、吸气混合筒体、发泡筒体构成,发泡液供给管与射流喷嘴相连,吸气混合筒体内依次设吸气室、气液混合室和扩散成泡室,射流喷嘴接入吸气室内,吸气室上设有吸气孔,发泡筒体内依次设旋流发泡室、泡沫出流室。

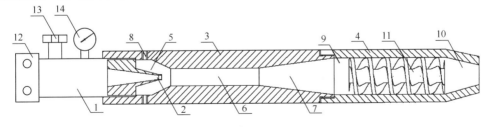

图 8.28 自吸空气式旋流发泡装置

1. 水管;2. 喷嘴;3. 吸气筒体;4. 发泡筒体;5. 吸气室;6. 气液混合室;7. 扩散成泡室;8. 吸气孔;
9. 旋流发泡室;10. 泡沫出流室;11. 旋流器;12. 快速接头;13. 压力调节阀;14. 压力表

其基本工作原理是:发泡液经压力调节阀调至适当压力后,经射流喷嘴高速喷出形成紊动射流,在紊动射流的抽吸与扩散作用下,环境中的空气通过吸气孔自动进入呈强烈负压的吸气室,空气被紊动射流从吸气室带入气液混合室。在气液混合室内,发泡液对空气进行传能传质,空气被加速和压缩,而液体变成不连续的液滴分散在气体中。在扩散成泡室内,空气进一步得到压缩直至被液滴粉碎成微小气泡,而液滴再次聚合为连续液体,气泡则分散于液体中成为泡状流。在旋流发泡室内,初步成泡的泡状流在双螺旋结构旋流器的作用下完成充分发泡,生成的泡沫经泡沫出流室增速后输出。通过压力调节阀可改变发泡液射流初速度,调节吸气量,从而达到自动调节泡沫产生量的目的。

自吸空气射流泡沫发生器性能测试结果表明,其吸气量与工作压强呈二次函数关系,随着水压增大,吸气量逐渐增大,但增加幅度在一定工作压力后开始减小,如图 8.29 所示;其发泡倍数可达 60 倍,而耗水量仅为 0.4～0.6m³/h[62],如图 8.30 所示。该发泡装置耗水量小,发泡倍数较高,且无需提供压风管路,操作方便,可满足降尘泡沫高效制备的需求,尤其适用于煤矿井下无供压风条件的采掘作业地点的泡沫降尘。

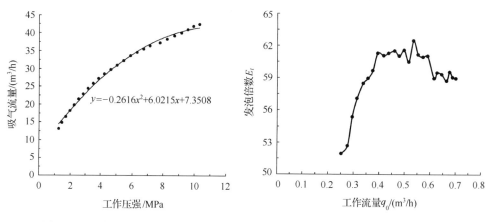

图 8.29　吸气量与水压的关系　　　　图 8.30　工作流量与发泡倍数的关系

综上所述,网式泡沫发生器虽易获得大流量、高倍数的泡沫,但泡沫的出口压力低,不能满足降尘泡沫制备的要求。文丘里式泡沫发生器较好弥补了网式发泡器的不足,但也存在压力损失偏大、对水动力要求高、发泡过程不稳定的不足。射流式泡沫发生器利用射流负压原理进行气液的混合,混合强度大,产泡能力强,且发泡过程压力损失小、产泡工况稳定,提高了发泡器末端的驱动压力,弥补了文丘里式发泡器的不足。因此,射流式泡沫发生器成为降尘泡沫制备的又一项关键技术。

# 8.6　泡沫喷射装置

泡沫喷射装置直接影响泡沫的降尘效果,是泡沫降尘系统的终端环节。泡沫喷射装置主要包括泡沫喷嘴及安装支架。其中,泡沫喷嘴是形成泡沫射流的主体部件,安装支架是辅助喷嘴使用的部件[63]。喷射出的泡沫要达到高效抑尘和捕尘的目的,一方面要求泡沫能够准确到达尘源处形成连续的包裹层,另一方面要求在泡沫射流段形成封闭浮尘的连续捕尘面。因此必须根据产尘源情况对喷嘴及安装支架进行设计,要求喷嘴喷出的泡沫有效包裹和封闭尘源,以保证降尘效果,并减少泡沫浪费。

### 8.6.1　泡沫喷嘴

#### 1. 锥形喷嘴

锥形喷嘴是最为常用的一类喷嘴,它可分为实心锥和空心锥喷嘴两种,如图 8.31 所示。由于其结构简单,加工方便,被广泛应用于各行各业,早期进行的泡沫喷射也曾采用该类喷嘴。

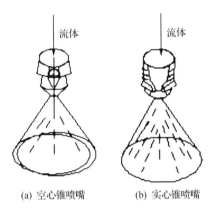

(a) 空心锥喷嘴　　　　　(b) 实心锥喷嘴

图 8.31　锥形喷嘴

这类喷嘴的喷射流型较为单一,用于煤矿井下降尘泡沫喷射时存在以下主要缺陷[64]:①泡沫是一种非牛顿流体,热力学性质不稳定,在经过锥形喷嘴时,由于过流断面形状的急剧变化和喷嘴出口直径很小,压力剧烈波动,导致泡沫破裂、雾化,泡沫的连续性受到破坏,不能满足泡沫降尘技术的要求;②锥形喷嘴的喷射流型为空心圆环或实心锥,喷射角度小,泡沫喷出后覆盖面积不足,泡沫浪费严重,难以对产尘点进行有效的包裹,导致大量粉尘从泡沫间隙中逃逸出去,满足不了降尘的要求。

#### 2. 平扇泡沫喷嘴

为解决泡沫喷射易雾化、喷射角度小、覆盖区域有限的问题,课题组早期设计了一种平扇泡沫喷嘴,喷嘴内表面为半椭球面,头部有一个 V 形槽,V 形槽的两个斜面有一定的圆弧,并关于喷头轴线对称,而且和内部半椭球面相贯,形成带有内凸圆弧状的狭长的喷口[65,66],如图 8.32 所示。V 形槽面圆弧的作用:一方面避免了泡沫喷洒时出现中间厚两边薄的现象,另一方面增大了扩散角度,泡沫在压力驱动下从管道流入泡沫喷射喷头的壳体时,泡沫流在喷头内部被端头盖阻挡后,压力增大,流经喷嘴槽时,压力得以释放,由于喷嘴口中间窄,两边宽,且槽的开口深度大于端头盖的厚度,所以在泡沫喷出时,泡沫成扇形向外扩散。该泡沫喷头克服了已有喷头技术中的不足之处,喷头结构简单,体积小,安装方便,泡沫喷洒均匀,扩散角度大,不产生雾化,性能可靠。

图 8.33 所示为加工制作出来的平扇泡沫喷嘴实物。平扇喷嘴的扩散角主要由喷嘴

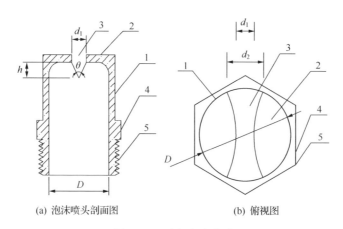

(a) 泡沫喷头剖面图　　　　　　　　(b) 俯视图

图 8.32　平扇泡沫喷嘴

1. 壳体；2. 端头盖；3. 带内凸圆弧斜面的喷嘴槽；4. 扳牙；5. 螺纹

的结构尺寸($d_1$,$h$,$d_2$,$\theta$)决定,一般为 60°~90°,最大可达 120°,通过喷嘴的泡沫流量,一方面取决于泡沫流的压力,另一方面取决于喷嘴的阻力。当泡沫流压力从 0.1MPa 变化到 0.6MPa 时,泡沫流量从约 2m³/h 提高到约 10m³/h,泡沫从平扇喷嘴喷出形成的泡沫流如图 8.34 所示。

图 8.33　平扇泡沫喷嘴

图 8.34　平扇喷嘴泡沫射流

平扇泡沫喷嘴解决了泡沫喷射过程的破裂雾化问题,泡沫喷射较均匀,覆盖范围较广。但由于采掘过程中,掘进机(采煤机)滚筒多为圆形,而平扇喷嘴的射流流型较难形成完全的包裹,而且多个平扇喷嘴喷射时,泡沫射流之间的重叠率过大,存在较严重的泡沫浪费现象,影响泡沫降尘的效果和经济性。

### 3. 弧扇泡沫喷嘴

为达到高效降尘的目的,泡沫的喷射应达到以下三个标准:①泡沫应完全包围采掘设备截割头,在粉尘逃逸方向上的泡沫厚度应达到能有效阻挡粉尘逃逸的最小厚度。②将粉尘控制在最小的范围内,泡沫喷射范围过大,不仅会在一定程度上影响喷射区域的可视性,还会造成泡沫使用量过大,提高降尘成本。由于截割头外形近似为圆锥台,最大的圆周位于圆锥台的根部,因此,为了在最小的范围内控制粉尘,喷嘴的喷射边界应紧贴截割头最大圆周。③喷射重叠区域少,最大限度避免泡沫的浪费,为此,应尽量选择重叠区域少的喷射流型,使所用泡沫的总量小。

若采用实心锥泡沫流进行降尘,要求喷嘴的数量多,泡沫的浪费量较大,并且在射流段无法形成连续的捕尘面,如图 8.35 所示。平扇泡沫喷嘴,增大了泡沫喷射角度,提高了泡沫的覆盖范围,泡沫射流段捕尘的效果得到了改善,如图 8.36 所示。但由平扇形喷嘴组成的泡沫流的横截面呈矩形,不能与环状产尘区域实现契合,同样造成了部分泡沫无法作用于产尘点,限制了泡沫利用率的提高。如果采用弧扇形泡沫喷嘴,则产生的泡沫流在喷射段呈弧扇状,少量喷嘴的配合使用,就能实现对产尘区域的准确覆盖和泡沫的高效利用,如图 8.37 所示。

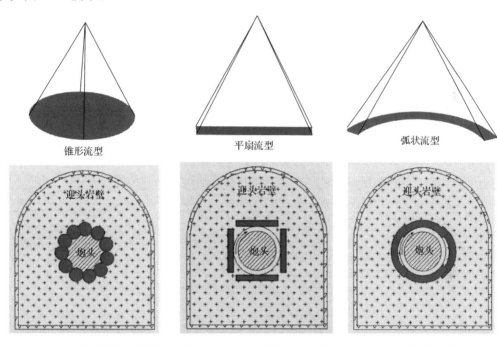

锥形流型　　　　　　　　　平扇流型　　　　　　　　　弧状流型

图 8.35　实心锥喷射包裹效果　　图 8.36　平扇喷射包裹效果　　图 8.37　弧扇喷射包裹效果

根据上述优选标准,作者发明了一种弧扇泡沫喷嘴[67]。喷嘴冲击端面为一弧状条带,整体呈弧扇体,通过多个弧扇喷嘴,可以在尘源周围形成与尘源几何特征相符的泡沫层,如图 8.38 所示。弧扇泡沫喷嘴主要包括喷嘴主体与导流体,其中导流体是一个半圆锥形,喷嘴主体内部设有入口段、渐变喉部、出口段,在出口段之后有一扩展段,它们顺序连接为一个统一体,入口段与出口段均为圆柱形管段,渐变喉部为入口段与出口段的过渡部分,其内径是渐变的。扩展段与导流体一起控制喷射流型,导流体可迫使降尘介质形成弧扇流型,而扩展段可以防止弧扇的两侧边缘不稳定,阻止分散的发生。

图 8.39 为弧扇泡沫喷嘴的实物图,影响其喷射效果的主要有四个关键结构参数:喷孔孔径、导流体长、导流体长径和导流体短径。喷孔孔径是喷嘴设计时首先要确定的参数,喷孔的孔径决定着泡沫通量,孔径越大,泡沫通量也就越大,孔径小,泡沫消耗越少,但

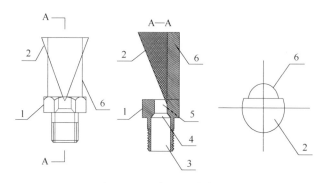

图 8.38　弧扇泡沫喷嘴结构

1. 弧扇喷嘴主体;2. 导流体;3. 入口段;4. 渐变喉部;5. 出口段;6. 扩展段

喷嘴堵塞的风险逐渐增大。导流体长是泡沫射流在喷嘴轴线方向上受导流体作用的长度,导流体长越长,泡沫射流在离开喷嘴前受到的引导时间越长,越有利于弧扇泡沫射流的稳定形成,但导流体长过长时,喷嘴的保护就越发困难,因此,导流体长应在合理的范围内。导流体长径是导流体底面上的直边长度,导流体短径是导流体底面弧边上的点距直边的最大距离,导流体长径与短径是泡沫射流离开喷嘴前在长径、短径两个维度上扩展的最大长度,它们与导流体长共同控制着弧扇射流的产生,图 8.40 为弧扇泡沫喷嘴的喷射效果图。

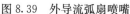

图 8.39　外导流弧扇喷嘴　　　　　　　图 8.40　弧扇喷嘴喷射效果

## 8.6.2　泡沫喷嘴安装支架

喷嘴安装支架对泡沫降尘效果也起着重要作用,主要体现在两个方面:一是喷嘴安装支架的结构决定着喷嘴的布置位置,如果喷嘴安装支架的设计存在缺陷,将导致从各个喷嘴喷出的泡沫无法准确、均匀地覆盖尘源,从而造成降尘效果不佳及泡沫利用率低等;二是喷嘴安装支架决定着喷嘴能否得到有效的保护,这对于泡沫喷嘴的耐用性至关重要。但在泡沫降尘技术早期,安装支架的重要性没有得到充分的重视,泡沫喷嘴主要安装在外喷雾系统提供的安装孔上,无法实现各个喷嘴之间的紧密配合。

## 1. 常规分段式支架

以综掘面泡沫降尘为例,掘进机用喷头支架一般是利用简易的金属焊接管将喷头通过螺纹、快速接头等方式连接,根据其外观形状分为弧状支架和杆状支架,如图 8.41 和图 8.42 所示。喷头通过简易支架布置于掘进机外喷雾位置,由于悬臂下侧经常受到撞击,导致泡沫只能安装在悬臂上部和两侧,泡沫难以到达截割头下部区域,为粉尘的逃逸提供了较大的通道。此外,喷嘴及其支架安装后,喷嘴的喷射方向就已固定,无法根据喷嘴实际喷射效果对喷射方向进行调节,这就造成了一部分喷嘴将泡沫喷出后,泡沫并不能准确的作用于产尘点。

图 8.41　杆状支架在掘进机上的布置

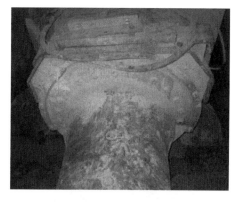
图 8.42　杆状支架与弧状支架在掘进机上的布置

对于采煤机,泡沫喷嘴支架目前还没有固定的分类方式,它的设计一般需紧密结合采煤机的具体情况。图 8.43 所示为美国犹他州某矿采煤工作面开展的泡沫降尘实验中使用的一种管道式泡沫喷头支架[16]。支架在主管路上根据滚筒的外形布置了多个分支短管,使多个平扇喷嘴整体配合,形成了包裹尘源的泡沫幕,该安装支架存在覆盖范围有限、包裹性不强的缺陷,喷射的泡沫难以形成对采煤机滚筒的有效包裹。

(a) 泡沫喷射远视图

(b) 泡沫喷射近视图

图 8.43　管道式喷头支架在采煤机上的布置

### 2. 可调式喷射支架

在泡沫喷嘴的使用过程中发现,无论是使用哪种喷嘴,喷嘴安装后,其喷射的方位都已固定,无法进行改变,因而导致泡沫的作用点与产尘点不能高度统一。其原因主要在于喷嘴安装角度的不可调节,使得泡沫的优势得不到最佳发挥。为解决这一问题,使泡沫喷射装置具有角度纠正功能,设计了一种用于矿井综掘面粉尘防治的可调式喷射支架[68],如图 8.44 所示。该可调式喷射支架由挡板、支撑板、快速接头、喷头安装箱体盒体、支管固定部、固定螺丝、调节螺母等构成,通过调节螺母实现了喷嘴喷射角度的可调。

这种可调式喷嘴安装支架的关键在于支架本体含有球形凹槽,当将泡沫喷嘴的进液端改造成球状后,喷嘴就可以在支架本体上进行转动,进而达到调节角度的目的。这种调节方式的好处是,喷嘴的安装角度调节范围比其他方法扩大很多,且简单易行。图 8.45 所示为带球头的弧扇喷嘴,喷嘴与支架装配完成后角度调节方式如图 8.46 所示。

图 8.44 可调式喷射支架

图 8.45 带球头的弧扇喷嘴

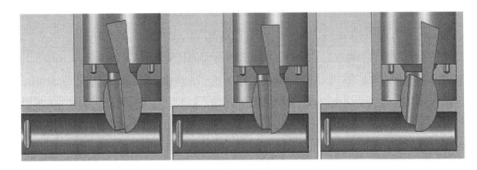

图 8.46 弧扇泡沫喷嘴安装角度的调节示意图

弧扇泡沫喷嘴的喷射流型如图 8.47 所示。可以看出,弧扇喷嘴喷射的泡沫流型符合掘进机(采煤机)截割产尘的形状,可调式喷射支架可提高泡沫喷射的准确度,能达到以泡沫较高利用率作用于产尘点并形成泡沫动态封闭环的目标。图 8.48 为弧扇泡沫喷嘴对掘进机截割部的包裹效果图。弧扇喷嘴实现了对尘源的全方位立体化包裹,阻断了粉尘扩散路径,由于泡沫具有可堆积性,喷射过程中能持续堆积于产尘点,达到湿润煤岩体和抑制粉尘产生的目的。喷嘴位置的合理布置能够发挥泡沫表面积与体积流量大和黏附湿润能力强的优势,对尘源进行包裹而高效降尘。

图 8.47  弧扇泡沫喷嘴喷射流型

图 8.48  弧扇喷嘴对掘进机截割部的包裹效果图

## 8.7  泡沫降尘技术的应用

随着矿井的开采方法和采煤工艺朝着高效、集约化生产的方向发展,产尘量大大增加,粉尘危害不断加剧,尘肺病死亡人数已经超过了事故死亡人数,煤尘爆炸事故也时有发生,迫切需要高效的防尘技术及装备。作者及其团队研发的泡沫降尘新技术,自 2007 年以来在西山、淮北、淮南、平顶山、枣庄、长治、大屯、朔州等矿区的数十个国有重点煤矿获得广泛应用,有效改善了作业场所的劳动卫生条件,遏制了尘肺病和煤尘爆炸的发生,取得了显著的社会和经济效益。本节主要介绍泡沫降尘技术在综掘工作面、综采工作面以及转载点的应用实例。

### 8.7.1  综掘工作面泡沫降尘的应用

淮南矿区位于安徽省中北部,是国家规划的 14 个亿吨级煤炭生产基地和 6 个煤电基地之一。近年来,随着矿区机械化采煤、掘进强度的提升,煤炭开采量日益增加,产尘强度也随之加大。尤其是矿区从瓦斯治理的角度出发,普遍采用“一面多巷”的开拓方式,每开采一个工作面即形成多个辅助巷道,而辅助巷道大多为硬度较大的岩巷,掘进强度大,产尘量大,高浓度粉尘不仅严重威胁矿井的安全生产,也严重危害作业人员的身体健康。在此背景下,淮南矿业集团潘三煤矿和潘一煤矿相继应用了泡沫降尘技术。

潘三矿的 17161(1)高抽巷采用的是 EBZ255 型岩巷掘进机纵轴式切割,该工作面为拱形巷道,锚喷支护,巷道断面为 14.7m²。工作面采用直径 800mm 的风筒压入式供风,风量为 520m³/min。该巷道主要揭露砂质泥岩、泥质粉砂岩、中砂岩、花斑状泥岩、细砂岩及泥岩,巷道为 17161(1)工作面回采时的瓦斯抽采巷道。虽采用了喷雾、除尘风机等降尘措施,但掘进机后回风侧 4~5m 处粉尘浓度依然高达 794.1mg/m³,工作面粉尘危害形势相当严峻。

图 8.49 所示为掘进机泡沫抑制尘系统布置方式[69]：将泡沫发生装置放置于掘进机盖板上，从水管和压风管的主管路上各引出直径 19mm 高压胶管，并与降尘泡沫发生装置连接，生成的泡沫通过直径 51mm 的高压胶管输送至分配器，经过泡沫分配器由三条直径 19mm 的高压胶管输送至安装在掘进机切割滚筒附近的喷射装置，最后由喷头喷洒至尘源（切割滚筒），抑制矿尘的扩散[70]。

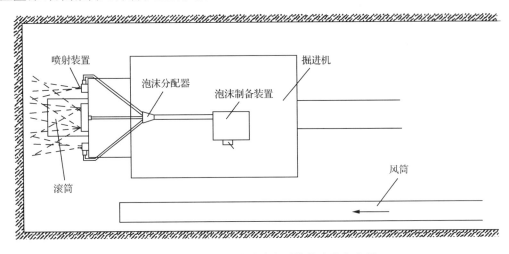

图 8.49　掘进机上泡沫降尘系统的安装与布置

为提高泡沫对截割头的包裹效果，减小泡沫浪费，设计了圆形可调节喷头支架，弧扇形泡沫喷头通过球接头安装固定在支架内部，经喷头喷出的泡沫为圆弧形，以实现对截割头的全面包裹和提高泡沫利用率和降尘效率，如图 8.50 和图 8.51 所示。

图 8.50　泡沫喷射装置安装　　　　　　图 8.51　泡沫喷射效果

在综掘工作面构建泡沫降尘系统完毕后，进行了应用试验。结果表明，较之喷雾降尘技术，实施泡沫降尘后，掘进迎头粉尘浓度大幅降低，如图 8.52 和图 8.53 所示。

为了考察泡沫的降尘效率，对掘进面粉尘浓度进行了测量，按照《AQ 1020—2006 煤矿井下粉尘综合防治技术规范》的规定，在掘进机司机处设置测试点。分别测试了掘进面粉尘基数、外喷雾降尘、泡沫降尘和同时开启泡沫降尘和外喷雾时的粉尘浓度。

图 8.52　掘进面使用喷雾降尘情况

图 8.53　掘进面实施泡沫降尘情况

　　由表 8.3 可以看出,司机处粉尘全尘浓度由原来的 1103mg/m³ 降低为 308.8mg/m³,呼吸性粉尘由原来的 596mg/m³ 降低为 149mg/m³,根据图 8.54 和图 8.55 可计算出,高效泡沫对全尘的降尘效率是水雾的 2.52 倍,而对呼吸性粉尘的降尘效率是水雾的 3.08 倍。采取泡沫降尘之后,粉尘浓度明显降低,掘进面工作环境明显改善,掘进迎头清晰可见,能见度由原来的不足 0.5m 提升到了 6m,有效地降低了井下掘进工作面的粉尘浓度,保障了矿工的身心健康和井下的正常生产,同时泡沫耗水量为 1.5m³/h,远小于水雾降尘所需耗水量,大大缓解了煤矿供水压力,也解决了工作面积水问题,保证了掘进机的顺利掘进。

表 8.3　粉尘浓度测试原始数据

| 测试项目 | 全尘/(mg/m³) | | | | 呼吸性粉尘/(mg/m³) | | | | 降尘效率/% | |
|---|---|---|---|---|---|---|---|---|---|---|
| | 第一次 | 第二次 | 第三次 | 平均 | 第一次 | 第二次 | 第三次 | 平均 | 全尘 | 呼尘 |
| 基数 | 1170 | 1060 | 1079 | 1103 | 709 | 518 | 561 | 596 | — | — |
| 外喷雾 | 870.4 | 757.9 | 754 | 794.1 | 374.3 | 487.3 | 497.1 | 452.9 | 28.7 | 24.4 |
| 泡沫 | 295.9 | 267.4 | 363.4 | 308.9 | 201.7 | 81.1 | 164.2 | 149 | 72.4 | 75.2 |
| 外喷雾和泡沫 | 332.5 | 272.2 | 255.7 | 286.8 | 174.7 | 121.8 | 97.8 | 131.4 | 74.5 | 78.1 |

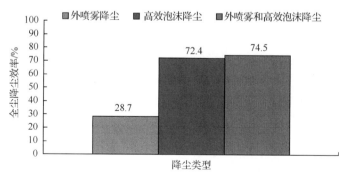
图 8.54　掘进机司机处降尘效率对比(全尘)

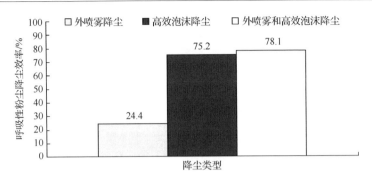

图 8.55　掘进机司机处降尘效率对比(呼吸性粉尘)

### 8.7.2　综采工作面泡沫降尘应用

朱仙庄煤矿位于安徽省北部宿州市东 12km 处,1983 年 4 月正式投产,核定生产能力 2.45Mt/a,是淮北矿业集团的主力生产矿井之一。煤种为 1/3 焦煤、气煤,享有"环保煤"之美誉。矿井主采煤层为 8 煤和 10 煤,井田面积 26.3km², 开采深度-290～-1000m,轴部为二叠系煤系地层,四周被奥陶系和石灰系灰岩所包围;绝对瓦斯涌出量为 61.51m³/min,相对瓦斯涌出量为 14.37m³/t,且曾发生过瓦斯动力现象,2011 年被鉴定为煤与瓦斯突出矿井。近年来保持两个综采工作面和一个综放工作面的采煤生产格局。

Ⅱ1051 综采工作面位于矿井南部二水平,是Ⅱ5 采区的首采工作面,上限标高为-441.5m、下限标高为-514m;煤层平均厚度为 2.16m,倾角为 11°～30°,平均 20°;伪顶为泥岩、直接顶为中细粒粉砂岩、老顶为粉砂岩,直接底为砂质泥岩、老底为砂泥岩互层。Ⅱ1051 综采工作面的煤尘爆炸指数为 34%,具有爆炸危险性,因而高浓度粉尘既危害工人身体健康,也是煤尘爆炸的危险源。特别是该工作面所采煤层含有白砂岩等坚硬夹矸,采煤机经常强行截割产生的岩尘疏水性强、呼吸性粉尘所占比重大,煤层注水和喷雾等技术难以奏效。

综采工作面泡沫降尘技术在国内尚无应用先例,造成这一现状的最主要原因就是综采面泡沫制备困难。我国煤矿现主要采用滚筒采煤机进行割煤作业,而随该类采煤机实时移动的管线槽里只能容纳一路电缆管和一路压水管,无法再加入压风管路,即无法长距离敷设压风管路至采煤机上,因而传统泡沫降尘工艺及装备无法实施。通过采用自吸空气式产泡技术,有效地解决了这一难题。

图 8.56 所示为Ⅱ1051 综采工作面配备的 MG550/1380-WD 型双滚筒采煤机。该采煤机采用双向割煤方式,每个滚筒的截割功率为 550kW,割煤时的最大截深达 1000mm。该

图 8.56　Ⅱ1051 工作面使用的采煤机

工作面没有可随采煤机移动的压风管路可用。使用定量泵添加发泡剂,不仅使系统趋于复杂,而且存在安全隐患。因此,自吸空气与发泡剂的产泡技术就成为在该采煤面实施泡沫降尘的关键技术。

　　图8.57所示为安装于采煤机上的自吸式发泡装置。以该发泡装置为核心,结合该工作面的实际,构建如图8.58[71]所示的自吸式泡沫降尘系统。其工艺流程如下:利用快速接头将压水管与工作面防尘供水管路连通,打开控制开关,将压力水引入系统,通过调节阀并观察压力表读数将水压调至适当压力,压力水经主供水管、支供水管通入安设于采煤机左、右滚筒附近的自吸空气式发泡装置,通过该发泡装置产生稳定连续地具有较高出口压力的泡沫,利用分流器将泡沫分成两股进入各自的输送管并输入扇形喷头,最后通过扇形泡沫喷头将泡沫呈扇状喷射至采煤机滚筒截齿;通过调节阀调控泡沫产生流量,直至扇形泡沫喷头喷射出的扇状泡沫将采煤机滚筒截割尘源充分覆盖和包裹。

图8.57　自吸式泡沫发生装置

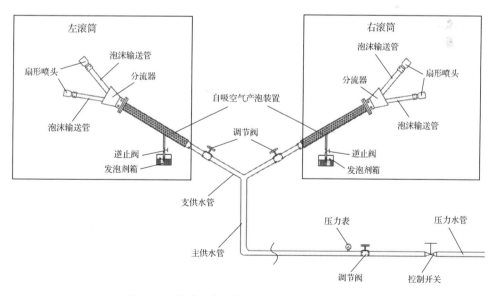

图8.58　综采工作面自吸式泡沫降尘系统示意图

由于采煤机割煤作业中的粉尘产生于滚筒截齿处,故泡沫的作用范围应该是截割滚筒四周,特别是滚筒截齿割煤的切线方向(绝大多数粉尘沿截齿运动的切线方向甩出)。经多次实地勘察,决定采用一大一小两只扇形喷头对滚筒尘源进行包裹,如图 8.59 所示。

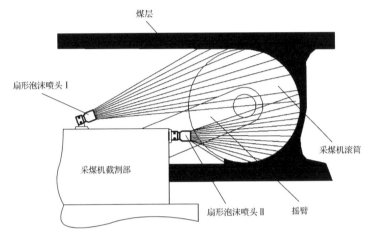

图 8.59　采煤机滚筒附近泡沫喷头布置示意图

在Ⅱ1051 综采面构建自吸式泡沫降尘系统后,进行了工业性试验。结果表明,该降尘系统运行后,工作面粉尘浓度显著降低,如图 8.60 所示。

(a) 喷雾降尘　　　　　　　　　　　　　(b) 泡沫降尘

图 8.60　Ⅱ1051 综采面泡沫与水雾降尘效果直观对比

为定量化考察泡沫降尘技术在Ⅱ1051 工作面的应用效果,依据国家安全生产行业标准《煤矿井下粉尘综合防治技术规范(AQ 1020—2006)》关于粉尘检测的要求,在采煤机司机处和采煤机下风侧 15m 处布置两个测尘点,采用 CCGZ-1000 型直读式测尘仪,分别测量了干式割煤、喷雾降尘、泡沫降尘三种情形下的总粉尘(全尘)和呼吸性粉尘(呼尘)浓度,实测数据列于表 8.4 和表 8.5。

**表 8.4　采煤机司机处粉尘浓度实测数据**

| 采煤机司机处 | 干式割煤 | | 喷雾降尘 | | 泡沫降尘 | |
|---|---|---|---|---|---|---|
| | 全尘 | 呼尘 | 全尘 | 呼尘 | 全尘 | 呼尘 |
| 粉尘浓度 /(mg/m³) | 875.1 | 358.3 | 598.6 | 287.8 | 88.2 | 46.5 |
| | 948.7 | 402.1 | 672.5 | 310.4 | 123.9 | 61.8 |
| | 914.4 | 374.8 | 651.2 | 293.9 | 108.4 | 52.3 |
| 平均浓度 | 912.7 | 378.4 | 640.8 | 297.4 | 106.8 | 53.5 |

**表 8.5　采煤机下风侧 15m 处粉尘浓度实测数据**

| 采煤机下风侧 15m 处 | 干式割煤 | | 喷雾降尘 | | 泡沫降尘 | |
|---|---|---|---|---|---|---|
| | 全尘 | 呼尘 | 全尘 | 呼尘 | 全尘 | 呼尘 |
| 粉尘浓度 /(mg/m³) | 985.8 | 401.6 | 718.4 | 324.6 | 115.7 | 54.2 |
| | 1128.2 | 452.5 | 785.1 | 383.2 | 153.1 | 76.4 |
| | 1024.3 | 468.5 | 736.7 | 352.8 | 135.2 | 63.9 |
| 平均浓度 | 1046.1 | 440.9 | 746.7 | 353.5 | 134.7 | 64.8 |

　　在采煤机司机处和下风侧 15m 处,泡沫降尘和水喷雾技术的平均降尘效率比较如图 8.60 和图 8.61 所示。

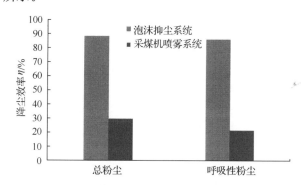

图 8.61　司机处泡沫与水雾的降尘效率比较

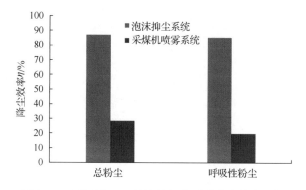

图 8.62　下风侧 15m 处泡沫与水雾的降尘效率比较

由图 8.61 和图 8.62 可知:降尘泡沫对全尘的降尘效率是水雾的 3 倍左右,而对呼吸性粉的降尘效率是水雾的 4 倍左右[72];结合表 8.5 和表 8.6 可以推断,泡沫显著降低了综采工作面的粉尘浓度,为采煤工人的身心健康和井下的安全生产提供了有力保障。

### 8.7.3　皮带转载点泡沫降尘应用

平顶山一矿位于河南平顶山市北郊,1959 年投产,设计生产能力 1.5Mt/a,经过改扩建,该矿基本具备了 500Mt/a 的生产能力。随着矿井产量的提升,运输、转载任务成倍增加,转载点粉尘产生量也急剧增加,严重影响矿工健康和煤矿安全的问题,亟待解决。根据一矿生产需要,泡沫降尘实施地点选在一个斜井机头转载点。该转载点是一矿皮带运输系统主要产尘点之一,以往主要采用喷雾降尘,但降尘效果较差。

图 8.63 为转载点泡沫降尘系统布置图[73],发泡器固定在胶带运输机旁的铁架子上,从转载点附近的水管和压风管的主管路上各引出直径 19mm 高压胶管,并将水、风管路分别与发泡剂添加装置、发泡器连接,生成的泡沫采用直径 51mm 的高压胶管输送至分配器,而后由直径 19mm 高压胶管输送至安装在掘进机炮头附近的喷头,最后由喷头喷洒至尘源(切割滚筒),抑制矿尘的扩散。图 8.64 和图 8.65 为系统安装的实物图。

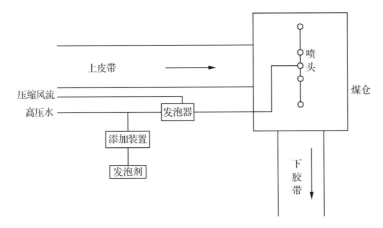

图 8.63　转载点泡沫降尘工艺

图 8.64　安装在管路中的泡沫发生器

图 8.65　泡沫分流器及喷头

　　泡沫喷头的安装是决定除尘效果好坏的关键。根据产尘情况,按照形成立体密闭空间的设计原则,设计喷头安装位置如图 8.65 所示,单个泡沫喷头喷出的泡沫呈扇形,角度达120°,泡沫可以很好地扩散。该设计共用 5 个喷头,两个喷头向前下方喷射,正好喷在煤流和煤仓前壁撞击处的产尘点;后方一个向后下方喷射,喷射到煤流上起到润湿作用;在泡沫分配器左右两侧的向侧下方喷射,喷头喷射出的泡沫形成一个近似于四棱锥的密闭空间,罩在明斜井转载点的煤仓上,能够有效地覆盖产尘点,抑制粉尘的产生,同时泡沫幕能够拦截未覆盖到的粉尘,阻止其扩散。图 8.66 和图 8.67 所示为实施泡沫降尘前后的对比。

图 8.66　泡沫降尘实施前　　　　　　　　图 8.67　泡沫降尘实施后

表 8.6 所示为在该转载点实施泡沫降尘过程中粉尘浓度测试数值。

**表 8.6　转载点粉尘浓度测量数据及降尘效率比较**

| 项目 | 转载点总粉尘浓度/(mg/m³) | 转载点呼吸性粉尘浓度/(mg/m³) | 泡沫降尘后总粉尘浓度/(mg/m³) | 泡沫降尘后呼吸性粉尘浓度/(mg/m³) |
|---|---|---|---|---|
| 测量数据 | 60.43 | 30.12 | 7.21 | 4.83 |
| | 58.35 | 28.55 | 5.68 | 4.58 |
| | 64.28 | 23.46 | 7.69 | 4.05 |
| | 62.38 | 30.26 | 7.34 | 4.91 |
| | 61.27 | 28.37 | 7.59 | 4.85 |
| 平均浓度 | 61.34 | 28.15 | 7.10 | 4.64 |
| 降尘效率/% | | | 88.14 | 83.51 |

　　从图 8.66 和图 8.67 可以看出,在泡沫降尘实施之前,转载点产生的粉尘较多,能见度也较低,泡沫降尘实施过程中,粉尘被泡沫包裹,粉尘的产生量大大降低,能见度也明显提高。根据表 8.6 降尘前后的粉尘浓度可以得出,采用泡沫降尘技术后,明斜井转载点对全尘的降尘效率达到了 88.14%,对呼吸性粉尘的降尘效率也达到了 83.51%,并且降尘后悬浮空气的平均全尘浓度为 7.10mg/m³,呼吸性粉尘平均浓度为 4.64mg/m³,均符合国家标准对粉尘浓度的规定,显著改善了皮带输煤作业环境。

# 8.8　本 章 小 结

　　泡沫是气液两相构成的气泡群体,喷射时近似呈连续状态,有利于捕捉空气中粉尘。泡沫射流具有一定厚度,可有效隔断粉尘的扩散,泡沫可在尘源处不断堆积形成封堵层,实现高效抑尘。与水雾相比,泡沫降尘具有对粉尘润湿速度快、覆盖性能好、抑尘效果显著的优势。降尘泡沫由水、空气和发泡剂通过机械发泡方式制备,利用添加装置将发泡剂添加到水中形成发泡液,空气与发泡液在泡沫发生器中通过物理混合作用产生降尘泡沫,最终由泡沫喷射装置喷射到产尘点,进行高效降尘。

　　针对泡沫降尘技术中需解决的关键问题,研制了一种新型环保型高效发泡剂。该发泡剂起泡能力强,对粉尘润湿性好;利用射流装置可靠性高、压力波动小的特点,研发了一种阀门并联式发泡剂添加装置,实现了小比例发泡剂的稳定连续添加,添加过程无汽蚀产生,添加精度高,压力损失小;根据煤矿井下的实际作业环境,设计了两种射流式泡沫发生器,实现了气液的低阻高效发泡,保证了一定的泡沫输送压力,两种发泡装置分别适用于有、无供风管路的采掘作业点;根据采掘产尘点对泡沫喷射装置的特殊要求,研发了弧扇形泡沫喷头及可调式喷头支架,确保了泡沫对尘源的有效包裹,提高了泡沫利用率,实现了高效降尘。泡沫降尘技术已在矿井中获得较广泛应用,取得了显著的降尘效果,成为了一种高效降尘的关键技术,应用前景广阔。

## 参 考 文 献

[1] Price F H. Dust suppression (pneumoconiosis) experiments at a Kent Colliery. Colliery Guardian, 1946, 172(2): 517-521

[2] Mullins C R. Dust suppression in Yorkshire-Foam boring and wet boring in dtone drifts. Iron and Coal Trades Review, 1950, 160(1): 1221-1225

[3] Horner A. Prevention of dust deposits from B coming Airborne, and the suppression of dust at the source of dormation. Proceedings of Meeting of Experts on the Prevention and Suppression of Dust in Mining (Vol. III), tunneling and quarrying, December, 1952: 190-194

[4] Editorial Office of CMJ. Suppressing drill dust by foam. Canadian Mining Journal, 1964, (6): 66

[5] Park C K. Abatement of drill dust by the application of foams and froths. Montreal: McGill University PhD, 1971

[6] Gordon V L. Drill dust and noise abatement using foams. Montreal: McGill University PhD, 1974

[7] 王海宁, 吴超. 表面活性剂在矿山防尘中的应用. 煤矿安全, 1996, (4): 24-27

[8] 煤炭科学研究院重庆研究分院. 矿井粉尘译文集. 北京: 煤炭工业出版社, 1974

[9] Mopeb A M, 曾昭慧. 苏联马可尼在煤矿防尘方面的科研工作. 国外防尘技术, 1982, (12): 127-134

[10] Hiltz R H. Underground application of foam for suppression of respirable coal dust. Pittsburgh, USBM & Monsanto Research Corp., 1974

[11] Cole H W, Klemmer C R. Dust suppression in coal mines. Pittsburgh: USBM & DeTer Co., Inc, 1972

[12] Seibel R J. Dust control at a transfer point using foam and water sprays. Technical Progress Report 97. Pittsburgh, USBM, 1976

[13] Wojtowicz A, Mueller J C, Hedley W H, et al. Foam suppression of respirable coal dust. Pittsburgh: USBM & MSAR, 1975

[14] 查罗尼兹 N, 李春玉. 简单的泡沫装置可有效控制长壁工作面的粉尘. 煤炭技术, 1991, (2): 26, 27

[15] 赵鹏飞,蒋仲安,甄增林. 泡沫抑尘技术及其在掘进工作面的应用. 煤炭科学技术,2006,34(12):38-41

[16] Mukherjee S K,Singh M M. Spraying foam helps control longwall dust. Coal Age,1984,89(6):54-56

[17] Laurito A W,Singh M M. Evaluation of air sprays and unique foam application methods for longwall dust control. Pittsburgh:Engineers International,Inc & U S Bureau of Mines,1987

[18] 山尾信一郎,梅津富. 机采工作面的泡沫除尘. 煤矿安全,1984,(4):50-53

[19] 陈东生. 全岩掘进机的泡沫灭尘. 煤矿机电,1986,(6):7-12

[20] 周长根. 凿岩泡沫除尘. 工业安全与防尘,1988,(4):15-19

[21] 周长根,王冠英. 凿岩泡沫除尘方法. 中国,90100732.3. 1990

[22] 蒋仲安,金龙哲,靳瑞英,等. 泡沫除尘中相似准则数的探讨. 辽宁工程技术大学学报,1999,18(4):445-447

[23] 蒋仲安,李怀宇. 泡沫除尘技术的研究与应用. 中国安全科学学报,1997,7(3):53-57

[24] 任万兴. 煤矿井下泡沫抑尘理论与技术研究. 徐州:中国矿业大学博士学位论文,2009

[25] 刘剑,王九思,吕江平,等. 表面活性剂在泡沫浮选分离中的应用. 精细石油化工进展,2008,9(6):50-53

[26] 刁素,任山,林波,等. 高温高盐油藏泡沫驱稳泡剂抗盐性评价. 石油地质与工程,2007,21(2):90-93

[27] 陈伟章,徐国财,章建忠,等. 复合表面活性剂溶液体系的超起泡性能研究. 精细与专用化学品,2007,15(3):21-24

[28] 蒋仲安,王伟. 降低爆破烟尘的降尘剂配方的实验研究. 煤炭学报,2011,36(10):1720-1724

[29] 王莉娟,张高勇,董金凤,等. 泡沫性能的测试和评价方法进展. 日用化学工业,2005,35(3):171-173

[30] 朱王步瑶,刘迎清. 表面活性剂水溶液的起泡性研究. 精细化工,1993,10(5):1-5

[31] 吴超,彭小兰,李明,等. 粉尘湿润剂的性能测定新方法及其应用. 中国有色金属学报,2007,17(5):830-835

[32] 吴超,左治兴,欧家才,等. 不同实验装置测定粉尘湿润剂的湿润效果相关性. 中国有色金属学报,2005,15(10):1612-1617

[33] 李凯,毛罕平,李百军. 混药混肥装置控制性能分析. 农业机械学报,2003,34(1):50-53

[34] 王德明,任万兴,郭小云. 一种三相泡沫发泡剂定量添加泵. 中国,2007200396451. 2007

[35] 李华安,师黄河. 水力混合计量泵在煤矿化学降尘中的应用. 中州煤炭,1990,(2):14-23

[36] 闵永林. 压力式空气泡沫比例混合器的结构设计与计算. 消防科学与技术,2001,3(2):33-37

[37] 张思梅,吴义锋. 泡沫比例混合器混合比的分析. 安徽水利水电职业技术学院学报,2003,3(2):28-31

[38] 唐黎明,郝敏. 泡沫比例混合器的种类与应用. 石油库与加油站,2010,19(5):28-31

[39] 秘义行,吴洪有. 低倍数泡沫灭火系统设计. 消防技术与产品信息,1998,(1):199-203

[40] 李百军,毛罕平,李凯. 并联文丘管吸肥装置的研究及其参数选择. 排灌机械,2001,19(1):42-45

[41] Kudirka A A,Decoster M A. Jet pump cavitation with ambient and high temperature water. Journal of Fluid Mechanics,1979,101(1):93-99

[42] 王朝晖,张景松,石永春. 射流定量吸入装置在煤矿井防灭火中的应用. 水泵技术,2007,(1):34-36

[43] 王海军. 文丘里管射流装置的结构及工作原理. 西南科技大学学报,2004,19(2):42-44

[44] 孙寿. 水泵汽蚀及其防治. 北京:水利电力出版社,1989

[45] 弗·亚·卡列林. 离心泵和轴流泵中的汽蚀现象. 北京:机械工业出版社,1985

[46] 陆宏圻. 喷射技术理论及应用. 武汉:武汉大学出版社,2004

[47] 吴萍,陈长林. 背负式手动喷雾器混药装置的研究. 中国农机化,2000,(5):33-35

[48] 陈长林,龚艳. 基于两级射流泵混药装置的喷雾机应用试验研究. 中国农机化,2007,(4):72-74

[49] 李羊林,吴春笃. 双级串联射流泵混合比的研究. 机电工程技术,2004,33(2):34-43

[50] 王德明,任万兴,陆新晓,等. 一种发泡剂自动添加装置. 中国,2011101303671. 2011

[51] 王德明,王和堂,陆新晓,等. 一种负压式矿用泡沫降尘装置. 中国,2011101508811. 2011

[52] Wang H T,Wang D M,Lu X X,et al. Experimental investigations on the performance of a new design of foaming agent adding device used for dust control in underground coal mines. Journal of Loss Prevention in the Process Industries,2012,25(6):1075-1084

[53] Page S J,Volkwein J C. Foams for dust control. Engineering and Mining Journal,1986,10:50-54

[54] 王和堂,王德明,任万兴,等.煤矿泡沫除尘技术研究现状及趋势.金属矿山,2009,(12):131-134

[55] 王德明,任万兴,王兵兵,等.一种用于煤矿井下的泡沫除尘系统.中国,2008100235783.2008

[56] 抚顺煤科院.高倍数泡沫灭火及其在煤矿的应用.北京:煤炭工业出版社,1980

[57] 王德明,任万兴,王兵兵,等.一种煤矿除尘用泡沫发生装置.中国,2008100235778.2008

[58] 陆新晓,王德明,王和堂,等.气液两相混合发泡降尘新技术的研究与应用.中国安全生产科学技术,2012,8(11):16-20

[59] 王德明,陆新晓,王和堂,等.一种风动射流式比例发泡装置.中国,2012103763477.2012

[60] 伊曼纽尔·G.气体动力学的理论与应用.北京:宇航出版社,1992

[61] 王德明,王和堂,王庆国,等.煤矿降尘用自吸空气式旋流发泡装置.中国,2013100545328.2013

[62] Wang H T,Wang D M,Tang Y,et al. Experimental investigation of the performance of a novel foam generator for dust suppression in underground coal mines. Advanced Powder Technology,2014,25(3):1053-1059

[63] 韩方伟,王德明,任万兴.泡沫降尘技术的发展及关键问题.煤矿安全,2013,44(10):78-81

[64] 任万兴,郭庆,王德明,等.煤矿降尘泡沫喷头的设计与优化.煤炭学报,2014,39(6):1102-1106

[65] 王兵兵.防治矿尘用扇形泡沫喷头的试验研究.徐州:中国矿业大学硕士学位论文,2010

[66] 王德明,任万兴,巫斌伟,等.一种用于煤矿井下除尘的泡沫喷头.中国,2008100230012.2008

[67] 王德明,韩方伟,汤笑飞,等.用于降尘的弧扇喷嘴.中国,2012103897062.2012

[68] 王德明,韩方伟,张义坤,等.一种用于矿井综掘面粉尘防治的可调式喷射支架.中国,2012101051707.2012

[69] Wang H T,Wang D M,Ren W X,et al. Application of foam to suppress rock dust in a large cross-section rock roadway driven with roadheader. Advanced Powder Technology,2013,24(1):257-262

[70] 陆新晓,王德明,任万兴,等.泡沫降尘技术在掘进工作面的研究与应用.矿业安全与环保,2012,39(1):27-29

[71] 王德明,王和堂,王庆国,等.采煤工作面自吸空气式泡沫降尘系统.中国,2013100545282.2013

[72] Wang H T,Wang D M,Wang Q G,et al. Novel approach for suppressing cutting dust using foam on a fully mechanized face with hard parting. Journal of Occupational and Environmental Hygiene,2014,11(3):154-164

[73] 陆新晓,王德明,任万兴,等.泡沫降尘技术在转载点的应用.煤矿安全,2011,42(11):65-67

# 第9章 个体防尘

　　个体防尘是指井下作业场所穿戴和使用个体防护装备,防止矿尘进入呼吸道的行为。在煤矿井下许多作业场所,虽然采用了防尘措施,粉尘浓度有了大幅度的下降,但仍有一些作业地点的粉尘浓度难以达到国家卫生标准,有些作业环节的粉尘浓度甚至严重超标,个体防尘装备是减少吸入人体粉尘的最后一道防线。

## 9.1　个体防尘装备的发展

　　20世纪初期,国外一些工业化程度较高的国家开始了防尘口罩的研制[1]。最初,防尘口罩的滤料选用松软的海绵,但结果表明,海绵对粉尘的过滤能力很差,呼吸阻力也较大,因此并未得到普及。人们开始研究滤料的材质与阻尘效果之间的关系,并尝试直接将滤料加工成型,作为防尘口罩的主体,这种口罩的质量和体积都很小,佩戴方便,应用范围较广。与此同时,还出现了带有呼气阀的标准型防尘口罩,呼气阀仅用以排出呼出的气体,外界含尘空气经过过滤器过滤进入口罩内,阻尘效果较好。20世纪50年代,采用压缩空气作为清洁空气源的隔绝压风式口罩[1]开始小范围试用。这种装置几乎没有呼吸阻力,但由于当时生产条件的局限,空气输送软管限制了作业活动范围,井下作业环境中并不适用。70年代中期,英国研制出由防尘面罩和安全帽结合而成的气流式防尘帽[2],含尘空气被安全帽内的风机吸入,由过滤器过滤后送至面罩中。防尘安全帽的构造比较特殊,所以不存在呼吸阻力,但风机、电池、玻璃面罩等增加了质量,阻碍了作业人员间的交流。

　　我国个体防尘装备研制始于20世纪50年代,当时个体防尘装备以纱布口罩为主,但纱布只能挡住$5\mu m$以上的粉尘,其阻尘原理是机械式过滤,当粉尘冲撞到纱布时,经过一层层的阻隔,将大颗粒粉尘阻隔在纱布中,而小于$5\mu m$的粉尘会从纱布的网眼中穿过,进入呼吸系统,仍对人体健康产生很大的影响。1975年,北京市劳动保护研究所研制出一种简易防尘口罩,成本低,使用方便。据实测,当$2\mu m$滑石粉尘浓度达到$30mg/m^3$时,阻尘效率在96%以上,在不同作业场所都有很好的防尘效果[3]。1981年,重庆煤科院以英国气流式防尘安全帽为基础,研制出适用于井下环境的送风式防尘帽[4]。这种防尘帽阻尘率高,采用自主供风,呼吸阻力很小,但其质量和体积都较大,使用不便。1984年,高强度、可多次清洗的聚丙烯纤维毡首次作为滤料应用在防尘口罩上,提高了其耐用性,适用于湿度或者劳动强度较大的工作环境[5]。历经半个多世纪的发展,我国个体防尘装备的类型与技术指标总体上与国际接轨。

　　个体防尘装备按其工作原理可分为过滤式和隔绝压风式两类[6]。其中,过滤式防尘装备是主体,已有了丰富的产品类别和严格标准,广泛应用于各种接尘环境的个体防尘,而隔绝压风式装备则是针对矿井开采中的一些特定作业环境使用的个体防尘装备,在具有压风的条件下使用,应用范围还较小。

# 9.2 过滤式防尘装备

滤料是过滤式防尘装备的核心部件,外部含尘空气通过滤料过滤净化后进入罩体内供佩戴者呼吸,其质量的高低与口罩的阻尘性能直接相关。

我国早期的口罩滤料以直径 18μm 左右的棉纱、羊毛、纱布等天然纤维为主,仅通过惯性、阻留和扩散作用过滤粉尘,由于其本身孔隙直径较大,对 5μm 以下的呼吸性粉尘过滤效率很低[7]。20 世纪 60 年代,氯纶、维纶、腈纶和涤纶等针织棉毛布型滤料逐渐发展起来,这些化学纤维具有静电吸附作用,阻尘率较高,加工成疏松的绒布后,容尘量增加,呼吸阻力上升速度减缓[8]。从 80 年代开始,过氯乙烯超细纤维滤料、聚酰胺、聚丙烯纤维[9]等新型过滤材料不断出现,聚丙烯纤维因其原料来源丰富,生产过程简单,成本低,强度高等特点,已成为目前最常用的过滤材料[10]。21 世纪以来,熔喷非织造布技术日渐成熟,它将高聚物挤压熔融塑化后,利用高速高压热气流拉伸成超细纤维,在收集装置上自身黏合成型[11]。聚丙烯纤维经熔喷法加工后纤维直径可达 0.5~0.1μm,具有比表面积大、孔隙率高及呼吸阻力低等一系列优点。

理论上,过滤材料的密度越大,阻尘率就会越高,但同时呼吸阻力就会变大,过高的呼吸阻力会影响口罩佩戴的舒适度,进而直接影响佩戴者的正常作业。如果在生产过程中给材料附着静电,通过静电作用吸附微细颗粒,就可以大幅度提高滤料对粉尘的捕集量[12]。

过滤式防尘装备根据吸入空气动力来源的不同可分为自吸过滤式和送风过滤式两种。

## 9.2.1 自吸过滤式

自吸过滤式防尘口罩利用佩戴者自身的呼吸作用作为吸入空气的动力,含尘空气通过滤料进入口罩内部供佩戴者呼吸。它可分为简易防尘口罩和复式防尘口罩两种[8]。

简易防尘口罩是指吸气和呼气都通过滤料的自吸过滤式防尘口罩,如图 9.1(a)所示。它直接将滤料加工成型,作为口鼻保护罩,不单独设置呼气阀。这种口罩体积、质量都很小,使用方便,成本较低。但在实际使用时,会因为与佩戴者面部贴合程度不高而造成漏风,大幅度降低了阻尘效率。另外,由于其吸入和呼出的空气均经过同一通道,呼出气体中含有的大量水分会润湿滤料,呼吸时气流中的各种杂物直接沉积在过滤层上,致使口罩的呼吸阻力不断增大,无法满足工作人员高强度作业的需求。

为了解决这一问题,配有滤尘盒和呼吸阀复式防尘口罩应运而生。目前单过滤罐复式防尘口罩是井下最常用的防尘装备,如图 9.1(b)所示。呼气阀处的乳胶片位于口罩外部,可防止吸气时外部含尘空气直接进入,当呼气时,乳胶片被吹开,废气迅速排出,降低口罩内的闷热感。与简易口罩相比,复式口罩吸入和呼出气体的流动通道不同,呼吸阻力上升速度缓慢,当口罩与佩戴者面部轮廓较为匹配时,可在中等浓度粉尘环境下长时间使用并具有较好的阻尘效果。这种口罩使用寿命周期较长,滤料不可重复使用,使得成本偏高,呼气阀处乳胶片复位能力不强,密闭性不理想,容易对口罩内部造成污染。

(a) 简易防尘口罩　　　　　　　　(b) 单过滤罐复式防尘口罩

图 9.1　自吸过滤式防尘口罩

### 9.2.2　送风过滤式

送风过滤式防尘装备需要借助外界动力吸入含尘空气,经滤料净化后通过管路供入呼吸面罩内。风流净化系统由送风动力装置、过滤器、送风导管、防尘口罩或头盔等构成,呼出的废气经口罩上的呼气阀排出,保证呼吸罩内空气的清洁程度[10]。图 9.2[13,14] 所示为送风过滤式防尘口罩的结构原理图和实物图,主机内包含微型电机、离心风机、开关、风量调节旋钮等。

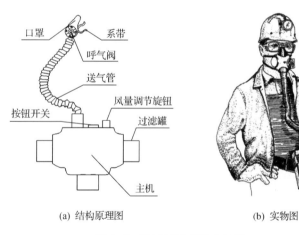

(a) 结构原理图　　　　　　　　　(b) 实物图

图 9.2　送风过滤式防尘口罩

送风过滤式防尘头盔是以过滤式送风防尘口罩为基础研制的,将电动送风装置和过滤器内置于头盔中,集呼吸系统防护、面部防护、头部防护于一体,如图 9.3 所示[14]。

预过滤器可截留 80%～90% 的粉尘,经主过滤器再次净化后的清洁空气一部分供佩戴者呼吸,另一部分同呼出的废气直接排出,用于降低面罩内部的温度[15]。这种防尘装备是为解决自吸过滤式装备呼吸阻力偏高的问题而设计的,克服了自吸式防尘装备阻尘率与呼吸阻力之间的矛盾。它的阻尘率高,使用寿命长,适用于粉尘浓度高或者活动空间宽阔的作业环境。由于设备结构复杂,对后期维护、保养要求较高,体积偏大、质量增大,降低了工作人员作业时的灵活性。防尘头盔上的面罩对人员沟通有很大阻碍,采用玻璃

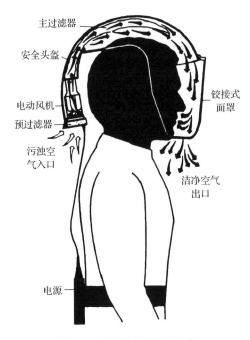

图 9.3　送风过滤式防尘帽

材质制作易出现磨损,影响正常作业。

## 9.3　隔绝压风式防尘装备

隔绝压风式防尘设施是一种利用送风长管将新鲜空气送至防尘装备内供佩戴者呼吸使用的集体防尘装置[16],如图 9.4 所示。这种防尘装置包括带呼气阀的口罩或头罩、导气软管(最长可达 100m 以上)、小型送风机、肩腰固定带、气体流量调节器等。它将进气端放置于无污染的环境中,如采煤工作面进风巷或掘进工作面压风风筒出口处,利用小型送风机通过导气长管将清洁空气送至呼吸口罩内。

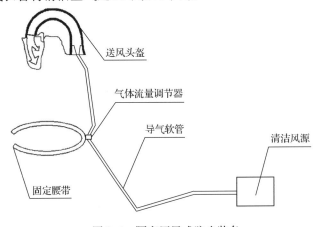

图 9.4　隔离压风式防尘装备

在煤矿井下粉尘浓度高,工人工作地点变化不大的作业区域,如锚喷作业、避难硐室或特殊条件下的干打眼等,可采用隔绝压风式防尘方法。面罩内不存在呼吸阻力,阻尘效果比较理想,同时又具有防尘和防毒的双重功能。但这种方法需要从新鲜风源处引出较长的管路供给呼吸,每个佩戴者作业时都有一根供气软管与风源相连,不能交叉作业和远距离行走,活动范围受到限制,而且一旦供风设施出现故障,整个设备都无法使用,其稳定性不高。

# 9.4　本 章 小 结

防尘口罩是井下作业人员十分重要的个体防尘装备,是阻止粉尘进入人体的最后一道防线,在当前各种防尘措施还无法完全降尘的情况下,对保障工人的身体健康具有重要意义。

自吸过滤式防尘口罩因其使用方便、阻尘率较高、成本低而成为目前个体防尘的主要装备,但存在呼吸阻力过大,也会因其自身结构的原因而造成漏风,降低阻尘效率。送风过滤式和隔绝压风式防尘装备解决了呼吸阻力较大的问题,头盔式设计基本避免了漏尘现象,但存在成本高和较笨重的不足,还需进一步研发低成本和高阻尘率的个体防尘装备。

## 参 考 文 献

[1] Bauer H P. 西德防尘呼吸护具的发展和现状. 余启元译. 工业安全与防尘,1989,3:44,45
[2] 董品生. 气流式防尘安全头盔. 劳动保护,1979,5:32
[3] 北京市劳动保护科学研究所机电安全组. 简易防尘口罩. 劳动保护,1976,4:40
[4] 王耀明. AFM-1 型防尘安全帽. 煤矿安全技术,1982,1:1-7,34
[5] 夏昌华,周锡芝. 武安-6 型防尘口罩. 冶金安全,1984,4:28-30,49
[6] 范永平,黄畴. 国产防尘面具简介. 工业安全与防尘,1990,5:42-44
[7] 罗伶. 防尘口罩阻尘效率和呼吸阻力影响因素的探讨. 中国个体防护装备,2004,5:14-17
[8] 赵钜,蔡名义,刘昌懿. 我国自吸过滤式防尘口罩概况. 工业安全与防尘,1986,3:38-40
[9] 颜家保,张文龙,朱焱,等. 试验呼吸性粉尘及防尘滤料性能研究. 工业安全与防尘,2000,2:36-38
[10] 赵恩彪,邓楠,隋金君,等. 煤矿用送风式防尘口罩的设计与实现. 中国安全科学学报,2013,23(7):104-108
[11] 刘玉军,侯幕毅,肖小雄. 熔喷法非织造布技术进展及熔喷布的用途. 纺织导报,2006,8:79-80,83,95
[12] 程博闻,康卫民. 驻极体聚丙烯熔喷非织造材料及其制造方法. 中国:200310107113.3,2004-11-10
[13] 郑万成. 矿山个体防尘装备的发展与探讨. 矿业安全与环保,2014,06:104-106,116
[14] Hartman H L, Mutmansky J M, Ramani R V, et al. Mine Ventilation and Air Conditioning(3rd Edition). New York:Wiley-Interscience,1997
[15] Hush D R, Home B G. Progress in supervised neural networks . IEEE Signal Processing Magazine,1993,10(1):8-39
[16] 于翔. 我国防尘护具的生产现状及发展趋势. 工业安全与防尘,1994,7:19-21

# 第 10 章　矿尘的检测与监测

矿尘检测与监测是获得矿井尘源及产尘情况、正确评价矿井安全生产和劳动卫生条件的主要手段，是指导降尘工作、制定防尘措施、选择除尘设备的依据。所谓矿尘检测就是使用指定的方法对矿井环境中矿尘的某些物理或化学指标进行检验测定，目前矿尘检测的指标主要为矿尘的分散度及矿尘中游离 $SiO_2$ 含量；矿尘监测是指对矿尘的某些指标进行较长的时间实时监视而掌握其变化，目前矿尘监测的指标主要为矿尘的浓度。

## 10.1　矿尘浓度的监测

煤矿井下矿尘浓度过高，潜伏着矿尘爆炸的危险[1]，矿尘浓度与尘肺病发病期也有着密切联系，因此实时地了解和掌控矿尘的浓度就成为煤矿管理部门的迫切需求。实践证明，凡是实现了呼吸性粉尘监测治理的国家都已基本控制了矿尘爆炸事故及尘肺病的发生[2]。目前国内外用于监测矿尘浓度的仪器主要有矿尘采样器、矿尘直读仪和矿尘浓度传感器。

### 10.1.1　矿尘采样器

矿尘采样器的测定原理为滤膜增重法。其测定过程为：首先使用装有滤膜的采样头将矿尘从含尘气样中过滤出来取得尘样，然后将尘样送至实验室通过称重计算出矿尘质量，最后根据采气量计算出矿尘的浓度。其结构如图 10.1 所示。

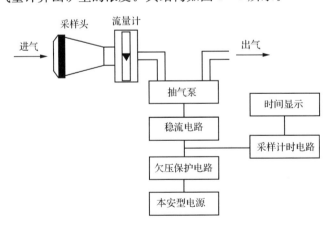

图 10.1　矿尘采样器结构示意图

矿尘采样器的采样方式按采样时间不同可分为短时间采样和长时间采样。短时间采样的时间通常为 15min 左右，采样时间较短导致测定出的粉尘浓度不能全面反映现场矿尘浓度的变化规律和代表作业工人与粉尘的实际接触水平。

长时间采样的采样时间一般为整个工班的时间（8h）。目前美国和英国等发达国家主要采用该采样方式。长时间采样方式主要包括个体采样和定点采样,个体采样采用个体采样器对粉尘进行采样,这种采样方式具有科学性和代表性,可以真实地反映作业场所全工时内空气中的矿尘浓度和工作人员的接尘状况,因此在矿山企业中最为常用[3]。定点采样方式主要用于确定井下不同作业工序的产尘浓度,明确井下各工序的产尘浓度对于采取相应措施,更有效地控制工作人员对粉尘的接触是非常重要的。下面对这两种采样方式进行介绍。

1. 个体采样

个体矿尘采样器由采样头和恒流采样泵组成,如图 10.2 所示[4]。采样头由预分离器和滤膜捕集器组成,其中预分离器可将粒径较大的矿尘从采集的气样中预分离出去;滤膜捕集器(图 10.3)用于采集矿尘样品,其内部含有滤膜和滤膜支撑网,通过直接称量和比较滤膜捕集器在采样前后的质量大小变化即可得到采集尘样的质量。这种方式避免了在测定过程中需转移滤膜而引起的误差。恒流采样泵通常内置于由塑料等材料制成的密封暗盒内,如图 10.3 所示[5]。

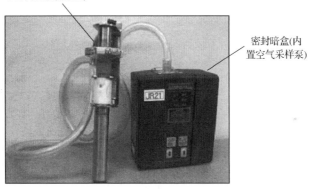

图 10.2　一种个体采样器

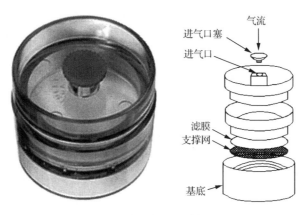

图 10.3　滤膜捕集器及结构分解图

(来源:http://www.skcltd.com)

目前国内外常见的个体采样器主要有个体呼吸性粉尘采样器和个体全尘采样器等。

1) 个体呼吸性粉尘采样器

个体呼吸性粉尘采样器也被称为粉尘选择性采集装置。个体呼吸性粉尘采样器的采样头内部含预分离器,用于采集非呼吸性粉尘,个体呼吸性粉尘采样头的结构形式主要有三种,即重力分离式、旋风分离式和冲击分离式,其中国内外最常用的是旋风分离式采样头。

旋风分离式采样头利用离心力和重力将呼吸性粉尘与非呼吸性粉尘分离,即当含尘空气进入旋风分离式分离装置后,产生旋转气流,由于离心力和重力作用,非呼吸性粉尘被甩向管壁后,落入下部的集尘罐内,呼吸性粉尘随气流运动由中心管排出被阻留在过滤基底中的滤膜上。图 10.4 所示为美国某公司生产的旋风分离式采样头及其分离原理图[5]。

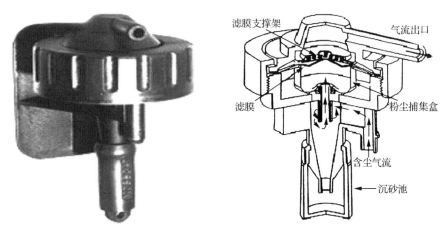

图 10.4　旋风分离式个体呼吸性粉尘采样头及分离原理图
(来源:http://www.skcltd.com)

2) 个体全尘采样器

个体全尘采样器与个体呼吸性粉尘采样器的唯一不同之处在于全尘采样器的采样头内只有滤膜捕集器,而没有旋风式分离器等预分离器。

使用个体采样器进行粉尘采样的步骤为[5]:

(1) 在采样开始前需要在个体采样器采样头上贴上标签并标上合适的数字序号;

(2) 将标号序号的采样头通过软管与抽气泵连好,当需要测定的粉尘为呼吸性粉尘时,再按照规定将旋风分离式分离器等装置安装在采样头的入口侧;

(3) 个体采样器连接好以后需仔细检查是否漏气,检查的方法为使用干净的塑料塞塞住采样头的入口端,空气采样泵上带有流量计的气流指示器示数应立刻降至 0 并在小范围内做上下浮动,否则需排查并解决漏气问题;

(4) 若采样器一切正常,那么将空气采样泵固定于个体呼吸性采样器佩戴者的腰带上或者直接将其放在佩戴者的衣服口袋中;个体采样器的采样头需要被放置于人体呼吸带内,通常被固定于个体呼吸性采样器佩戴者的衣领处,如图 10.5 所示。

使用个体采样器采集呼吸性粉尘时特别需要注意的是,一定要注意保持旋风分离式

图 10.5　个体采样器的佩戴方式

（来源：http://www.skcltd.com）

采样头的方向始终朝上，否则集尘罐内的矿尘将混入滤膜收集的矿尘样品中使样品无效[6]。采场、平巷等作业的个体采样位置选在距工作面 5m 左右的下风侧，采样头的方向尽量为迎向风流。对于连续产尘作业，应在作业开始 20min 后开始采样，对于阵发性产尘作业，应在工人工作的同时进行采样。

个体采样后需要对采集的尘样进行测定，测定过程中一般采用感量为 0.1mg 或 0.01mg 的分析天平对滤膜质量进行测定，通过计算滤膜采样前后质量大小的变化差值与采集器量的体积之比即为粉尘浓度。这里需要重点提到的一点是，目前个体接触矿尘浓度的计算值有短时间接触浓度值和累计接触浓度值以及 TWA（time-weighted average）值，其中 TWA 值是对一定时间内作业人员所接触气体浓度的衡量值。这三个值与采样的时间直接相关，计算方法也不相同。

短时间粉尘接触浓度值的计算方法有两种[6]：

（1）若接触时间大于或等于 15min，则

$$C_d = \frac{m_2 - m_1}{qt} \times 1000 \tag{10.1}$$

式中，$C_d$ 为短时间接触浓度，$mg/m^3$；$m_1$ 为采样前滤膜的质量，$mg$；$m_2$ 为采样后滤膜的质量，$mg$；$t$ 为采样时间，$min$；$q$ 为采样流量，$L/min$。

（2）若接触时间小于 15min，则首先按式（10.1）计算出空气中矿尘浓度，短时间接触浓度（即 15min 时间加权平均浓度）按下式计算：

$$C_d = \frac{CT}{15} \tag{10.2}$$

式中，$C_d$ 为短时间接触浓度，$mg/m^3$；$C$ 为测定的空气中矿尘浓度，$mg/m^3$；$T$ 为接触时间，$min$。

累计接触浓度是指一段时间内作业人员接触矿尘的总矿尘或累计矿尘浓度水平，单位为 $mg \cdot h/m^3$。如果用连续性函数 $E(\tau)$ 表示瞬时接触浓度，那么作业人员在工作时间

$T$(h)内的累计矿尘接触浓度 Dose 为

$$\text{Dose} = \int_0^T E(\tau)\,\mathrm{d}\tau \tag{10.3}$$

若 $E(\tau)$ 为非连续函数,并且 $\tau_i$ ($i=1,2,\cdots,n$)时刻对应的瞬时接触浓度 $E_i$ 均已知,那么累计矿尘接触浓度 Dose 可以表示为

$$\text{Dose} = \sum_{i=1}^n E_i T_i \tag{10.4}$$

如果需要计算出作业人员肺内沉积的矿尘量(De d),可以采用式(10.5)进行估算:

$$\text{De d} = IP_\text{p}P_\text{d}\int_0^T E(\tau)\,\mathrm{d}\tau \tag{10.5}$$

式中,$I$ 为呼吸速率,m³/h;$P_\text{p}$ 为被测矿尘能进入人体肺泡区域的概率;$P_\text{d}$ 为进入人体肺泡区域内的矿尘沉积在肺内的概率。

同理,如果不连续的各时刻的瞬时矿尘浓度值已知,那么作业人员肺内沉积的矿尘量 De d 为

$$\text{De d} = IP_\text{p}P_\text{d}\sum_{i=1}^n E_i T_i \tag{10.6}$$

TWA 值 $E_\text{TWA}$ 可以采用下式计算:

$$E_\text{TWA} = \text{Dose}/T \tag{10.7}$$

在计算 TWA 值时,通常选择总接触时间为 8h,即一个整工班的时间。

个体采样适用于生产方式变化较大、作业工人流动性强或矿尘浓度波动幅度较大的作业场所。但为了提升测定出的矿尘浓度值的真实性,最好在井下同测定地点布置多个采样器并计算各测定数据的平均值[4]。该类仪器的主要不足在于对部分工种因作业面不固定或在几个作业面工作,它所测定的矿尘浓度高低只能反映受测人接尘情况,各作业点的矿尘浓度无法分清,不便识别高产尘点。目前在发达国家个体采样器应用非常广泛,但在我国煤矿却不尽然,其原因在于国内煤矿井下条件复杂,工人劳动强度大,一方面个体采样器在作业人员作业过程中易受到损坏,另一方面佩戴个体采样器成了作业人员工作过程中的负担。

### 2. 定点采样

为了更好地辨识井下各作业点的矿尘浓度和高产尘点,需采用定点采样的方式对矿尘浓度进行采样。定点采样方式适合于生产方式比较稳定、作业工人岗位比较固定或矿尘浓度变化相对不大的作业场所。定点采样系统如图 10.6 所示。

定点采样方式所采用的装置与个体采样器基本相同,将矿尘采样器放置在作业场所的固定位置所进行的全工班连续采样或全工班间断采样。它要求事先在作业场所选择采样点及采样位置,并有专门的测尘人员负责采样器的架设、看管及采样。当进行全工班连续采样时,还要求采样器能在整个工作班内连续运行。

对于不同的作业工序,定点采样的采样对象也不同。为了测定出某工序的粉尘浓度,首先需要将该工序单独隔离出来。通过在该工序作业点的上风侧和下风侧分别进行粉尘采样可以采集到无尘源时空气中的粉尘和存在尘源时的粉尘,通过计算两个尘样的质量

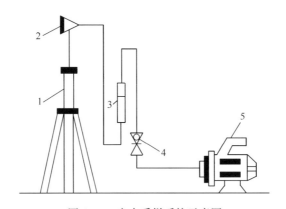

图 10.6　定点采样系统示意图

1. 三角支架；2. 滤膜采样头；3. 转子流量计；4. 调节流量螺旋夹；5. 抽气泵

即可得到该工序的粉尘产生量。例如，在测定煤巷掘进用的连续式采煤机(连采机)工作过程产尘量的方法如图 10.7 所示[6]。为了测定该工序的产尘情况，首先使用挡风帘和纵向风障将产尘点隔离出来，即只允许该处的风流从产尘点流过。然后在连采机作业过程中于进风侧和回风侧分别布置相同的矿尘采样器进行定点采样。假设两采样器采集的粉尘质量分别为 $m_{in}$ 和 $m_{re}$，则连采机作业过程中产生的粉尘量为 $m_{re}-m_{in}$。假设采样器的采样流量为 $V$，采样时间为 $t$，则连采机作业时产生粉尘的浓度 $c$ 为

$$c = \frac{m_{re}-m_{in}}{V \times t} \tag{10.8}$$

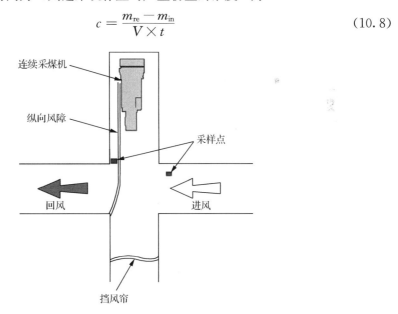

图 10.7　连采机产尘浓度的定点测定测点布置示意图

　　由于矿尘采样器采集的粉尘样品需要在实验室中进行后期干燥处理、称量和计算等步骤才能得到矿尘浓度值，因此无法满足对矿尘浓度实时监测的需求，而以下介绍的矿尘浓度实时监测仪可实现矿尘浓度的实时测定。

### 10.1.2 矿尘浓度监测仪及在线监测系统

目前国内外用于测定区域和个体接触矿尘浓度的矿尘浓度监测仪有矿尘直读仪和矿尘浓度传感器两种。这两种仪器均内置了数据记录器,用于记录采样时间和对应的矿尘浓度等实时数据。矿尘直读仪体积和质量较小,可随身携带进行短时间或全工班矿尘浓度的实时测定,其测定的粉尘浓度可以通过 LCD 显示屏直接显示出来,其内置数据记录器内的粉尘浓度数据可以通过数据传输线导入到电脑中的粉尘仪数据处理软件内做进一步处理,并显示或打印出矿尘浓度随时间的变化曲线等。目前矿尘浓度直读仪有两种:一种是手持式便携粉尘直读仪,另一种是个体粉尘监测仪。而矿尘浓度传感器一般需接入粉尘在线监测系统,目前国内外使用较多的矿尘浓度传感器主要有光散射式矿尘浓度传感器和 β 射线吸收式矿尘浓度传感器等。

矿尘浓度监测仪由采样装置和被动监测仪组合而成,采样装置的采样原理及结构与矿尘采样器基本相同。个体粉尘浓度监测仪是由个体采样器中的采样头、空气采样泵和被动监测仪组合而成的。被动监测仪的测定原理较多,一般矿尘浓度监测仪就是以被动监测仪的测定原理命名的。目前国内外矿山企业使用较多的矿尘浓度监测仪有光散射式矿尘浓度监测仪、微量振荡天平式矿尘浓度监测仪和 β 射线吸收式矿尘浓度监测仪、矿尘浓度监测仪等,其中光散射式矿尘浓度监测仪在矿山企业应用最为广泛。本节将重点介绍常用矿尘浓度监测仪的测定原理。

#### 1. 光散射式粉尘仪

光散射式粉尘仪是利用矿尘的光学特性来测定粉尘浓度的。光散射式粉尘仪采用采气装置直接将含尘气样吸入粉尘仪内部暗室,由固态激光发射的红外光或激光器发射的平行光束经脉冲调制后照射含尘气流,当颗粒物的颜色、形状、粒度分布等性质一定时,散射光强与颗粒物的质量浓度成正比。散射光经光电传感器转换成微电流,微电流被放大后再转换成电脉冲数。由于电脉冲数与矿尘浓度成正比,则可据此测定空气中矿尘的浓度。

光散射式粉尘仪的优点是体积小,质量轻,功耗低,操作简单,测定速度快等[7]。因此这类仪器的产品应用范围很广。图 10.8 所示为美国某公司生产的一种便携式矿尘浓度直读仪(即光散射式直读仪)。该便携式矿尘直读仪的测定量程有两个:$0 \sim 20 \text{mg/m}^3$ 和 $0.01 \sim 200 \text{mg/m}^3$,测定粒径范围为 $0.1 \sim 50 \mu \text{m}$ 的粉尘,测定时间可达 8h 以上。

图 10.9 所示为美国生产的一种个体粉尘浓度实时监测仪。该仪器中储存的矿尘浓度数据可以直接导出为电子数据格并做进一步处理,可以实现测点各时间段的

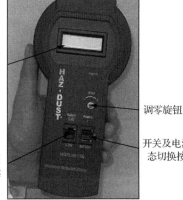

LCD粉尘浓度显示屏

调零旋钮

开关及电池状态切换按键

浓度范围选择按键

图 10.8　一种便携式矿尘直读仪

(来源:http://www.skcltd.com)

矿尘平均浓度计算和分析及粉尘浓度峰值统计等功能[4]。

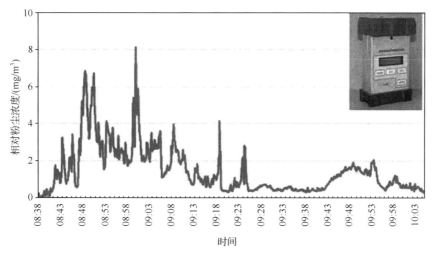

图 10.9　一种个体矿尘浓度实时监测仪及其采集的矿尘浓度曲线

　　除了便携式光散射矿尘浓度直读仪和个体粉尘浓度实时监测仪外,光散射式粉尘浓度传感器在国内外煤矿企业使用也较多。该类传感器需接入粉尘在线监测系统进行使用。粉尘在线监测系统由监测固定机、携带机和数据储存器、收发送装置等组成。在有人工作区设置固定监测单机,测定的数值能自动储存并能通过光纤维通道输送给井下数据储存器,并由储存器输送给控制中心的微型计算机进行数据处理。计算机将处理后的数据直接显示,并绘制成曲线和打印输出。携带机测定数值也可通过流动监测仪数据发送设备传送到控制中心。由于系统数据采用光纤维传送,因而粉尘连续监测系统既可防爆、防潮,又可防止因有害气体腐蚀等影响而造成的数据丢失及错误传送,保证了测定数据的准确可靠。

　　图 10.10 所示为目前我国矿山企业中较常用的一种光散射式矿用粉尘浓度传感器。该传感器的测定范围较大(0.1~1000mg/m³),可与各种煤矿安全监控系统配套,连续监测存在易燃易爆可燃性气体混合物的环境中的矿尘浓度,长期稳定性较好。该光散射式粉尘浓度传感器的原理如图 10.11 所示[8]。

图 10.10　国内生产的一种矿用粉尘浓度传感器

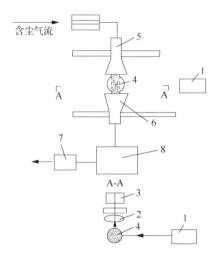

图 10.11　光散射式粉尘浓度传感器原理图

1. 光源；2. 透镜；3. 探测器；4. 含尘气流；5. 粉尘进入嘴；6. 粉尘出去嘴；7. 抽气泵；8. 过滤器

　　一种应用于煤矿现场的基于光散射式传感器的粉尘浓度在线监测系统如图 10.12 所示。该系统由感测子系统、智能控制子系统、喷雾子系统、数据传输子系统、数据处理子系统组成，其中喷雾子系统主要由红外探测器、电磁阀、电源控制箱组成。该系统避免了现行测尘的随机误差，可正确反映作业区各工序高低峰粉尘浓度值及累计平均浓度值，为正确评价粉尘作业环境提供科学依据。此外，实行长期连续监测可以对工人的粉尘吸入量做统计分析，为预报和控制尘肺提供可靠数据。粉尘浓度在线监测系统作为最先进的一种监测手段，成功解决了以往不能实时了解作业场所粉尘浓度变化及分布的问题，使管理部门直接了解各作业区的产尘情况，进而控制通风防降尘设施的运行状态，确保安全生产和有一个良好的作业环境。

　　光散射式粉尘仪存在的最大问题是测定结果受矿尘的分布均匀度、粒径、颜色、温度变化等因素影响[9~12]，因此测定不同条件下和不同种类的矿尘需使用不同的修正系数。目前解决的办法是，测定的过程中紧挨着光散射式粉尘仪放置一个矿尘采样器同时进行采样测定，并以矿尘采样器测定出的矿尘浓度对光散射式粉尘仪的测定值进行调整。例如，当使用矿尘采样器测定的结果为 $1.3mg/m^3$、光散射式粉尘仪的测定结果为 $1mg/m^3$ 时，就将光散射式粉尘仪测定的结果全部乘以 1.3 作为矿尘浓度的最终结果[4]。此外，在使用一段时间后光散射式粉尘仪的探测器部分易受矿尘污染，如不进行处理，就会导致探测器灵敏度降低，影响仪器性能。传统的解决办法是定期对探测器进行人工清洗，在一定程度上确保了传感器的灵敏度，但耗时费力。另外一种解决办法是设计采用空间双光路结构，应用差分算法克服这一缺陷。但这种方法使该类粉尘仪结构变得过于复杂，增大了其体积。目前解决办法是在仪器上采用屏蔽、隔离及自清洗功能，以确保光学系统不受污染，但这无疑对仪器的控制和尺寸提出了更高的要求，有的设计、加工起来较为困难，并且一些保护措施也会对测定结果产生一定的影响[13]。

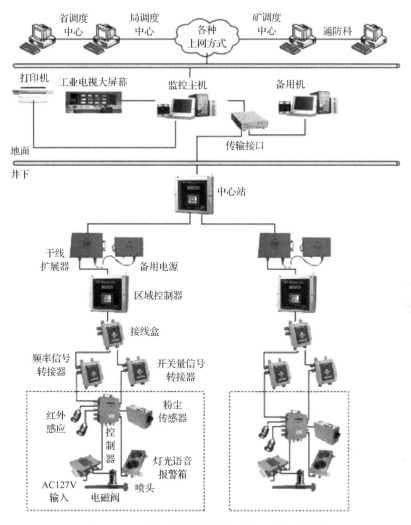

图 10.12  粉尘在线监测及联动降尘系统结构图

### 2. 微量振荡天平粉尘仪

微量振荡天平粉尘仪的测定原理是石英晶体的压电效应,即被测气体中的矿尘经矿尘分离器过滤后由静电高压采样器将尘粒附集在石英晶体表面上,由于石英晶体的振荡频率与集尘质量满足一定关系,微处理器根据采样时间、气体流量以及频率变化等数据自动计算出单位体积的矿尘浓度。图 10.13 所示为美国研发出的一种压电天平式个体矿尘浓度实时监测仪。其特点是将矿尘采样头与矿用照明灯的外壳整合在了一起,粉尘采样装置和微量振荡测定装置内置于主体暗盒内,微量振荡测定装置可持续测定粉尘采样器中粉尘质量的变化,该装置在每次采样后需从拆卸下来并进行清洗。图中右下角的单独部分为从主体暗盒拆卸下的粉尘微量振荡测定装置[4]。

微量振荡天平式粉尘浓度监测仪的优点是显示值仅与石英片上的矿尘质量及采样流量有关,其校正系数对不同化学成分的矿尘变化不大,且测定结果为矿尘的绝对质量浓

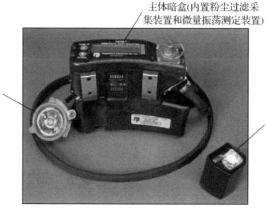

图 10.13　一种微量振荡天平式个体矿尘浓度监测仪

度,非常可靠。其缺点是:①该类粉尘仪仅适用于矿尘浓度较低的场合并且测定范围较窄,一般仅为 0～10mg/m³;压电晶体对其表面质量变化非常敏感,需要定期对压电晶体表面进行清理,否则会极大地影响测定准确性;②压电晶体对尘粒的吸附能力不够,目前针对这一缺陷的技术改善措施有两种:一种方法是在晶体表面增加黏附性面层,另一种方法是强制沉淀;③受湿度影响较大。

目前微量振荡天平式粉尘浓度监测仪在一些发达国家矿山企业使用较多,但在国内矿山企业鲜有使用[14],其主要原因在于国内煤矿井下很多工况下的矿尘浓度高于压电天平式粉尘监测仪的测定上限。此外,煤矿井下多采用湿式除尘,对该类仪器测定结果的准确性影响很大。

3. β 射线吸收粉尘仪

β 射线吸收粉尘仪的测定原理是:β 射线通过含尘滤膜时,由于滤膜的吸收作用射线强度将会减弱,其减弱的程度与滤膜的质量、厚度有关。β 射线吸收粉尘仪的结构包括三部分:气体恒流采样系统、放射强度检测单元和滤纸传送装置,其结构如图 10.14 所示[15]。

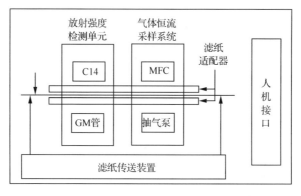

图 10.14　β 射线吸收粉尘仪系统结构示意图

β 射线吸收粉尘仪的优点在于:①精度高,测定范围较宽,一般为 $0.1\sim1000\mathrm{mg/m^3}$;②不受矿尘物理化学性质的影响;③不会带来人为误差;④无需经常校准和调零;⑤采样后的矿尘可保留并继续对其分散度和游离 $SiO_2$ 含量做进一步测定[16]。β 射线吸收粉尘仪的缺点在于:①由于该类粉尘仪使用放射性源作为检测元件,因此内部结构较为复杂,从而导致该类粉尘仪体积大,比较笨重;②该类粉尘仪需使用滤膜作为载体将空气中的矿尘截取在滤膜表面才能实现仪器的测定工作,故不仅单个测定时间长(两个读数之间一般需要 5min 以上),而且必须做定期更换滤膜等较为烦琐的工作。目前国内外最新型的该类粉尘仪采用新式滤膜和滤膜自动更换装置成功解决了该问题,实现了该类粉尘仪对矿尘连续自动长期监测;③该类粉尘仪的矿尘采样系统与检测系统是分开的,采样后的滤膜需使用传送装置送入检测系统,转移过程中滤膜上的矿尘非常容易脱落,对测定的准确性产生很大的影响。近年来一些新型 β 射线吸收粉尘仪增加了滤膜覆层添加装置,即在采样后的滤膜表面覆盖上一层薄膜,成功地解决了矿尘脱落的问题。此外,滤膜送入检测系统位置的变化也会影响测定准确性,因此该类粉尘仪对传送装置有很高的要求,有人针对此问题提出了 90°轴旋转传送方式,但尚未有成型产品面世。β 射线吸收法粉尘仪由于体积大和质量小,一般在煤矿井下多用作粉尘浓度传感器进行定点测定。目前以该类传感器为核心元件的粉尘浓度在线监测系统在双鸭山煤业集团新安矿井下 $-500\mathrm{m}$ 的采煤工作面和 $-350\mathrm{m}$ 的掘进工作面曾进行过试用,实现了监测地点粉尘浓度数据向地面中心站的实时传输和对监测地点粉尘浓度变化的实时掌握[17]。

发展粉尘浓度在线监测技术,对于提高我国的污染源监测水平和煤矿管理水平、促进技术进步和产业发展都具有重要的意义。目前我国粉尘浓度监测技术与发达国家相比还存在差距。为此,要加大对粉尘浓度监测技术的研发力度,重点解决国内粉尘浓度传感器存在的问题,开发新型的免维护的粉尘浓度传感器,不断提高我国粉尘浓度在线监测技术水平。

## 10.2　矿尘分散度及游离 $SiO_2$ 含量的检测

### 10.2.1　矿尘分散度的检测

矿尘分散度又称矿尘粒径分布或粒度分布,是矿尘重要的物性特征之一,对矿尘分散度的检测是测尘技术中的一个重要部分。测定矿尘分散度目的是在了解矿尘浓度的基础上,更进一步地衡量矿尘的危害性,对井下不同工作地点的劳动卫生条件进行评价,对防尘降尘设施和装备的选择与安设提供合理化指导。矿尘分散度的检测方法很多,目前常用的有安德逊移液管法、滤膜溶解涂片法和激光粒度分析法等。

#### 1. 安德逊移液管法

安德逊移液管法又称沉降法(图 10.15),是根据不同粒径的颗粒在液体中的沉降速度不同测定粒度分布的一种方法。该方法的基本原理是把样品放到某种液体中制成一定浓度的悬浮液,悬浮液中的颗粒在重力或离心力作用下将发生沉降。在各给定时刻下,在悬浊液柱的规定深度依次取出定体积的样液。蒸发液体介质后测定其中矿尘质量,根据各时刻取出样液中的矿尘质量与同体积原始样液中矿尘质量的比率确定矿尘分散度。

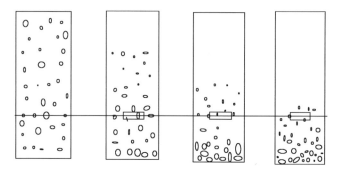

图 10.15　安德逊移液管法原理图

安德逊移液管法测得的粒径称为斯托克斯径,主要用于分析矿尘的沉降、运移规律[18~20]。该粒径能够非常准确地反映矿尘颗粒在水流和气流中的运动规律,在水利、环保、地质等领域应用十分普遍,在矿井矿尘防治领域,安德逊移液管法测得的粒径对于分析呼吸性粉尘的浓度、研究矿尘在井下或人体呼吸道内的运移、扩散具有重要意义。

根据斯托克斯沉降定律,颗粒沉降速度与粒径的平方成正比,因此小颗粒的沉降速度很慢,这就造成了这种方法测定时间过长。目前采用以下两种方法来解决这一问题:①引入离心沉降方式。由于离心转速在数百转/分以上,离心加速度远远大于重力加速度。因此,在粒径相同的条件下,离心沉降的测定时间将大大缩短;②采用光透法,即通过测定不同时刻透过悬浮液光强的变化率来间接地反映颗粒的沉降速度。此外,这种方法还有其他缺点,比如不能处理不同密度的混合物,结果受环境因素(如温度)和人为因素影响较大等。

## 2. 滤膜溶解涂片法

滤膜溶解涂片法又称显微图像法。它的测定过程为:先在产尘区域用采样器将空气中的矿尘采集到滤膜上,将滤膜溶解到有机溶剂中,形成矿尘颗粒的混悬液,将混悬液制成标本并将在显微镜下放大后的颗粒图像通过 CCD(charge-coupled device)电荷耦合元件(即一种能够把光学影像转化为数字信号的半导体器件)摄像头和图形采集卡传输到计算机中,由计算机对这些图像进行边缘识别等处理,计算出每个颗粒的投影面积,根据等效投影面积原理得出每个颗粒的粒径,再统计出所设定的粒径区间的颗粒的数量,就可以得到粒度分布了。

滤膜溶解图片法是一种最基本也是最实用的矿尘粒径分析方法,具有可靠性好、精度高的特点,常被用来作为对其他测定方法的校验和标定。当被观测对象尺寸接近可见光波长时,会发生衍射、干涉等现象,导致无法观察到 $2\mu m$ 以下的颗粒。除了进行粒度测定外,显微图像法还常用来观察和测定颗粒的形貌。普通的光学显微镜只能观察到微米级的矿尘外轮廓,若观察更小的矿尘或矿尘表面的特征,则需要借助扫描电子显微镜,其观察范围能达到纳米级。在矿井矿尘防治领域,分析呼吸性粉尘占全尘的比例时应用滤膜溶解涂片法,具有较好的准确度和实用性。但这类仪器价格昂贵,试样制备烦琐,测定时间长。若仅测定颗粒的粒径,一般不采用此方法。但如果既需要了解颗粒的大小又需要了解颗粒的形状、结构状况以及表面形貌时,该方法则是最佳的测定方法。图 10.16 为 BT-1600 粒度分析系统显微图像采集装置的实物图。

图 10.16　BT-1600 粒度分析系统显微图像采集装置

### 3. 激光粒度分析法

激光粒度分析法的原理为:激光照射到颗粒后,颗粒能使激光产生衍射或散射。衍射或散射的光在空间上的分布满足米氏散射理论,即波长一定,衍射和散射光的空间分布只与粒径有关,这些不同角度的散射光通过透镜汇聚后在焦平面上将形成一系列有不同半径的光环。在焦平面上放置一系列的光电接收器,将采集到的光信号转换成电信号并传输到计算机中,通过米氏散理论对这些信号进行数学处理后就可以得到粒度分布。图 10.17 所示为 Winner2000 激光粒度分析仪。

图 10.17　Winner2000 激光粒度分析仪

　　激光粒度分析技术大大地简化了矿尘粒度的测定步骤,降低了测定周期,测定准确性高、重复性好、灵活性强、操作方便,输出形式多样化,使用的样品量少。这种方法测定范围较广,国际标准(ISO13320-1)为 0.1～3000μm。此外,这种方法适用性广,既可测分散在空气中的颗粒,也可测悬浮液和乳浊液中的颗粒,是矿尘粒径分布测定的新技术,广泛应用于国内外矿尘和喷雾等研究领域。它的缺点是分辨率相对较低,不宜测定粒度分布很窄的样品。

　　相关研究表明:矿尘的形状对显微镜法和激光粒度测定方法测得的粒径分布有重要影响[21~23]。由于矿尘的形状往往不是规则的球体,如果用等投影面积径或等体积径表示这两种方法测得的矿尘分散度,则不能准确地反映矿尘的真实分散度。对于显微镜法,用弗雷特径或筛分径来表示分散度时准确度最高。对于激光粒度测定方法,同样在使用弗雷特径或筛分径来表示分散度时准确度较高,并且激光粒度分析法只能测定球形度较好的矿尘,对于球形度差的矿尘,激光粒度分析法难以得到可靠的结果[23]。

### 10.2.2　矿尘中游离 $SiO_2$ 含量的检测

　　矿尘的化学组分决定了其对人体的危害性质及危害程度,其中游离状态的 $SiO_2$ 含量是最为重要的一个因素。因此快速准确测定游离 $SiO_2$ 含量是制定、执行矿尘标准和有效实施矿尘危害程度分级管理的前提和技术保证,对预防和减少尘肺病的发生具有重要意义。

#### 1. 焦磷酸质量法

　　在 245～250℃的温度下,焦磷酸能溶解矿尘样品中的硅酸盐及金属氧化物,而对游离 $SiO_2$ 几乎不溶。因此,用焦磷酸处理样品后,所得残渣质量即为游离 $SiO_2$ 的量,以百分数表示。矿尘中游离 $SiO_2$ 含量用式(10.9)计算:

$$SiO_2 = \frac{m_2 - m_1}{G} \times 100\%　　　　　　(10.9)$$

式中,$m_1$ 为坩埚质量,g;$m_2$ 分别为坩埚和残渣的质量,g;$G$ 为矿尘样品质量,g。

　　当矿尘样品中含有除 $SiO_2$ 以外难以被焦磷酸溶解的物质时,需用氢氟酸在铂坩埚中进行处理,样品处理后 $SiO_2$ 含量的计算方法与式(10.9)基本相同。

　　焦磷酸质量法的优点是适用范围广、可靠性高、仪器简单、成本低。这种方法存在以下问题:

　　(1)所需样品量大,岩尘为 0.1～0.2g,煤尘为 0.5～1g,悬浮矿尘的采样方法很难满足这一要求。一般只适用于原矿石和沉降尘的游离 $SiO_2$ 定量分析,但原石和沉降尘中的游离 $SiO_2$ 含量和作业场所中悬浮矿尘游离 $SiO_2$ 含量不尽一致,测定结果并不能真实反映矿尘中游离 $SiO_2$ 对人身健康的危害性。

　　(2)难容物质的处理方法存在一些难以解决的问题。

　　(3)操作烦琐、费时,无法批量进行样品分析。

　　(4)在操作过程中用的浓磷酸甚至是氢氟酸这种腐蚀性较强的试剂,对操作人员身体健康构成一定威胁。此外,在加热时操作人员在可调电炉的烘烤下进行操作,尤其是在夏季,高温难以耐受。

焦磷酸质量法属于物理测定方法,由于这种测定方法的以上诸多缺陷,在发达国家已经越来越少使用,目前国外使用较多的方法为 X 射线衍射法和红外分光光度法等物理测定方法。

### 2. X 射线衍射法

X 射线衍射法的原理:当 X 射线通过晶体时会产生衍射现象,每种晶体化合物都有其特异的衍线图样,用照相法或者 X 射线探测器可记录下产生的衍射图像。将被测定样的衍射图样与已知的各种试样的衍射图谱相对照,就可以定性地鉴定出晶体化合物的种类。在一定的条件下衍射线的强度与被照射的游离 $SiO_2$ 质量成正比,根据衍射图样的强度就可定量测定试样中 $SiO_2$ 的含量。

X 射线衍射法是测定各物相在多物相混合试样中含量的一种重要的方法。X 射线衍射法属于无损分析方法,不破坏、不污染样品,故样品分析后还可用于其他方法的研究。其使用仪器灵敏度高,检测限可达 $5\mu g$,制备样品时间短,能分辨出不同晶型。该方法的主要缺点是难以解决常规 X 射线衍射中存在的微吸收、择优取向、衍射峰重叠以及纯标样制备难等问题,且计算过程较复杂。衍射图样的定性鉴定主要依赖于检测人员的分析经验,可以根据纯晶体化合物的标准衍射图谱对照鉴别。而对于定量测定,在试样组成简单的情况下,只需要在同一条件下将未知试样与含量已知的样品中特定的衍射线的强度做比较即可定量;对组成复杂的样品,则需要根据积分强度的概念,用解方程式的方法计算。此外,该类粉尘仪价格昂贵,且 X 射线对生物细胞有强烈的杀伤作用,操作该类粉尘仪时必须配备有效的防护设施和设备。

### 3. 红外分光光度法

红外分光光度法的原理: $\alpha$-石英在红外光谱中于 $12.5\mu m(800cm^{-1})$、$12.8\mu m$ $(780cm^{-1})$ 及 $14.4\mu m(694cm^{-1})$ 处出现特异性强的吸收带,如图 10.18 所示。在一定范

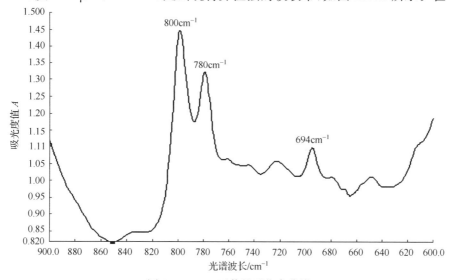

图 10.18　$\alpha$-石英的吸收率曲线

围内,其吸光度值 $A$ 与 $\alpha$-石英质量呈线性关系。测定不同质量下纯净 $\alpha$-石英在上述三个波长处的吸光度值,得到 $\alpha$-石英标准曲线。再测定一定质量样品矿尘的吸光度值,通过标准曲线可求出样品矿尘中的 $\alpha$-石英质量,从而计算出矿尘的游离 $SiO_2$ 含量。红外分光光度计如图 10.19 所示,将矿尘按相关标准制成锭片后放入该仪器进行游离 $SiO_2$ 含量测定。

图 10.19　红外分光光度计

红外分光法测定矿尘游离 $SiO_2$ 含量,具有样品用量小、快速、简便和灵敏度高等优点,但仍有一些因素影响其测定结果的可靠性和准确性。当矿尘样品粒度远大于测定波长时,将对入射红外光产生强烈散射。悬浮矿尘样品尤其是呼吸性粉尘样品的影响可以忽略不计。在测定原矿石、沉积尘样品时,如研磨不充分,样品粒度大,会使游离 $SiO_2$ 测定结果偏低,当样品中小于 $5\mu m$ 的粒子超过 $95\%$ 时方可压片测定。测定煤矿矿尘游离 $SiO_2$ 含量的样品量以煤尘 $4\sim6mg$,岩尘 $2\sim4mg$ 较为适宜,样品量过少或过多都将增大测定误差。制样过程中,样品转移尽量彻底,减少样品损失。压制的样品锭片应完整、光亮、透明。此外,样品中若含有大量高岭土、方解石等矿物,将对测定结果产生一定影响。

X 射线衍射法和红外分光光度法均为测定游离 $SiO_2$ 含量的物理方法。它们的特点是不改变矿尘分析样品的化学状态,对样品的需要量很少,分析资料可以保存在图谱上。与焦磷酸法相比,红外分光光度法和 X 射线衍射法具有精度高、操作步骤简单、检测周期短、能批量检测等优点,在美国、英国、法国等国家已经得到非常广泛的应用,作为矿尘游离 $SiO_2$ 浓度检测的标准方法[24~35]。

有大量研究对红外分光光度法和 X 射线衍射法的检测误差进行过比较,发现在多次检测的情况下两种方法的检测结果平均值非常接近[36]。但是对同一样品进行单次检测时,两种检测方法得出的游离 $SiO_2$ 含量可能出现较大的偏差[37,38]。同时,有研究者认为,X 射线衍射法测得的结果受干涉现象以及样品颗粒大小的影响较小[39],X 射线衍射法具有更高的精确度。而红外分光光度法的操作更简洁、快速,成本较低,应用更为广泛[40]。

## 10.3　本 章 小 结

矿尘监测的对象为矿尘的浓度,矿尘检测的对象为矿尘分散度和游离 $SiO_2$ 含量。矿尘浓度监测仪器主要有矿尘采样器、矿尘浓度监测仪及在线监测系统等。矿尘浓度监测技术主要包括矿尘采样技术和矿尘浓度测定技术。矿尘采样技术经历了由单点短时间采样向多点长时间采样的发展,矿尘采样器也经历了由早期的矿尘采样仪向个体矿尘采样器的变革。目前国内外所使用的矿尘浓度监测仪主要有矿尘浓度直读仪和矿尘浓度传感器,常见的有光散射式矿尘浓度监测仪、β 射线吸收式矿尘浓度监测仪等,其中光散射原理矿尘浓度监测仪由于其体积小和质量轻,在矿山企业中应用最为广泛。矿尘直读仪可分为便携式矿尘浓度直读仪和个体粉尘监测仪,其中个体粉尘监测仪即由个体粉尘采样器和被动监测仪组成。矿尘浓度传感器需接入粉尘在线监测系统,粉尘在线监测系统为目前最为先进的粉尘监测手段。

矿尘分散度的常用检测方法有安德逊移液管法、滤膜溶解涂片法和激光粒度分析法等。安德逊移液管法测得的粒径称为斯托克斯径,主要用于分析矿尘的沉降、运移规律。滤膜溶解图片法可靠性好和精度高,常用于对其他分散度测定方法的校验和标定。激光粒度分析法既可测分散在空气中的颗粒,也可测悬浮液和乳浊液中的颗粒,广泛应用于国内外矿尘和喷雾等研究领域。

矿尘中游离 $SiO_2$ 含量常见的检测方法主要有焦磷酸重量法、X 射线衍射法和红外分光光度法。其中,X 射线衍射法和红外分光光度法对样品的需要量很少,且精度高和检测周期短,因此在国内外应用广泛。

## 参 考 文 献

[1] 王自亮. 矿尘浓度传感器的研制和应用. 工业安全与环保,2006,32(4):24-27

[2] 郑英姿. 个体呼吸性粉尘监测存在的问题及其解决途径探析. 江西有色金属,2007,21(4):38-40

[3] 田冬梅. 中外矿尘监测技术的比较. 金属矿山,2008,(7):116-119

[4] Colinet J F, Rider J P, Listak J M, et al. Best Practices for Dust Control in Mining. Department of Hhalth and Human Services, 2010

[5] du Plessis J J L. Ventilation and Occupational Environment Engineering in Mines. Mine Ventilation Society of South Africa, 2014

[6] Hartman H L, Mutmansky J M, Ramani R V, et al. Mine Ventilation and Air Conditioning Third Edition. John Wiley & Sons, Inc, 1997

[7] 付玲丽. 呼吸性粉尘监测存在的问题与对策. 铜业工程,2003,1(4):68-82

[8] 唐娟. 粉尘浓度在线监测技术的现状及发展趋势. 矿业安全与环保,2009,36(5):69-74

[9] 高鹏. 一种将光散射法测得的粒子数浓度转换为质量浓度的方法及检测仪. 中国:CN 103245637 A,2013-8-14

[10] 唐臻宇,耿海翔. 矿尘浓度测定方法的研究及测定仪器的研制. 四川大学学报,2000,32(4):29-31

[11] 江晓军. 光电传感与检测技术. 北京:机械工业出版社,2011

[12] 张艳春. 基于米氏散射理论的粒度测定算法研究. 国外电子测量技术,2009,28(11):24-26

[13] 陶德宝. 矿用矿尘浓度传感器的设计与应用. 工矿自动化,2013,39(9):20-22

[14] 贺永方. β 射线矿尘浓度测定系统设计. 天津:天津大学硕士学位论文,2008

[15] 熊庆国. 影响 β 射线粉尘仪测定精度问题探讨. 工业安全与环保,2003,29(6):33,34

[16] 李雪谦. 直读式快速粉尘仪的研究. 中国职业医学,2004,31(3):13,14

[17] 赵彤宇,刘生玉,王凯. 矿井粉尘监控和高效治理技术的研究与应用. 煤矿开采,2010,15(5):98-100

[18] Kukkonen J, Landrum P F. Distribution of organic carbon and organic xenobiotics among different particle-size fractions in sediments. Chemosphere, 1996, 32(6):1066-1067

[19] Pansu M, Gautheyrou J. Handbook of Soil Analysis: Mineralogical, Organic and Inorganic Methods. London: Springer, 2007:35-42

［20］Aiguier E，Chebbo G，Bertrand-Krajewski J-L，et al. Method s for determining the settling velocity profiles of solids in storm sewage. Water Science and Technology，1996，33(9)：117-125

［21］Tinke A P. Particle shape and orientation in laser diffraction and static image analysis size distribution analysis of micrometer sized rectangular particles. Powder Technology，2008，186(2)：154-167

［22］Califice A. Influence of particle shape on size distribution measurements by 3D and 2D image analyses and laser diffraction. Powder Technology，2013，237：67-75 YIXIA SHI 40-60

［23］Ma Fengying. Improved Pattern Amendment Inversion Algorithm for Dust Fast Real-time Measurement. Proceedings of the 10th World Congress on Intelligent Control and Automation July 6-8，2012，Beijing，China，IEEE：4423-4428

［24］HSE. Quartz in respiable airborne dusts. Laboratory method using infrared spectroscopy (KBr disc technique). MDHS 38. Health and Safety Executive，1984

［25］HSE. Quartz in respirable airborne dusts. Laboratory method using infrared spectroscopy (Direct Method). MDHS 37. Health and Safety Executive，1987

［26］HSE. Quartz in respirable airborne dusts. Laboratory method using X-ray diffraction (Direct Method). MDHS 51/2. Health and Safety Executive，1988

［27］HSE. Cristobalite in respirable airborne dusts. Laboratory method using X-ray diffraction (Direct Method). MDHS 76. Health and Safety Executive，1994

［28］HSL. Fibres in air. MDHS 87. Health and Safety Laboratory，1998

［29］AFNOR Norme NF X 43-296 De'termination par rayons X de la fraction conventionnelle alve'olaire de la silice cristalline-Echantillonnage sur membrane filtrante. 1er tirage 95-06 AFNOR 1995

［30］AFNOR Norme NF X 43-295 De'termination par rayons X de la concentration de de'po^t alve'olaire de silice cristalline-Echantillonnage par dispositif a` coupelle rotat-ive. 1er tirage 95-06 AFNOR 1995

［31］AFNOR Norme NF X 43-050 De'termination de la con-centration en fibres d'amiante par microscopie e'lectronique a`transmission-Me'thode indirecte. 1er tirage 96-01 AFNOR 1996

［32］AFNOR Norme XP X 43-243 Dosage par spectrome'trie infra range a` transforme'e de Fourier de la silice cristalline-Echantillonnage par dispositif a` coupelle tournante ou sur membrane filtrante. 1er tirage 98-01 AFNOR 1998

［33］AFNOR Norme NF ISO 15767 Contro^le et caracte'risation des erreurs de pese'e des ae'rosols collecte's. 1er tirage Mars 2004. AFNOR 2004

［34］NIOSH. Silica，crystalline，by XRD. Method 7500. National Institute for Safety and Health，1994

［35］NIOSH. Silica，crystalline，by IR. Method 7602. National Institute for Safety and Health，1994

［36］NIOSH. Asbestos by TEM. Method 7402. National Institute for Safety and Health. NIOSH Manual of Analytic Methods(NMAM) fourth edition，1994

［37］Stacey P，Tylee B，Bard D，et al. The performance of laboratories analysing a-quartz in the Workplace Analysis Scheme for Proficiency (WASP). Ann Occup Hyg，2003，47：269-277

［38］Pickard K J，Walker R F，West N G. A comparison of X-ray diffraction and infrared spectrophotometric methods for the analysis of a quartz in airborne dusts. Ann Occup Hyg，1985，29：149-187

［39］Park M. Collaborative tests of two methods for determining free silica in airborne dust. SRI International，1983：1-156

［40］Addison J. Improvements of analysis of mineral components of coalmine dusts. Technical memorandum series. IOM report TM，1991，91(10)：1-49